看图是个技术活——工程施工图识读系列

如何识读建筑电气施工图

主　编　冯　波

副主编　刘玉梅　李少奎

参　编　杨晓方　张计锋　孙　丹　刘彦林

　　　　孙兴雷　徐树峰　邓　海　马富强

机械工业出版社

本书主要介绍了建筑电气施工图基本知识、变配电系统施工图、动力及照明系统施工图、防雷接地系统施工图及建筑弱电工程系统施工图等内容。书中从每个系统简介讲起，逐一讲解每个建筑电气分项工程系统的结构组成及施工工艺和施工图的识读及施工图案例分析，结构清晰，层次分明，图文并茂，通俗易懂。

本书可供建筑电气工程技术人员、建筑工程相关人员、建筑类院校电气相关专业师生以及电气培训机构学员学习和参考。

图书在版编目（CIP）数据

如何识读建筑电气施工图/冯波主编 . —北京：机械工业出版社，2020.1
（2021.8 重印）

（看图是个技术活. 工程施工图识读系列）

ISBN 978-7-111-63991-6

Ⅰ.①如… Ⅱ.①冯… Ⅲ.①建筑工程 – 电气设备 – 建筑安装 – 识图
Ⅳ.①TU85

中国版本图书馆 CIP 数据核字（2019）第 233062 号

机械工业出版社（北京市百万庄大街22号 邮政编码100037）
策划编辑：薛俊高 责任编辑：薛俊高 李宣敏
责任校对：刘时光 封面设计：张 静
责任印制：郜 敏
河北鑫兆源印刷有限公司印刷
2021 年 8 月第 1 版第 3 次印刷
184mm×260mm·17.75 印张·437 千字
标准书号：ISBN 978-7-111-63991-6
定价：49.00 元

电话服务 网络服务
客服电话：010-88361066 机 工 官 网：www.cmpbook.com
010-88379833 机 工 官 博：weibo.com/cmp1952
010-68326294 金 书 网：www.golden-book.com
封底无防伪标均为盗版 机工教育服务网：www.cmpedu.com

前言
Perface

随着经济和技术的飞速发展,建筑电气工程所涵盖的内容也越来越多,科技含量也越来越高,各种电气设备也随之增加,各种电子电路越来越复杂,技术含量也越来越高,看图的难度也越来越大。

社会在不断发展,建筑电气行业一定也会为了不断地适应社会发展而不断创新,在竞争中不断地升级,优胜劣汰才能走得更快。因此建筑电气行业人员要做的就是不断学习,奋勇上进,俗话说得好"师夷长技以制夷",每个行业都需要学习这种精神,不断为国家和社会的发展做出贡献。

目前,建筑电气的概念超出了传统的范围,向智能建筑的方向发展。各种新技术、新产品的应用,对建筑电气工程图的设计和识读提出了更高的要求,对于从事建筑电气工程的技术人员来讲,只有熟悉并掌握所从事工程的每一张图纸,才能搞好电气工程的施工与管理。

施工图是建筑工程设计、施工的基础,对施工图的识读是参加工程建设的从业人员提高素质的重要环节。在整个工程施工过程中,应科学、准确地理解施工图的内容,并合理运用建筑材料及施工手段,以提高建筑行业的技术水平,促进建筑行业的健康发展。

电气图形是电气技术人员和电工进行技术交流和生产活动的"语言",是电气技术中应用最广泛的技术资料,是设计、生产、维修人员进行技术交流不可缺少的手段。通过对电气图形的识读、分析,能帮助人们了解电气设备的工作过程及原理,从而更好地使用、维护这些设备,并在故障出现的时候能够迅速查找出故障的根源,进行维修。

本书将工程实践与理论基础紧密结合,通过大量的实例以循序渐进的方式介绍了电气施工图识读的思路、方法、流程和技巧。

本书在编写时紧紧围绕"如何正确识读电气施工图"这个主旨,以实际建筑电气工程图为主,深入浅出,通俗易懂,分析了变配电系统、动力及照明系统、防雷接地系统、建筑弱电工程系统中包括消防报警及联动控制系统、通信网络与综合布线系统、智能住宅小区系统等的构成及识图方法等内容。

本书在编写过程中吸收了建筑企业实际技术人员的指导建议,紧密结合工作岗位,与职业岗位对接;选取的案例贴近生活、贴近生产实际;将创新理念贯彻到内容选取、体例等方面。在编写时努力贯彻国家技术改革的有关精神,严格依据新标准的要求,努力体现以下特色:①以读者为本,从读者认知的角度出发,本着由浅入深、遵循教学规律的原则,合理讲解。书中采用大量的图片和实例,增强了直观性,突出电气识图课程的核心,使读者一目了然,在轻松愉悦地学习知识的同时,提升施工人员运用知识解决问题的能力。②贴近岗位,体现实用性,本书以电气技术国家标准为依据,以行业部门与劳动部门颁布的工人技术等级标准和考核大纲为指南,坚持以就业为导向,以职业岗位需求设定内容,结合生产实际,突出实用性。

　　由于时间及水平所限，书中内容可能不够全面或丰富，也可能有疏漏之处，敬请广大读者朋友多多批评指正，以便修订或再版时完善，谢谢！

编　者

Contents 目录

第一章　建筑电气施工图基本知识

第一节　电气图形符号及相关规定

一、电气图形符号的组成部分

电气图形符号由基本符号、一般符号、符号要素、限定符号等元素组成，是用来表示一个设备或者一个概念的图形、标记或者字符的符号。

电气基本符号常用来表达独立的电器或者电器元件，如"＋"表示直流电的正极，"－"表示直流电的负极。

一般电气符号通常用来表示某类产品或者某类产品的特征，如绘制"○"来表示电动机。

电气符号要素图形比较简单，如矩形、圆形，通常使用符号元素与其他图形相结合来表示一个设备或者概念。符号要素及组合示例见表1-1。

表1-1　电气符号要素

符号要素	说明	符号要素	说明
形式1 □ 形式2 ▭ 形式3 ○	（1）物件：表示设备、器件、功能单元、元件、功能 （2）符号轮廓：应在图形内填入符号或者代号文字，以表示物体的类别 （3）可以根据实际的需要，选择其他类型的图形轮廓		表示屏蔽、护罩 如为了减弱电场或者电磁场的穿透程度，可以将屏蔽符号绘制成各种易于表达的形状
形式1 ○ 形式2 ▭	表示外壳、罩	─·─·─	表示边界线，用来表示物理、机械或者功能上相关联的对象组的边界

如图1-1所示为构成电子管的电气符号要素，采用不同的组合形式，可以构成不同的图形符号，如图1-2所示。

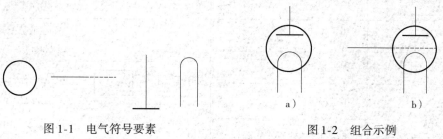

图1-1　电气符号要素

图1-2　组合示例
a）二极管　b）三极管

限定符号附加在其他图形符号上，用来表示附加信息，如可变性、方向等。使用限定符号与其他符号一起组合，以构成完整的图形符号。

限定符号的使用示例见表1-2。

表1-2　限定符号

类别	限定符号	说明	类别	限定符号	说明
力或运动方向		单向力，单向直线运动	材料的类型		气体材料
		双向力，双向直线运动			半导体材料
		单向环形运动，单向旋转，单向扭转			绝缘材料
		双向环形运动，双向旋转，双向扭转	效应或者相关性		热效应
流动方向		单向传送，单向流动，如能量、信号、信息			磁场效应
		同时双向传送，同时双向发送和接收			电磁效应
		非同时双向传送，交替发送和接收	效应或者相关性		延时（延迟）
		能量从母线（汇流排）输出			半导体效应
		能量从母线（汇流排）输入			具有电隔离的耦合效应
		发送			非电离的电磁辐射
		接收	辐射		非电离的相干辐射
特征量的动作相关性	>	特征量值大于整定值时动作			电离辐射
	<	特征量值小于整定值时动作			
	=0	特征量等于零时动作	印刷、凿孔和传真		在纸带上同时打印和打孔
材料的类型		固体材料			纸页打印
		液体材料			
信号波形		交流脉冲			
		锯齿波	印刷、凿孔和传真		键盘
印刷、凿孔和传真		纸带打印			
	– – – –	纸带打孔或使用打孔纸带			

二、电气图形符号的分类

电气图形符号可以分两类,一类是电气图用图形符号,指用在电气图样上的符号;另一类是电气设备用图形符号,指在实际电气设备或者电气部件上使用的符号。

(1) 电气图用图形符号。电气图用图形符号类型很多,电气图用图形符号可分为十一类,分别为:①导线和连接件;②基本无源元件;③半导体和电子管;④电能的发生和转换;⑤开关控制和保护器件;⑥测量仪表、灯和信号器件;⑦电信、交换和外围设备;⑧电信、传输;⑨建筑安装平面布置图;⑩二进制逻辑元件;⑪模拟元件。

(2) 电气设备用图形符号。电气设备用图形符号适用于各种类型的电气设备或电气设备的部件上,用途为识别、限定、说明、命令、警告及指示灯。

在国家制图标准中,将电气设备用图形符号分为六个部分:①通用符号;②广播电视及音响设备符号;③通信、测量、定位符号;④医用设备符号;⑤电化教育符号;⑥家用电器及其他符号。

(3) 使用图形符号的注意事项。

1) 绘制图形符号时应该按照未受外力作用、未通电的正常状态来绘制,如按钮未按下、继电器(接触器)的线圈未通电等。

2) 为突出主次或者区别不同的用途,相同的图形符号允许大小、宽度不同来加以区别。如主电路与副电路、变压器与互感器、母线与普通导线等。

3) 某个元器件或者设备有几种图形符号时,在选用时采用优选性,尽量选用样式最简单的。

4) 在表示同类设备、元器件时,要求图形符号大小一致、排列均匀、图线等宽。

三、电气施工图的文字符号

在电气图样中使用图形符号来表示一类设备及元件,为了明确地区分同类设备或者元件中不同功能的设备或元件,必须在图形符号旁边标注相应的文字符号。

1. 文字符号的类型

(1) 基本文字符号。基本文字符号是用来表示元器件、装置和电气设备的类别名称,分为单字母符号及双字母符号两类。

1) 单字母符号。在电气制图中,将元器件、装置和电气设备分成20多个门类,每个门类使用一个大写字母来表示,其中,I、O、J字母未被使用。

2) 双字母符号。双字母符号由表示大类的单字母符号之后添加一个字母组成。例如,R 表示电阻器类,RP 表示电阻器类别中的电位器,H 表示信号器件类,HL 表示信号器件类的指示灯,等等。

(2) 辅助文字符号。辅助文字符号不仅用来表示电气设备装置及元器件,还用来表示线路的功能、状态及其特征。辅助文字符号的选用见表1-3。

表1-3 辅助文字符号

名称	符号	名称	符号
高	H	降	D

（续）

名称	符号	名称	符号
低	L	主	M
升	U	辅	AUX
由	M	时间	T
正	FW	闭合	ON
反	R	断开	OFF
红	RD	附加	ADD
绿	GN	异步	ASY
黄	YE	同步	SYN
白	WH	自动	A，AUT
蓝	BL	手动	M，MAN
直流	DC	起动	ST
交流	AC	停止	STP
电压	V	控制	C
电流	A	信号	S

（3）特殊文字符号。电气工程图中有特殊作用的接线端子、导线等，一般采用一些专用的文字符号来标注。特殊文字符号的选用见表1-4。

表1-4　特殊文字符号

名称	文字符号	名称	文字符号
交流系统电源第1相	L1	接地	E
交流系统电源第2相	L2	保护接地	PE
交流系统电源第3相	L3	不保护接地	PU
中性线	N	保护接地线和中性线共用	PEN
交流系统设备第1相	U	无噪声接地	1TE
交流系统设备第2相	V	机壳和机架	MM
交流系统设备第3相	W	等电位	CC
直流系统电源正极	L +	交流电	AC
直流系统电源负极	L −	直流电	DC
直流系统电源中间线	M		

（4）文字符号使用时的要点。

1）文字符号既可单独使用，也可以与单字母组成双字母来使用。

2）表技术的电气文字符号不适用于对电气产品的命名和型号编制。

3）在书写文字符号的字母时采用拉丁字母正体大写。

4）通常情况下采用单字母进行标注，只有在对电气设备、元器件进行详细描述时才采用双字母来标注。

四、电气设备及线路的标注方法

在电气工程图中经常使用一些文字及数字来按照一定的书写格式表示电气设备及线路的规格型号、编号、容量、安装方式、标高以及位置等。这些标注方式应该熟练掌握，以便为绘制或者识读电气图提供方便。

电气设备及线路的标注方式见表1-5。

表1-5　电气设备及线路的标注方式

标注方式	说　　明
$\dfrac{a}{b}$ 或 $\dfrac{a}{b} + \dfrac{c}{d}$	用电设备 a——设备编号； b——额定功率（kW）； c——线路首端熔断或自动开关释放器的电流（A）； d——标高（m）
$a\dfrac{a}{b}$ 或 $a - b - c$	电力和照明设备 1）一般标注方式 2）当需要标注引入线的规格时 a——设备编号； b——设备型号； c——设备功率（kW）； d——导线型号； e——导线根数； f——导线截面（mm^2）； g——导线敷设方式及部位
$a\dfrac{b}{c/i}$ 或 $a - b - c/i$ $a\dfrac{b - c/i}{d\ (e \times f)\ - g}$	开关及熔断器 1）一般标注方法 2）当需要标注引入线的规格时 a——设备编号； b——设备型号； c——额定电流（A）； i——整定电流（A）； d——导线型号； e——导线根数； f——导线截面（mm^2）； g——导线敷设方式
$a/b - c$	照明变压器 a——一次电压（V）； b——二次电压（V）； c——额定电流（A）
$a - b\dfrac{c \times d \times L}{e}f$	照明灯具 1）一般标注方法 2）灯具吸顶安装 a——灯数； b——型号或编号；

（续）

标注方式	说　　明
$a-b\dfrac{c\times d\times L}{e}f$	c——每盏照明灯具的灯泡数； d——灯泡容量（W）； e——灯泡安装高度（m）； f——安装方式； L——光源种类
1）a 2）$\dfrac{a-b}{c}$	照明照度检查点 1）a——水平照度（lx）； 2）$a-b$——双侧垂直照度（lx）； c——水平照度（lx）
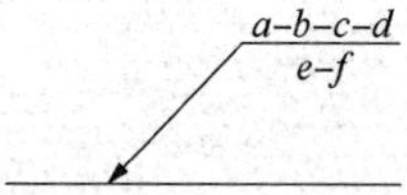 $\dfrac{a-b-c-d}{e-f}$	电缆与其他设施交叉点 a——保护管根数； b——保护管直径（mm）； c——管长（m）； d——地面标高（m）； e——保护管埋深度（m）； f——交叉点坐标
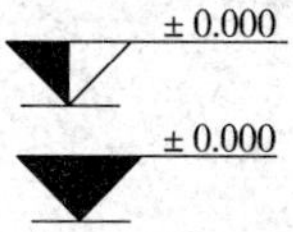 ±0.000 ±0.000	安装或敷设标高（m） 1）用于室内平面、剖面图上 2）用于总主平面图上的室外地面
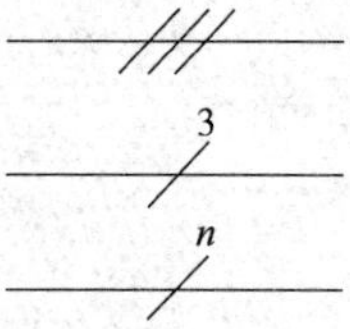 /// 3 n	导线根数，当使用单线表示一组导线时，假如需要表示出导线数，可以用小短斜线或画一条短斜线加数字表示，如： 1）表示3根 2）表示3根 3）表示n根
V	电压损失（%）
$-220\mathrm{V}$	直流电压220V
$m-fU$	交流电 m——相数； f——频率（Hz）； U——电压（V）

在电气工程图中表达线路敷设方式标注的文字符号见表1-6。

表1-6　线路敷设方式标注符号

文字符号	名称	文字符号	名称
SC	穿焊接钢管敷设	PL	用瓷夹敷设
MT	穿电线管敷设	PCL	用塑料夹敷设
PC	穿硬塑料管敷设	AB	沿或跨梁（屋架）敷设
FPC	穿阻燃半硬聚氯乙烯管敷设	BC	暗敷在梁内

（续）

文字符号	名称	文字符号	名称
CT	电缆桥架敷设	AC	沿或跨柱敷设
MR	金属线槽敷设	CLC	暗敷设在柱内
PR	塑料线槽敷设	WS	沿墙面敷设
M	用钢索敷设	WC	暗敷设在墙内
KPO	穿聚氯乙烯塑料波纹电线管敷设	CE	沿顶棚或顶板面敷设
CP	穿金属软管敷设	CC	暗敷设在屋面或顶板内
DB	直接埋设	SCE	吊顶内敷设
TC	电缆沟敷设	ACC	暗敷设在不能进入的吊顶内
CE	混凝土排管敷设	ACE	在能进入的吊顶内敷设
K	用瓷瓶或瓷柱敷设	F	地板或地面下敷设

表达线路敷设部位标注的文字符号见表1-7。

表1-7　线路敷设部位标注符号

文字符号	名称	文字符号	名称
AB	沿或跨梁（屋架）敷设	AC	沿或跨柱敷设
CE	沿吊顶或顶板面敷设	SCE	吊顶内敷设
WS	沿墙面敷设	RS	沿屋面敷设
CC	暗敷设在顶板内	BC	暗敷设在梁内
CLC	暗敷设在柱内	WC	暗敷设在墙内
FC	暗敷设在地板或地面下		

表达灯具安装方式标注的文字符号见表1-8。

表1-8　灯具安装方式标注符号

文字符号	名称	文字符号	名称
SW	线吊式自在器线吊式	R	嵌入式
SW1	固定线吊式	CR	顶棚内安装
SW2	防水线吊式	WR	墙壁内安装
SW3	吊线器式	S	支架上安装
CS	链吊式	CL	柱上安装
DS	管吊式	HM	座装
W	壁装式	T	台上安装
C	吸顶式		

五、识读接线端子与导线线端的标记

与特定的导线直接或者通过中间电器相连的电气设备接线端子应按表1-9中的字母来进

行标记。

表 1-9　特定端子标记与特定导线线端的识别

导体名称		标记符号			
		导线线端		电气设备端子	
		新符号	旧符号	新符号	旧符号
交流系统电源	导体一相	L1	A	U	D1
	导体二相	L2	B	V	D2
	导体三相	L3	C	W	D3
	中性线	N	N	N	0
直流系统电源	导体正极	L_+	+	C	—
	导体负极	L_-		D	—
	中间线	M	—	M	
保护接地（保护导体）		PE	—	PE	
不保护接地导体		PU	—	PU	
中性线保护导体（保护接地线和中性线共用）		PEN	—	—	
接地导体（接地线）		E		E	
低噪声（防干扰）接地导体		TE		TE	
机壳或机架连接		MM*	—	MM*	
等电位联结		CC*	—	CC*	

注：只有在这些接线端子或者导体与保护导体或接地导体的电位不相等时，才会采用这些识别标记。

六、识读绝缘导线的标记

标记绝缘导线的目的，就是用来识别电路中的导线和已经从其连接的端子上拆下来的导线。

绝缘导线标记的方式如图 1-3 所示。

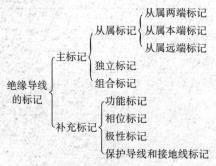

图 1-3　绝缘导线的标记方式

对各项标记的解释如下：

（1）主标记。主标记仅标记导线或者线束的特征，而不需要考虑其电气功能的标记系统。其中，主标记又可分为从属标记、独立标记和组合标记三类。

1）从属标记。从属标记是以导线所连接的端子的标记或线束所连接的设备的标记为依据的导线或者线束的标记系统。

在从属标记中，导线标记可以包括设备标记，如图1-4、图1-5中的A、D。也可以不包括设备标记，如图1-6、图1-7所示。但是在单独使用端子标记将会引起混淆时，导线标记必须包括设备标记，如图1-4所示。

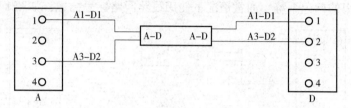

图1-4 两根导线和线束（电缆）从属两端标记举例

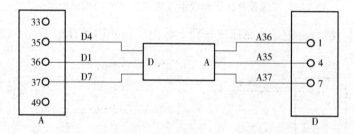

图1-5 三根导线和线束（电缆）从属远端标记举例

从属标记又可分为从属两端标记、从属本端标记、从属远端标记三类。

①从属两端标记。导线的每一端都标出与本端连接的端子标记及与远端连接的端子标记，如图1-6所示。线束每端的标记既要标出与本端连接的设备部件，又要标出与远端连接的设备部件，如图1-4所示。

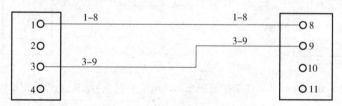

图1-6 两根导线从属两端标记举例

②从属本端标记。导线终端的标记与其所连接的端子标记相同，如图1-7所示。线束终端的标记标出其所连接的设备部件。

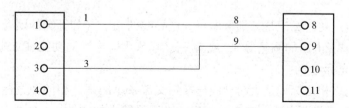

图1-7 两根导线从属本端标记举例

③从属远端标记。导线终端的标记具有与远端所连接的端子的标记相同的标记系统。线

束终端的标记标出远端所连接的设备的部件的标记系统。图1-5所示的系统比图1-4所示的系统两端的标记更为简单，并且方便确定故障点及进行维修。但是它一般需要另外绘制接线图或者接线表，以方便接线在拆下后都能正确进行连接。

2）独立标记。独立标记是与导线所连接的端子的标记或者线束所连接的设备的标记无关的导线或者线束的标记系统，通常情况下使用线路回路标号标记，如图1-8所示。

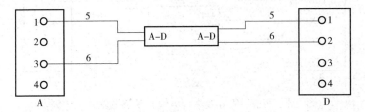

图1-8 导线独立标记和线束（电缆）从属两端标记举例

3）组合标记。组合标记是从属标记与独立标记混合使用的标记系统，如图1-9、图1-10所示。

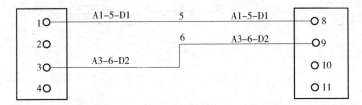

图1-9 两根导线组合标记举例

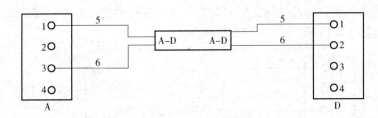

图1-10 导线从属两端标记和线束（电缆）独立标记的组合标记举例

（2）补充标记。补充标记用于对主标记做补充说明，是以每一导线或者线束的电气功能为依据进行标记的系统。补充标记可以用字母或者数字来表示，也可以用颜色标记或有关符号表示。补充标记又可分为功能标记、相位标记、极性标记以及保护导线和接地线的标记。

1）功能标记。功能标记是分别考虑每一根导线的功能（如开关的闭合或者断开，位置的表示、位电流或者电压的测量等），或者一起考虑几根导线的功能（如电热、照明信号、测量电路）的补充标记。

2）相位标记。相位标记是表明导线连接到交流系统的某一相的补充标记，相位标记采用大写字母或数字或者两者兼用来表示相序。交流系统中的中性线必须使用字母N来标明。与此同时，为了区别裸导线的相序，以方便运行维护和检修，国家标准对于三相交流系统中的裸导线涂色规定见表1-10。

表 1-10　裸导线涂色规定

系统	交流三相系统					直流系统	
母线	第一相 L1（A）	第二相 L2（B）	第三相 L3（C）	N 线及 PEN 线	PE 线	正极 L+	负极 L-
涂色	黄	绿	红	淡蓝	黄绿双色	赭石色	蓝

3）极性标记。极性标记是表明导线连接到直流电路的某一极的补充标记。使用符号标明直流电路导线的极性时，正极使用"＋"标记，负极使用"－"标记，直流系统的中间线使用字母 M 来标明。为避免负极发生混淆，可以使用"（－）"来标明负极。

4）保护导线和接地线标记。不管在何种情况下，字母符号或者数字编号的排列都应该方便阅读。其可以排成列，或者排成行，而且应该从上到下、从左到右、靠近连接线或者元器件图形符号来排列。

七、电气施工图常用符号

1. 电气基本符号

电气基本符号见表 1-11。

表 1-11　电气基本符号

线型符号		说明
形式 1	形式 2	
—— S ——	—— S ——	信号线路
—— C ——	—— C ——	控制线路
—— EL ——	—— EL ——	应急照明线路
—— PE ——	—— PE ——	保护接地线
—— E ——	—— E ——	接地线
—— LP ——	—— LP ——	接闪线、接闪带、接闪网
—— TP ——	—— TP ——	电话线路
—— TD ——	—— TD ——	数据线路
—— TV ——	—— TV ——	有线电视线路
—— BC ——	—— BC ——	广播线路
—— V ——	—— V ——	视频线路
—— GCS ——	—— GCS ——	综合布线系统线路
—— F ——	—— F ——	消防电话线路
—— D ——	—— D ——	50V 以下的电源线路
—— DC ——	—— DC ——	直流电源线路
		光缆，一般符号

2. 常用电器图形符号

常用电器图形符号见表 1-12。

表 1-12　常用电器图形符号

图形符号	说明	图形符号	说明
(1) 符号要素、限定符号和其他常用符号			
— — —	直流 说明：电压可标注在符号右边，系统类型可标注在符号左边		负脉冲
∼	交流（低频） 说明：频率或频率范围及电压数值可标注在符号右边，相数和中性线存在时标注在符号左边		正阶跃函数
≈	中频（音频）		负阶跃函数
≋	高频（超高频、载频或射频）		接地一般符号 注：如表示接地的状况或作用不够明显，可补充说明
≈	交直流		保护接地
N	中性（中性线）		接机壳或接底板
M	中间线		保护等电位联结
+	正极性		功能性等电位联结
-	负极性		正脉冲
(2) 导体和连接件			
——	导线、导线组、电线、电缆、电路、线路、母线（总线）一般符号 注：当用单线表示一组导线时，若需示出导线数可加短斜线或画一条短斜线加数字表示	⫽ 3	三根导线

（续）

图形符号	说明	图形符号	说明
	柔性连接		屏蔽导体
●	导体的连接体	○	端子 注：必要时圆圈可画成黑点
∅	可拆卸端子	形式1　形式2	导体的T形连接
形式1　形式2	导线的双重连接		导线或电缆的分支和合并
	导线的不连接（跨越）		导线的直接连接 导线接头
	接通的连接片		断开的连接片
	电缆密封终端头多线表示	3　　　3	电缆直通接线盒单线表示
（3）基本无源元件			
	电阻器的一般符号		可变电阻器 可调电阻器
	电容器的一般符号		电感器、绕组 线圈、扼流圈 示例：带磁心的电感器
（4）半导体和电子管			
	半导体二极管的一般符号		PNP 型半导体管
（5）电能的发生与转换			
	两相绕组		V 形（60°）联结的三相绕组
	中性点引出的四相绕组		T 形联结的三相绕组

（续）

图形符号	说明	图形符号	说明
△	三角形联结的三相绕组	⋀	开口三角形联结的三相绕组
Y	星形联结的三相绕组	Y	中性点引出的星形联结的三相绕组
✳	电机一般符号 注：符号内星号必须用规定的字母代替	Ⓜ 3~	三相异步电动机
形式1 形式2	双绕组变压器，一般符号 注：瞬时电压的极性可以在形式2中表示 示例：示出瞬时电压极性标记的双绕组变压器，流入绕组标记端的瞬时电流产生辅助磁通		三相绕组变压器，一般符号
	自耦变压器，一般符号		电抗器（扼流圈）一般符号
	电流互感器 脉冲变压器		具有两个铁心，每个铁心有一个次级绕组的电流互感器
	在一个铁心上具有两个次级绕组的电流互感器		电压互感器
	Y-△联结的三相变压器		整流器方框符号
	桥式全波整流器方框符号		原电池或蓄电池
（6）开关、控制和保护器件			
	动合（常开）触点 注：本符号也可用作开关一般符号		动断（常开）触点

（续）

图形符号	说明	图形符号	说明
	中间断开的双向转换触点		（当操作器件被吸合时）延时闭合的动合触点
	（当操作器件被释放时）延时断开的动合触点		延时闭合的动断触点
	延时断开的动断触点		手动开关的一般符号
	按钮开关		无自动复位的旋转开关、旋钮开关
	位置开关和限制开关的动合触点		位置开关和限制开关的动断触点
	开关		三极开关 单线表示 多线表示
	接触器，接触器的主动合触点		接触器，接触器的主动断触点
	断路器		隔离开关
	负荷开关		动作机构的一般符号，继电线圈的一般符号
	缓慢释放继电器线圈		缓慢吸合继电器线圈
	快速继电器（快吸和快放）线圈		交流继电器线圈

（续）

图形符号	说明	图形符号	说明
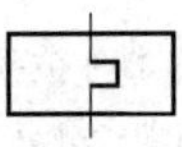	热继电器驱动器件	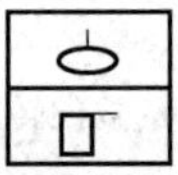	瓦斯保护器件，气体继电器
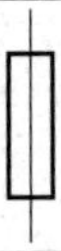	熔断器的一般符号		熔断器开关
	火花间隙		避雷器

(7) 测量仪表、灯和信号器件

图形符号	说明	图形符号	说明
 ＊	指示仪表，一般符号 "＊"表示被测量的量和单位的文字符号，应从 IEC60027 中选择	 ＊	记录仪表，一般符号 "＊"表示被测量的量和单位的文字，应从 IEC60027 中选择
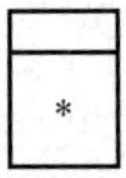 ＊	积算仪表，一般符号 别名：能量仪表 "＊"表示被测量的量和单位的文字符号，应从 IEC60027 中选择	 A	电流表
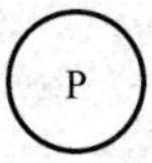 P	功率表	 V	电压表
 var	无功功率表	 Hz	频率计
	示波器	 ↑	检流计
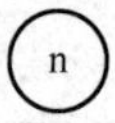 n	转速表	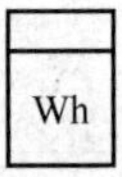 Wh	电能表，瓦计时
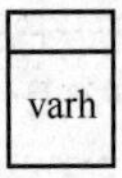 varh	无功电能表	 ⊗	灯，一般符号 别名：灯，信号灯
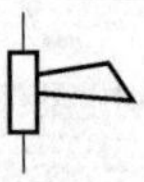	电喇叭		电铃；音响信号装置，一般符号
	报警器	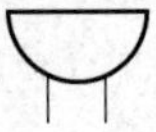	蜂鸣器

（续）

图形符号	说明	图形符号	说明
（8）管线布设符号表示			
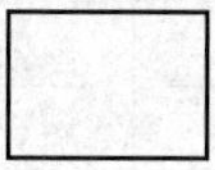	规划的发电站	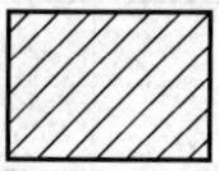	运行的发电站
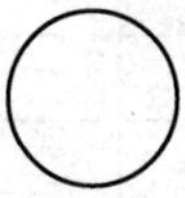	规划的变电所、配电所	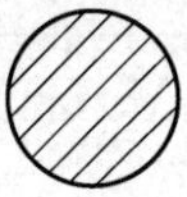	运行的变电所、配电所
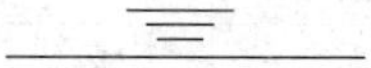	地下线路	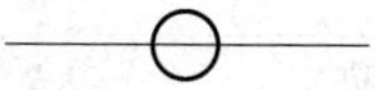	架空线路
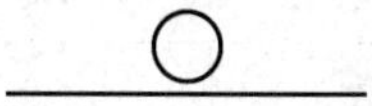	套管线路	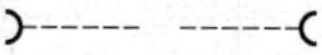	挂在钢索上的线路
	事故照明线		50V 及以下电力照明线路
	控制及信号线路（电力及照明用）		用单线表示多种线路
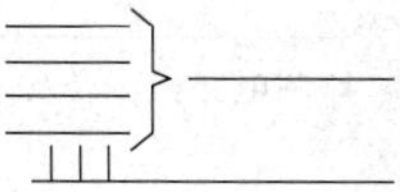	用单线表示多回路线路（或电缆管束）		母线一般符号
	滑触线	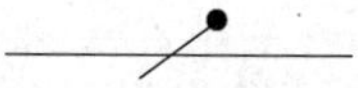	中性线
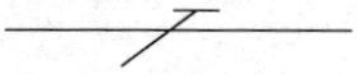	保护线	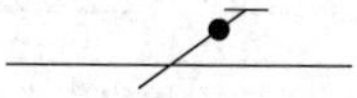	保护线和中性线共线
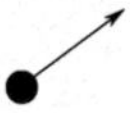	向上配线		向下配线
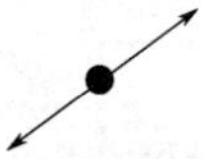	垂直通过配线	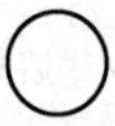	盒，一般符号
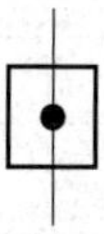	用户端，供电引入设备	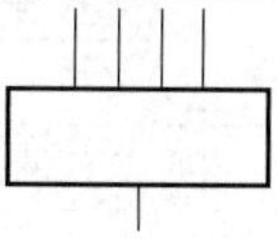	配电中心（示出五路配线）
	连线盒，接线盒	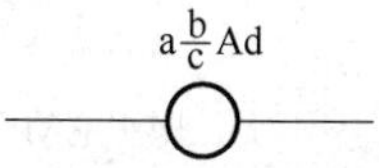 $a\frac{b}{c}Ad$	带照明的电杆
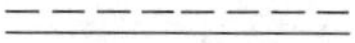	电缆铺砖保护	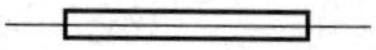	电缆穿管保护
	母线伸缩接头	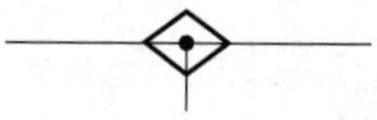	电缆分支接头盒

17

3. 供配电系统设计文件标注的文字符号

供配电系统设计文件标注的文字符号见表1-13。

表1-13 供配电系统设计文件标注的文字符号

文字符号	名称	单位	文字符号	名称	单位
U_n	系统标称电压	V	I_c	计算电流	A
U_r	设备的额定电压	V	I_{st}	起动电流	A
I_r	额定电流	A	I_p	尖峰电流	A
f	频率	Hz	I_s	整定电流	A
P_N	设备安装功率	kW	I_k	稳态短路电流	kA
P	计算有功功率	kW	Q	计算无功功率	kvar
U_{kr}	阻抗电压	V	S	计算视在功率	kV·A
i_p	短路电流峰值	kA	S_r	额定视在功率	kV·A

4. 单字母符号的标注方式

单字母符号的标注方式见表1-14。

表1-14 单字母符号的标注方式

字母代码	项目种类	说　　明
A	组件部件	分离元件放大器、磁放大器、激光器、微波激光器、印制电路板，以及本表格其他地方未提及的组件、部件
B	变换器（从非电量到电量或相反）	热电传感器、热电池、光电池、测功计、晶体换能器、送话器、拾音器、扬声器、耳机、自整角机、旋转变压器
C	电容器	—
D	二进制元件 延迟器件 存储器件	数字集成电路和器件、延迟线、双稳态元件、单稳态元件、磁心存储器、寄存器、磁带记录机、盘式记录机
E	其他元器件	光器件、热器件，以及本表格其他地方未提及的元件
F	保护器件	熔断器、过电压放电器件、避雷器
G	发电机、电源	旋转发电机、旋转变频机、电池、振荡器、石英晶体振荡器
H	信号器件	光指示器、声指示器
K	继电器、接触器	交流继电器、双稳态继电器
L	电感器 电抗器	感应线圈、线路陷波器 电抗器（并联和串联）
M	电动机	同步电动机、力矩电动机
N	模拟元件	运算放大器、模拟/数字混合器件
P	测量设备、实验设备	指示、记录、计算、测量设备、信号发生器、时钟
Q	电力电路的开关器件	断路器、隔离开关
S	控制电路的开关选择器	控制开关、按钮、限制开关、选择开关、选择器、拨号接触器、连接器

（续）

字母代码	项目种类	说　明
T	变压器	电压互感器、电流互感器
U	调制器 变换器	鉴频器、解调器、变频器、编码器、逆变器、交流器、电报译码器
V	电真空器件 半导体器件	电子管、气体放电管、晶体管、晶闸管、二极管
W	传输通道 波导、天线	导线、电缆、母线、波导、波导定向、耦合器、偶极天线、抛物面天线
X	端子 插头 插座	插头和插座、测试塞孔、端子板、焊接端子片、连接片、电缆封端和接头
Y	电气操作的机械装置	制动器、离合器、气阀
Z	终端设备 混合变压器 滤波器、均衡器 限幅器	电缆平衡网络 压缩扩展器 晶体滤波器 网络

注：单字母符号用来表示按国家标准划分的 23 类电气设备、装置和元器件。

5. 常见的双字母符号

常见的双字母符号见表 1-15。

表 1-15　常见的双字母符号

名称	单字母	双字母	名称	单字母	双字母
发电机	G				
直流发电机	G	GD	电动机	M	
交流发电机	G	GA	直流电动机	M	MD
同步发电机	G	GS	交流电动机	M	MA
异步发电机	G	GA	同步电动机	M	MS
永磁发电机	G	GM	异步电动机	M	MA
水轮发电机	G	GH	笼型电动机	M	MC
汽轮发电机	G	GT			
励磁机	G	GE			
			变压器	T	
			电力变压器	T	TM
			控制变压器	T	T
绕组	W		升压变压器	T	TU
电枢绕组	W	WA	降压变压器	T	TD
定子绕组	W	WS	自耦变压器	T	TA
转子绕组	W	WR	整流变压器	T	TR
励磁绕组	W	WE	电炉变压器	T	TF
控制绕组	W	WC	稳压器	T	TS
			互感器	T	
			电流互感器	T	TA
			电压互感器	T	TV

（续）

名称	单字母	双字母	名称	单字母	双字母
整流器	U		断路器	Q	QF
变流器	U		隔离开关	Q	QS
逆变器	U		自动开关	Q	QA
变频器	U		转换开关	Q	QC
			刀开关	Q	QK
			继电器	K	
控制开关	S	SA	中间继电器	K	KM
行程开关	S	ST	电压继电器	K	KV
限位开关	S	SL	电流继电器	K	KA
终点开关	S	SE	时间继电器	K	KT
微动开关	S	SS	频率继电器	K	KF
脚踏开关	S	SF	压力继电器	K	KP
按钮开关	S	SB	控制继电器	K	KC
接近开关	S	SP	信号继电器	K	KS
			接地继电器	K	KE
			接触器	K	KM
			电阻器	R	
电磁铁	Y	YA	变阻器	R	
制动电磁铁	Y	YB	电位器	R	RP
牵引电磁铁	Y	YT	起动电阻器	R	RS
起重电磁铁	Y	YL	制动电阻器	R	RB
电磁离合器	Y	YC	频敏电阻器	R	RF
			附加电阻器	R	RA
			电感器	L	
			电抗器	L	
电容器	C		起动电抗器	L	LS
			感应线圈	L	
电线	W				
电缆	W		避雷器	F	
母线	W		熔断器	F	FU
照明灯	E	EL	蓄电池	G	GB
指示灯	H	HL	光电池	B	
			调节器	A	
			放大器	A	
晶体管	V		晶体管	A	AD
电子管	V	VE	电子管	A	AV
			磁放大器	A	AM

（续）

名称	单字母	双字母	名称	单字母	双字母
变换器	B				
压力变换器	B	BP			
位置变换器	B				
温度变换器	B	BT			
速度变换器	B	BV			
自整角机	B		天线	W	
测速发电机	B	BR			
送话器	B				
受话器	B				
拾音器	B				
扬声器	B				
耳机	B				
接线性	X				
连接片	X	XB	测量仪表	P	
插头	X	XP			
插座	X	XS			

注：双字母符号由单字母符号后面另加一个字母组成，可以更具体地表达电气设备、装置和元器件的名称。

6. 动力系统符号

动力系统符号见表1-16。

表1-16　动力系统符号

图形和文字符号	名称	图形和文字符号	名称
	风扇；风机		风扇
	风扇		轴流风扇
	电热风幕	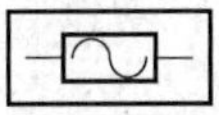	电热水器
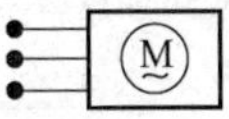	电热水器	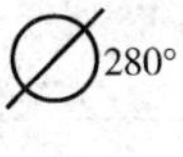 280°	280℃防火阀
 70°	70℃防火阀	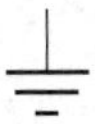	接地
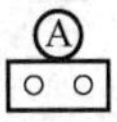 Ⓐ	配电屏	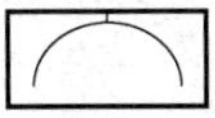	配电屏
	接线盒		电铃

（续）

图形和文字符号	名称	图形和文字符号	名称
⊗	信号板、箱、屏		电阻箱
UPS	UPS 配电屏	M	电磁阀
M	电动阀	⊙⊙	直流电焊机
◎◎	交流电焊机		鼓形控制器
G	直流发电机	M	直流电动机
SM	直流伺服电动机	G	交流发电机
M	交流电动机	SM	交流伺服电动机
	电磁制动器	h	小时计
Ah	安培小时计	Wh	电能表
varh	无功电能表		钟
	母钟		电阻加热装置
	电弧炉		感应加热炉
	电锁		热水器
	电磁阀		管道泵
	风机盘管	AC	分体式空调器（空调器）

（续）

图形和文字符号	名称	图形和文字符号	名称
 AF	分体式空调器（冷凝器）		窗式空调器
	整流器		逆变器
	桥式全波整流器		电动机起动器
	步进起动器		调节起动器
	带自动释放的起动器		星—三角起动器
	自耦变压器式起动器		变压器
	地面接线盒	MS	电动机起动器
SDS	星—三角起动器	SAT	自耦降压起动器

7. 插座符号

插座符号见表1-17。

表1-17 插座符号

图形和文字符号	名称	图形和文字符号	名称
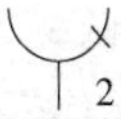 2	双联插座	 3	三联插座
 4	四联插座		带保护极的电源插座
	单相二三级电源插座	 1P	带保护极的单相插座
 3P	带保护极的三相插座	 1C	带保护极的单相暗敷插座
 3C	带保护极的三相暗敷插座	 1EX	带保护极的单相防爆插座
 3EX	带保护极的三相防爆插座	 1EN	带保护极的单相密闭插座

（续）

图形和文字符号	名称	图形和文字符号	名称
3EN	带保护极的三相密闭插座	A1　　A2	单相三级空调插座
K	空调插座		单相插座
	带保护极和单极开关的电源插座	1P	单相插座
3P	三相插座	1C	单相暗敷插座
3C	三相暗敷插座	1EX	单相防爆插座
1EN	单相密闭插座	EN	单相三极带开关密闭防潮插座
F	排油烟机密闭防潮插座		带隔离变压器的插座
	双联二三极暗装插座		安全型双联二三极暗装插座
	安全型带开关双联二三极暗装插座		带接地插孔暗装三相插座
	带接地插孔防爆三相插座		插座箱
	电信插座		带熔断器三极暗装插座
	安全型带熔断器三极暗装插座		带熔断器三相四极插座
	安全型带熔断器三相四极插座		密闭单相插座
	有护板的插座		带单极开关的插座
	带联锁开关的插座		带熔断器的插座
	安全型暗装单相插座		带开关二极暗装插座
	安全型带开关二极暗装插座		带熔断器二极暗装插座
	安全型带熔断器二极暗装插座		带熔断器二三极双联插座

（续）

图形和文字符号	名称	图形和文字符号	名称
	带熔断器双联三四极暗装插座		安全型带熔断器二三极双联插座
	安全型带熔断器双联三四极插座		三联单相二三极三相四极暗装插座
	双联二三极明装插座		带保护接点插座
	密闭单相插座		带联锁开关的插座
	有护板的插座		带单极开关的插座
	带熔断器的插座		空调插座
	带隔离变压器的插座		地面插座盒
	暗装单相插座		带保护接点暗装插座
	带保护接点密闭插座		带接地插孔三相插座
	带保护接点防爆插座		安全型三极暗装插座
	带开关三极暗装插座		安全型带开关三极暗装插座
	带保护接点暗装插座		带保护接点密闭插座
	带保护接点防爆插座		安全型三极暗装插座
	带开关三极暗装插座		安全型带开关三极暗装插座
	带接地插孔密闭插座		防爆单相插座

8. 火灾报警系统符号

火灾报警系统符号见表1-18。

表1-18 火灾报警系统符号

图形和文字符号	名　　称
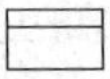 ▭	火灾报警控制器
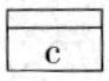 c	集中型火灾报警控制器
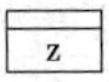 z	区域型火灾报警控制器
XD	接线端子箱
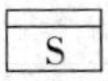 S	可燃气体报警控制器
RS	防火卷帘控制器
RD	防火门磁释放器
I/O	输入/输出模块
I	输入模块
O	输出模块
P	电源模块
TP	总线电话模块
SI	短路隔离器
M	模块箱
SB	安全栅
F1	楼层显示盘
BO	总线广播模块
FPA	火警广播主机
MT	消防电话主机
AC	电气控制箱
S	感烟探测器（点型）
S N	感烟探测器（点型、非地址码型）
S EX	感烟探测器（点型、防爆型）
●	感温探测器（点型）

（续）

图形和文字符号	名　　称
—|•|—	感温探测器（线型）
|•|N	感温探测器（点型、非地址码型）
∧	感光火灾探测器（点型）
◿	可燃气体探测器（点型）
〰〰〰 〚〛	缆式线型感温探测器
⊣S⊢	线型光束感烟火灾探测器（发射部分）
⊶S⊢	线型光束感烟火灾探测器（接收部分）
S|•|	复合式感烟感温火灾探测器（点型）
∧|•|	点型复合式感光感温火灾探测器
Y	手动报警按钮
YO	带消防电话插孔的手动报警按钮
⟋Ω⟍	火警电铃
⟋◁⟍	火灾声报警器
⟋♀⟍	火灾光报警器
⟋♀Ω⟍	火灾声光报警器
⟋◁⟍	火灾警报扬声器
◁	扬声器，一般符号
◁	嵌入式安装扬声器箱
☎	消防电话分机
Ψ	消火栓按钮
⟋ Ⓛ	水流指示器（组）
P	水压力开关
▷◁	信号阀（带监视信号的检修阀）
◎	干式报警阀组

（续）

图形和文字符号	名　称
●	湿式报警阀组
◐	预作用报警阀组
◓	雨淋报警阀组
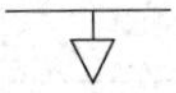 ▽	自动喷洒头（开式）
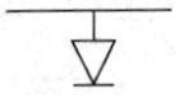 ▽	自动喷洒头（闭式）
L	液位传感器
 M（阀）	电磁阀
 M（阀）	电动阀
⊖ 70℃	常开防火阀（70℃熔断关闭）
⊖ E70℃	常开防火阀（电控关闭或70℃熔断关闭）
⊖ 280℃	常开防火阀（280℃熔断关闭）
⏀ 280℃	常闭防火阀（电控开启，280℃熔断关闭）
⏀	加压送风口
⏀ SE	电动排烟口
——S——	火灾报警信号总线
——D——	24V 电源线
——F——	消防电话线
——BC——	广播线路

注：防火阀、排烟阀符号中心的短线与管道方向平行则表示此阀为常开阀，短线与管道方向垂直则表示此阀为常闭阀。

9. 安全防范系统符号

安全防范系统符号见表1-19。

表1-19　安全防范系统符号

符　号	名　称
 ◁IR	被动红外入侵探测器

（续）

符　号	名　称
◁M	微波入侵探测器
◁R/M	被动红外/微波双技术探测器
◇B	玻璃破碎探测器
◇P	压敏探测器
Rx —IR— Tx	主动红外入侵探测器 （发射、接收分别为 Tx、Rx）
□—L—□	埋入线电场扰动探测器
□—C—□	振动电缆探测器
⊔	门磁开关
✓	紧急脚挑开关
◎	紧急按钮开关
▣	周界报警控制器
▱	摄像机
▱R	球形摄像机
▱IP	网络摄像机
▱OH	有室外防护罩摄像机
▱△	带云台摄像机
▱R△	带云台球形摄像机
▱IP△	带云台数字摄像机
▱OH△	有室外防护罩的带云台摄像机
▱∵	彩色摄像机

（续）

符　号	名　称
	带云台彩色摄像机
	彩色转黑白摄像机
	带云台彩色转黑白摄像机
	图像分割器
	电视监视器
KY	操作键盘
VD	视频信号分配器
DEC	解码器（控制信号解码驱动器）
	传声器
	扬声器
	声、光报警器
	读卡器
KP	键盘读卡器
	指纹识别器
	人像识别器
	眼纹识别器
EL	电控锁
M	磁力锁

（续）

符　号	名　称
Ⓔ	电锁按键（出门按钮）
 BD	综合布线建筑物配线架（系统图）
 FD	综合布线楼层配线架（系统图）
 ODF	光纤配线架（系统图）
SW	网络交换机
 ⊘	光纤或光缆
⎍	保安巡逻打卡器（或信息钮）
Ψ	天线
 E/O	电、光信号转换器
 O/E	光、电信号转换器
 ◨	整流器
UPS	不间断电源
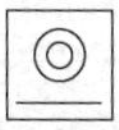 ◎	打印机
⊗	灯
 ⏦	电源变压器

10. 建筑设备监控系统符号

建筑设备监控系统符号见表1-20。

表1-20　建筑设备监控系统符号

符　号	名　称
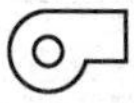 ⌀	风机

（续）

符　号	名　称
	水泵
	空气过滤器
	空气加热器
	空气冷却器
	空气加热、冷却器
	加湿器
	板式换热器
DDC	直接数字控制器
BAC	建筑自动化控制器
T	温度传感器
P	压力传感器
M	湿度传感器
S	风速传感器
FS	流量开关
	电动二通阀
	电动三通阀
	电磁阀
	电动蝶阀
	电动对开多叶调节风阀
LT *	液位交送器（"＊"为位号）
GT *	流量变送器（"＊"为位号）

（续）

符　　号	名　　称
ⓅT*	压力变送器（"＊"为位号）
ⓉT*	温度变送器（"＊"为位号）
ⓂT*	湿度变送器（"＊"为位号）
ⓅDT*	压差变送器（"＊"为位号）
ⓅDA*	压差报警（"＊"为位号）
ⒾT*	电流变送器（"＊"为位号）
ⓋT* ⓊT*	电压变送器（"＊"为位号）
ⓆE*	浓度测量元件（"＊为位号）
ⓅE*	压力测量元件（"＊"为位号）
ⓁE*	液位测量元件（"＊"为位号）

11. 综合布线系统符号

综合布线系统符号见表1-21。

表1-21　综合布线系统符号

符　　号	名　　称
形式1: CD ⧖　形式2: CD ⧓	建筑群配线架（系统图，含跳线连接）
形式1: BD ⧖　形式2: BD ⧓	建筑物配线架（系统图，含跳线连接）
形式1: FD ⧖　形式2: FD ⧓	楼层配线架（系统图，含跳线连接）

（续）

符　号	名　称
FD	楼层配线架（系统图，无跳线连接）
CP	集合点配线箱
DDF	数字配线架（传输系统，E1 接口）
ODF	光纤总配线架（光纤总连接盘，系统图，含跳线连接）
LIU *	光纤连接盘（系统图） "＊"表示光纤连接盘可配 SC、ST、SFF 种类光纤适配器
MDF	用户总配线架（系统图，含跳线连接）
*	配线架、柜的一般符号（平面图） "＊"可用以下文字表示不同的配线架： CD——建筑群；BD——建筑物； FD——楼层
SB	模块配线架式的供电设备（系统图）
HUB	集线器
SW	网络交换机
PABX	用户交换机
IP	网络电话
AP	无线接入点
TO	信息点（插座）
	线槽
形式1：nTO 形式2：nTO	信息插座，n 为信息孔数量（$n \leqslant 4$） 例如：TO、2TO、4TO 分别为单孔、二孔、四孔信息插座

（续）

符　　号	名　　称
形式1： 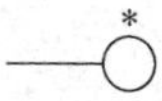　　　＊ 形式2： 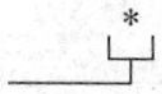　　　＊	信息插座的一般符号 "＊"可用以下的文字或符号区别不同插座： TP——电话；TD——计算机（数据）
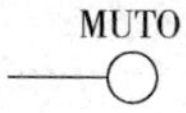 MUTO	多用户信息插座
形式1：TV 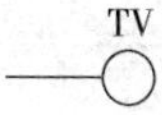 形式2：TV 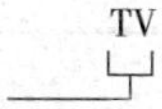	电视插座
 光纤或光缆符号	光纤或光缆
CD	建筑群配线设备
BD	建筑物配线设备
FD	楼层配线设备
CP	集合点
ODF	光纤配线架
MDF	用户总配线架
RJ45	8 位模块通用插座
IDC	卡接式配线模块
OF	光纤
ST	卡口式锁紧连接器（光纤连接器）
SC	直插式连接器（光纤连接器）
SFF	小型连接器（光纤连接器）
TE	终端设备
AHD	家居配线箱

12. 有线电视系统符号

有线电视系统符号见表1-22。

表1-22　有线电视系统符号

符　　号	名　　称
 Y	天线
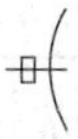 波导天线符号	带矩形波导馈线的抛物面天线

（续）

符　号	名　称
▷ 形式一 ▷ 形式二	放大器、中继器
▷◁	双向分配放大器
▷◀	双向干线、支线（延长）放大器
A	可变衰减器
▱	调制器、解调器或鉴别器
⊡	彩色电视监视器
DVR	数字硬盘录像机
⊡	彩色电视接收机
☎	电话机
⊣⊠　*	分配器
⊣⊠　*	三分配器
⊣⊠　*	四分配器
⊖　*	信号分支
⊖　*	二分支器
⊖	四分支器
⊖	定向耦合器
○TV 形式一 TV 形式二	电视插座
≈	带通滤波器
⊘	光纤

（续）

符　　号	名　　称
形式一　　TV	有线电视线路
形式二　　RF	射频
V	视频
A	音频

注：＊分配器、分支器填充部分表示电流通过型。如 ⊖ 表示填充分支端有 AC60V。

13. 公共广播系统符号

公共广播系统符号见表1-23。

表1-23　公共广播系统符号

符　　号	名　　称
Ψ	天线
 ⊲	传声器
 ∠	呼叫站
AM/FM	调幅调频调谐器
CD	激光唱机
 ▷　A	扩音机
 ▷　PRA	前置放大器
 ▷　AP	功率放大器
 ◁	扬声器
 ◁	扬声器箱、音箱、声柱

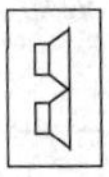

(续)

符　号	名　称
	客房床头控制柜
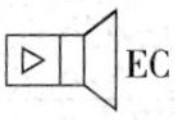 ▷ EC	带功放的可寻址扬声器箱、音箱、声柱
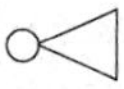 ◁	号筒式扬声器
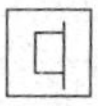	监听器
 YA	噪声信号感应器
	音量控制器
	一分支器
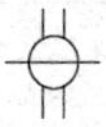	四分支器
	动合（常开）触点
	动断（常闭）触点
	先断后合的转换触点
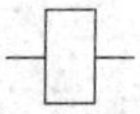	继电器线圈
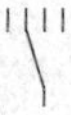	多位置开关
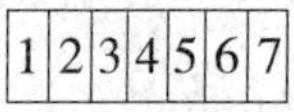 1 2 3 4 5 6 7	端子板
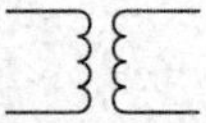	双绕组变压器
SF	控制开关

14. 电子会议系统符号

电子会议系统主要符号说明见表1-24。

表1-24　电子会议系统主要符号说明

符号	说明	符号	说明
ATM	异步传输模式	COD	编码器
BRI	基本速率接口	MCU	多点控制器

（续）

符号	说明	符号	说明
CCR	文件摄像机	SP1 ~ SP4	有源音箱
CODEC	编码解码器	MIC	主席台话筒
DDN	数字数据网	DECOD	解码器
DVD	数字通用光盘	MON	主会场监视器
DLP	数字光处理	MON1 ~ MON4	分会场监视器
EI	2.048Mb/s 的传输速率	PDP1 ~ PDP2	发言分会场平板显示器
FE	快速以太网	MON5 ~ MON6	发言分会场监视器
FR	帧中继	VF	视频分配放大器（1分4）
HDSL	高速率数字用户线路	VAF	视音频分配放大器（1分4）
ISDN	综合业务数字网	COL	调音台
IP	因特网协议	SHT	120″大屏幕投影显示器
LAN	局域网	NMS1	卫星网管系统
MCU	多点控制器	NMS2	会议电视网管系统
MCA	主摄像机	MAX1	视音频切换矩阵（5入10出）
PRI	基群速率接口	MAX2	视音频切换矩阵（4入3出）
PDP	等离子显示器	CB	视音频切换矩阵控制台
RGB	红绿蓝（三基色）	MCW1	模拟转接网关1
SCR	辅助摄像机	MCW2	模拟转接网关2
DVR	数字硬盘录像机	ADSL	非对称数字用户线

电子会议系统主要图例见表1-25。

表1-25 电子会议系统主要图例

	H.520 终端（桌面型）
	H.520 终端（会场型）
	H.520 MCU
	H.323 MCU
	H.523 终端

（续）

	防火墙
	智能宽带 IP 网络视讯服务器
	路由器

第二节　建筑电气识图的基本规定及识读步骤

一、图纸的格式与幅面大小

一个完整的图面由边框线、图框线、标题栏、会签栏等组成，其格式如图 1-11 所示。

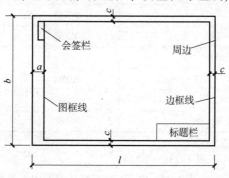

图 1-11　图面的组成

由边框线所围成的图面，称为图纸的幅面。幅面的尺寸共分五类：A0 ~ A4 号图纸，尺寸见表 1-26。A0、A1、A2 号图纸一般不得加长，A3、A4 号图纸可根据需要加长，加长幅面尺寸见表 1-27。

表 1-26　幅面代号及尺寸　　　　　　　　　　　　（单位：mm）

幅面代号	A0	A1	A2	A3	A4
宽×长 $(b \times l)$	841 ×1189	594 ×841	420 ×594	297 ×420	210 ×297
边宽 (c)	10			5	
装订边宽 (a)	25				

表 1-27　加长幅面尺寸　　　　　　　　　　　　（单位：mm）

代号	尺寸	代号	尺寸
A3 ×3	420 ×891	A4 ×4	297 ×841
A3 ×4	420 ×1189	A4 ×5	297 ×1051
A4 ×3	297 ×630		

二、标题栏、会签栏

标题栏又名图标，是用以确定图纸的名称、图号、张次更改和有关人员签署等内容的栏目。标题栏的方位一般在图纸的下方，也可放在其他位置。但标题栏中的文字方向为看图方向，即图中的说明、符号均应以标题栏的文字方向为准。

标题栏的格式，我国还没有统一的规定，各设计单位的标题栏格式都不一样。常见的格式应有以下内容：设计单位、工程名称、项目名称、图名、图号等，如图 1-12 所示。

设计单位				工程名称		设计号	
						图 号	
审 定		设 计		项目名称			
审 核		制 图					
总负责人		校 对		图 名			
专业负责人		复 核					

图 1-12 标题栏格式

会签栏是供相关的给水排水、采暖通风、建筑、工艺等相关专业设计人员会审图纸时签名用。

三、图幅分区

图幅分区的方法是将图纸相互垂直的两边各自加以等分，分区的数目视图纸的复杂程度而定，但每边必须为偶数。每一分区的长度为 25～75mm，分区代号沿竖边方向用大写拉丁字母从上到下标注。横边方向用阿拉伯数字从左往右编号。如图 1-13 所示，分区代号用字母和数字表示，字母在前，数字在后。如图 1-13 中线圈 K1 的位置代号为 B5，按钮 S2 的位置代号为 B3。

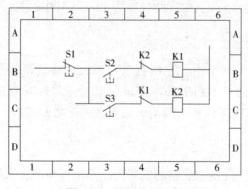

图 1-13 图幅分区示例

四、电气施工图图线

绘制电气施工图所用的线条称为图线，线条在机械工程图和电气工程图中有不同的用途，常用的图线见表 1-28。

表 1-28　图线的形式及应用

图线名称	图线形式	机械工程图中	电气工程图中
粗实线	——	可见轮廓线	电气线路，一次线路
细实线	——	尺寸线，尺寸界线，剖面线	二次线路，一般线路
虚线	-----	不可见轮廓线	屏蔽线，机械连线
点画线	—·—·—	轴心线，对称中心线	控制线，信号线，围框线
双点画线	—··—··—	假想的投影轮廓线	辅助围框线，36V 以下线路

五、图面上的字体

图面上的汉字、字母和数字是图的重要组成部分，图中的字体书写必须端正，笔画清楚，排列整齐，间距均匀，符合标准。一般汉字用长仿宋体，字母、数字用直体。图面上字体的大小，应视图幅大小而定，字体的最小高度见表 1-29。

表 1-29　字体最小高度　　　　　　　　　　　　　　　　　　（单位：mm）

基本图纸幅面	A0	A1	A2	A3	A4
字体最小高度	5	3.5	2.5		

六、图纸比例

图纸上所画图形的大小与物体实际大小的比值称为比例。电气设备布置图、平面图和电气构件详图通常按比例绘制。比例的第一个数字表示图形尺寸，第二个数字表示实物为图形的倍数。例如 1：10 表示图形大小只有实物的十分之一。比例的大小是由实物大小与图幅大小相比较而确定的，一般在平面图中可选取 1：10、1：20、1：50、1：100、1：200、1：500。施工时，如需确定电气设备安装位置的尺寸或用尺量取时应乘以比例的倍数，例如，图纸比例是 1：100，量得某段线路为 15cm，则实际长度为 15cm × 100 = 1500cm = 15m。

七、方位表示

电气平面图一般按"上北下南、左西右东"来表示建筑物和设备的位置及朝向。但在外电总平面图中都用方位标记（指北针方向）来表示朝向。方位标记如图 1-14 所示，其箭头指向表示正北方向。

图 1-14　方位标记

八、安装标高

在电气平面图中，电气设备和线路的安装高度是用标高来表示的。标高有绝对标高和相对标高两种表示法。

绝对标高是我国的一种高度表示方法，是以我国青岛外黄海平面作为零点而确定的高度尺寸，所以又可称为海拔。如海拔 1000m，表示该地高出海平面 1000m。

相对标高是选定某一参考面为零点而确定的高度尺寸。建筑工程图上采用的相对标高，一般是选定建筑物室外地坪面为 ±0.00m，标注方法为 $\underset{\triangledown}{\overline{\pm 0.00}}$。如某设备对室外地坪安装高度为 5m，可标注为 $\underline{\pm 5.00}$。

在电气平面图中，还可选择每一层地坪或楼面为参考面，电气设备和线路安装、敷设位置高度以该层地坪为基准，一般称为敷设标高。如某开关箱的敷设标高为 $\blacktriangledown \underline{\pm 1.40}$，则表示开关箱底边距地坪为 1.40m。室外总平面图上的标高可用 $\blacktriangledown \underline{\pm 0.00}$ 表示。

九、定位轴线

在建筑平面图中，建筑物都标有定位轴线，一般是在剪力墙、梁、柱等主要承重构件的位置画出轴线，并编上轴线号。定位轴线编号的原则是：在水平方向采用阿拉伯数字，由左向右注写；在垂直方向采用拉丁字母（其中 I、O、Z 不用），由下往上注写，数字和字母分别用点画线引出，如图 1-15 所示。通过定位轴线可以帮助人们了解电气设备和其他设备的具体安装位置，部分图纸的修改、设计变更用定位轴线可很容易找到位置。

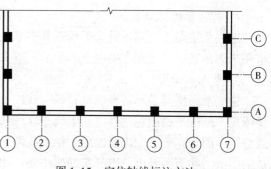

图 1-15　定位轴线标注方法

十、电气施工详图

电气设备中的某些零部件、接点等结构、做法、安装工艺需要详细表明时，可将这部分单独放大，详细表示，这种图称为详图。

电气设备的某一部分详图可画在同一张图纸上，也可画在另外一张图纸上，这就需要用一个统一的标记将它们联系起来。标注在总图某位置上的标记称为详图索引标志，如图 1-16a 所示，其中"$\frac{3}{-}$"表示 3 号详图在本张图纸上，"$\frac{5}{12}$"表示 5 号详图在 12 号图纸上。标注在详图旁的标记称为详图标记，如图 1-16b 所示，其中"$③$"表示 3 号详图，详图被索引的内容就在本张图上；"$\frac{5}{3}$"表示 5 号详图，详图中被索引的内容在 3 号图上。

图 1-16　详图标法

十一、电气工程图的种类

电气工程图是阐述电气工程的构成和功能，描述电气装置的工作原理，提供安装接线和维护使用信息的施工图。一项电气工程的规模不同，反映该项工程的电气图的种类和数量也是不同的。一项工程的电气施工工程图，通常由以下七部分组成：

1. 首页

首页内容包括电气工程图的目录、图例、设备明细表、设计说明等。图例一般是列出本套图纸涉及的一些特殊图例。设备明细表只列出该项电气工程中主要电气设备的名称、型号、规格和数量等。设计说明主要阐述该电气工程设计的依据、基本指导思想与原则，补充图中未能表明的工程特点、安装方法、工艺要求、特殊设备的使用方法及其他使用与维护注意事项等。图纸首页的阅读，虽然不存在更多的方法问题，但首页的内容仍是需要认真对待的。

2. 电气系统图

电气系统图主要表示整个工程或其中某一项目的供电方式和电能输送之间的关系，有时也用来表示某一装置和主要组成部分的电气关系。

3. 电气平面图

电气平面图是表示各种电气设备与线路平面布置位置的，是进行建筑电气设备安装的重要依据。电气平面图包括外电总电气平面图和各专业电气平面图。外电总电气平面图是以建筑总平面图为基础，绘出变电所、架空线路、地下电力电缆等的具体位置并注明有关施工方法的图纸。在有些外电总电气平面图中还注明了建筑物的面积、电气负荷分类、电气设备容量等。专业电气平面图有动力电气平面图、照明电气平面图、变电所电气平面图、防雷与接地平面图等。专业电气平面图在建筑平面图的基础上绘制。由于电气平面图缩小的比例较大，因此不能表现电气设备的具体位置，只能反映电气设备之间的相对位置关系。

4. 设备布置图

设备布置图是表示各种电气设备平面与空间的位置、安装方式及其相互关系的，通常由平面图、立面图、断面图、剖面图及各种构件详图等组成。设备布置图一般都是按三面视图的原理绘制，与一般机械工程图没有原则性的区别。

5. 电路图

电路图是表示某一具体设备或系统电气工作原理的，用来指导某一设备与系统的安装、接线、调试、使用与维护。

6. 安装接线图

安装接线图是表示某一设备内部各种电气元件之间位置关系及接线关系的，用来指导电气安装、接线、查线。它是与电路图相对应的一种图。

7. 大样图

大样图是表示电气工程中某一部分或某一部件的具体安装要求和做法的，其中有一部分选用的是国家标准图。

十二、电气施工图的识读步骤

阅读一套电气施工图的步骤如下。

（1）看标题栏及图纸目录。通过看标题栏和图纸目录，来了解电气工程的名称、项目内容、设计日期以及图纸数量和内容等信息。

（2）阅读总说明。在总说明文字中，概述了工程总体情况及设计，表达了在图纸中未能清楚表达的各有关事宜。如供电电源的来源、电压等级、线路敷设方法、设备安装高度安装方式、补充使用的非国标图形符号、施工时应该注意的事项等。

（3）阅读系统图。各项工程都包含系统图，如变配电工程的供电系统图、电力工程的电力系统图、照明工程的照明系统图、通信工程的电缆电视系统图等。通过阅读系统图，可以了解系统的基本组成，主要电气设备、元件等的连接关系以及它们的规格、型号、参数等，从而掌握该系统的组成概况。

（4）阅读平面布置图。平面布置图的类型有变配电所电气设备安装平面图、电力平面图、照明平面图、防雷与接地平面图等。平面布置图用来表示设备安装位置、线路敷设部位、敷设方法以及所用导线的型号、规格、数量、管径大小等。在阅读系统图并了解系统的组成情况后，就可以依据平面图编制工程预算和施工方案，开始工程的施工了。阅读平面布置图的顺序通常为：进线→总配线箱→干线→支干线→分配电箱→用电设备。

（5）阅读电路图。通过阅读电路图，来了解各系统中用电设备的电气自动控制原理，以此来指导设备的安装和控制系统的调试工作。因为电路图一般是采用多功能布局法来绘制的，所以在看图时应该依据功能关系从上至下或从左至右逐回路阅读。

（6）阅读安装接线图。通过阅读安装接线图，可以了解设备或者电器的布置与接线。通常情况下都与电路图对比阅读，以进行控制系统的配线和调校工作。

（7）阅读安装大样图。安装大样图表示设备的安装方法，是进行安装施工的依据和编制工程材料计划时的重要参考图纸。

（8）阅读设备材料表。在设备材料表中表示了该电气工程所使用的设备、材料的型号、规格和数量，是编制材料计划、购置设备的重要依据之一。

十三、电气施工图识读要点

1. 熟悉电气图例、符号，弄清图例、符号所代表的内容

电气符号主要包括文字符号、图形符号、项目代号和回路标号等。在绘制电气图时，所有电气设备和电气元件都应使用国家统一标准符号，当没有国际标准符号时，可采用国家标准或行业标准符号。

要想看懂电气图，就应了解各种电气符号的含义、标准原则和使用方法，充分掌握由图形符号和文字符号所提供的信息，才能正确地识图。

（1）电气技术文字符号在电气图中一般标注在电气设备、装置和元器件图形符号之上或者其近旁，以表明设备、装置和元器件的名称、功能、状态和特征。

（2）单字母符号用拉丁字母将各种电气设备、装置和元器件分为23类，每大类用一个大写字母表示。如用"V"表示半导体器件和电真空器件，用"K"表示继电器、接触器类等。

（3）双字母符号是由一个表示种类的单字母符号与另一个表示用途、功能、状态和特征的字母组成，种类字母在前，功能名称字母在后。如"T"表示变压器类，则"TA"表示电流互感器，"TV"表示电压互感器，"TM"表示电力变压器等。

（4）辅助文字符号基本上是英文词语的缩写，表示电气设备、装置和元件的功能、状态及特征。例如，"起动"采用"START"的前两位字母"ST"作为辅助文字符号，另外辅助文字符号也可单独使用，如"N"表示交流电源的中性线，"OFF"表示断开，"DC"表示直流等。

2. 针对一套电气施工图，一般应先按以下顺序阅读，然后再对某部分内容进行重点识读

（1）看标题栏及图纸目录了解工程名称、项目内容、设计日期及图纸内容、数量等。

（2）看设计说明了解工程概况、设计依据等，了解图纸中未能表达清楚的各有关事项。

（3）看设备材料表了解工程中所使用的设备、材料的型号、规格和数量。

（4）看系统图了解系统基本组成，主要电气设备、元件之间的连接关系以及它们的规格、型号、参数等，掌握该系统的组成概况。

（5）看平面布置图如照明平面图、插座平面图、防雷与接地平面图等，了解电气设备的规格、型号、数量及线路的起始点、敷设部位、敷设方式和导线根数等。平面图的阅读可按照以下顺序进行：电源进线→总配电箱干线→支线→分配电箱→电气设备。

（6）看控制原理图了解系统中电气设备的电气自动控制原理，以指导设备安装调试工作。

（7）看安装接线图了解电气设备的布置与接线。

（8）看安装大样图了解电气设备的具体安装方法以及安装部件的具体尺寸等。

3. 在识图时，应抓住要点进行识读

（1）在明确负荷等级的基础上，了解供电电源的来源、引入方式及路数。

（2）了解电源的进户方式是由室外低压架空引入还是电缆直埋引入。

（3）明确各配电回路的相序、路径、管线敷设部位、敷设方式以及导线的型号和根数。

（4）明确电气设备、器件的平面安装位置。

4. 结合土建施工图进行阅读

电气施工与土建施工结合得非常紧密，施工中常常涉及各工种之间的配合问题。电气施工平面图只反映了电气设备的平面布置情况，结合土建施工图的阅读还可以了解电气设备的立体布设情况。

5. 熟悉施工顺序，便于阅读电气施工图

如识读配电系统图、照明与插座平面图时，就应首先了解室内配线的施工顺序。

（1）根据电气施工图确定设备安装位置、导线敷设方式、敷设路径及导线穿墙或楼板的位置。

（2）结合土建施工进行各种预埋件、线管、接线盒、保护管的预埋。

（3）装设绝缘支持物、线夹等，敷设导线。

（4）安装灯具、开关、插座及电气设备。

（5）进行导线绝缘测试、检查及通电试验。

（6）工程验收。

6. 识读时，施工图中各图纸应协调配合阅读

对于具体工程来说，为说明配电关系时需要有配电系统图；为说明电气设备、器件的具体安装位置时需要有平面布置图；为说明设备工作原理时需要有控制原理图；为表示元件连接关系时需要有安装接线图；为说明设备、材料的特性、参数时需要有设备材料表等。这些图纸各自的用途不同，但相互之间是有联系并协调一致的。在识读时应根据需要，将各图纸结合起来识读，以达到对整个工程或分部项目全面了解的目的。

第二章 变配电系统施工图

第一节 变配电系统简介

建筑变配电系统就是解决建筑物所需电能的供应和分配的系统，是电力系统的组成部分。随着现代化建筑的出现，建筑的供电不再是一台变压器供几座建筑物，而往往是一座建筑物用一台乃至十几台变压器供电，供电变压器容量也增加了。

另外，在同一座建筑物中常有一、二、三级负荷同时存在，这就增加了供电系统的复杂性，但供电系统的基本组成却几乎相同。

通常对于大型建筑或建筑小区来说，电源进线电压多采用10kV，电能先经过高压配电所，再由高压配电线路将电能分送给各终端变电所。经配电变压器将10kV高压降为一般用电设备所需的电压（220/380V），然后由低压配电线路将电能分送给各用电设备使用。也有一些小型建筑，因用电量较小，仍可采用低压进线，此时只需设置一个低压配电室，甚至只需设置一台配电箱就可以了。

一、电力系统简介

所谓电力系统就是由各种电压等级的电力线路将发电厂、区域变电所和电力用户联系起来的一个发电、输电、变电、配电和用电的整体。图2-1是从发电厂到电力用户的送电过程示意图。

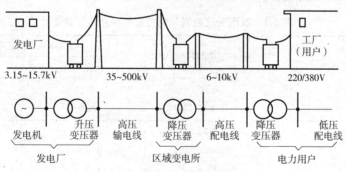

图 2-1　发电送变电过程

1. 变电所

变电所是接受电能、改变电能电压并分配电能的场所，主要由电力变压器与开关设备组成，是电力系统的重要组成部分，装有升压变压器的变电所称为升压变电所，装有降压变压器的变电所称为降压变电所。接受电能，不改变电压，并进行电能分配的场所叫配电所。

2. 电力线路

电力线路是输送电能的通道。其任务是把发电厂生产的电能输送并分配到用户，把发电厂、变配电所和电力用户联系起来。它由不同电压等级和不同类型的线路构成。

建筑供配电线路的额定电压等级多为 10kV 线路和 380V 线路，并有架空线路和电缆线路之分。

3. 低压配电系统

低压配电系统由配电装置（配电盘）及配电线路组成。配电方式有放射式、树干式及混合式，如图 2-2 所示。

放射式配电的优点是各个负荷独立受电，因而故障范围一般仅限于本回路。线路发生故障需要检修时，也只切断本回路而不影响其他回路；同时回路中电动机起动引起电压的波动，对其他回路的影响也较小。其缺点是所需开关设备和有色金属消耗量较多。因此，放射式配电一般多用于对供电可靠性要求高的负荷或大容量设备。

树干式配电的特点正好与放射式相反。一般情况下，树干式采用的开关设备较少，有色金属消耗量也较少，但干线发生故障时，影响范围大，因此，供电可靠性较低。树干式配电在加工车间、高层建筑中使用较多，可采用封闭式母线，灵活方便，也比较安全。

在很多情况下往往采用放射式和树干式相结合的配电方式，亦称混合式配电。

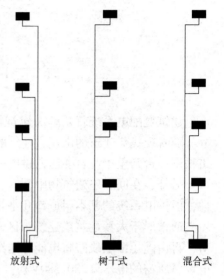

图 2-2　配电方式分类示意

二、供电电压等级

在电力系统中的电力设备都规定有一定的工作电压和工作频率。这样既可以安全有效地工作，又便于批量生产及在使用中互换，所以电力系统中规定有统一额定电压等级和频率。

我国交流电网和电力设备额定电压数据见表 2-1。

表 2-1　我国交流电网和电力设备额定电压数据

分 类	电网和用电设备额定电压/kV	发电机额定电压/kV	电力变压器额定电压/kV	
			一次绕组	二次绕组
低压	0.38	0.40	0.38	0.40
	0.66	0.69	0.66	0.69
高压	3	3.15	3 及 3.15	3.15 及 3.3
	6	6.3	6 及 6.3	6.3 及 6.6
	10	10.5	10 及 10.5	10.5 及 11
	—	13.8, 15.75, 18, 20, 22, 24, 26	13.8, 15.75, 18, 20, 22, 24, 26	—
	35		35	38.5
	66		66	72.6
	110		110	121
	220		220	242
	330		330	363
	500		500	550

电能在导线传输时会产生电压降，因此，为了保持线路首端与末端的平均电压处于额定值，线路首端电压应较电网额定电压高5%，变压器二次绕组的额定电压高出受电设备额定电压的百分数归纳起来有两种情况：一种为高出10%，另一种为高出5%。这是因为电力变压器二次绕组的额定电压均指空载电压，当变压器满载供电时，其本身绕组的阻抗将引起电压降，从而使变压器满载时，其二次绕组实际端电压比空载时低约5%，但比用电设备的额定电压高出5%，利用这高出的5%电压补偿线路上的电压损失，可使受电设备维持其额定电压。这种电压组合情况，多用于变压器供电距离较远时。另一种情况，变压器二次绕组额定电压比受电设备额定电压高出5%，只适用于变压器靠近用户，供电范围较小，线路较短，其电压损失可忽略不计。所高出的5%电压，基本上用于补偿变压器满载时其本身绕组的阻抗电压降。习惯上把1kV及以上的电压称为高压，1kV以下的电压称为低压。6～10kV电压用于送电距离为10km左右的工业与民用建筑供电，380V电压用于建筑物内部供电或向工业生产设备供电，220V电压多用于向生活设备、小型生产设备及照明设备供电。380V和220V电压均采用三相四线制供电方式。

三、电力负荷分级

电力负荷应根据其重要性和中断供电在政治、经济上所造成的损失或影响的程度分为以下三级：

1. 一级负荷及其供电要求

（1）中断供电将造成人身伤亡者。

（2）中断供电将在政治、经济上造成重大损失者。如重大设备损坏、重大产品报废、用重要原料生产的产品大量报废、国民经济中重点企业的连续生产过程被打乱需要长时间才能恢复等。

（3）中断供电将影响有重大政治、经济意义的用电部门的正常工作者。如重要铁路枢纽、重要通信枢纽、重要宾馆，经常用于国际活动的大量人员集中的公共场所等用电单位中的重要电力负荷。

一级负荷应由两套电源供电，且两套电源应符合下列条件之一：

（1）对于仅允许很短时间中断供电的一级负荷，应能在发生任何一种故障且保护装置（包括断路器，下同）失灵时，仍有一套电源不中断供电。对于允许稍长时间（手动切换时间）中断供电的一级负荷，应能在发生任何一种故障且保护装置动作正常时，有一套电源不中断供电；并且在发生任何一种故障且主保护装置失灵以致两套电源均中断供电后，应能在有人值班的处所完成各种必要的操作，迅速恢复一套电源的供电。

如一级负荷容量不大时，应优先采用从电力系统或临近单位取得低压第二套电源，可采用柴油发电机组或蓄电池组作为备用电源；当一级电源负荷容量较大时，应采用两路高压电源。

（2）对于特等建筑应考虑有一套电源系统检修或故障时，另一套电源系统又发生故障的严重情况，此时应从电力系统取得第三套电源或自备电源：应根据一级负荷允许中断供电的时间，确定备用电源是以手动还是自动的方式投入。

（3）对于采用备用电源自动投入或自动切换仍不能满足供电要求的一级负荷，如银行、气象台、计算中心等建筑中的主要业务用电子计算机和旅游旅馆等管理用电子计算机，应由不停电电源装置供电。

2. 二级负荷及其供电要求

（1）中断供电将在政治、经济上造成较大损失者。如主要设备损坏、大量产品报废、连续生产过程被打乱需较长时间才能恢复、重点企业大量减产等。

（2）中断供电将影响重要用电单位的正常工作者。如铁路枢纽、通信枢纽等用电单位中的重要电力负荷，以及中断供电将造成大型影剧院、大型商场等大量人员集中的重要公共场所秩序混乱者。

（3）当地区供电条件允许且投资不高时，二级负荷宜由两套电源供电。当地区供电条件困难或负荷较小时，二级负荷可由一条 6~10kV 以上的专用线路供电。如采用电缆时，应敷设两用电缆并经常处于运行状态。

3. 三级负荷及其供电要求

不属于一级和二级负荷者。三级负荷对供电系统无特殊要求。

民用建筑中常用重要设备及部位的负荷级别见表 2-2。

表 2-2　常用重要设备及部位的负荷级别

建筑类别	建筑物名称	用电设备及部位名称	负荷级别
住宅建筑	高层普通住宅	客梯电力，楼梯照明	二级
宿舍建筑	高层宿舍	客梯电力，主要通道照明	二级
旅馆建筑	一、二级旅游旅馆	经营管理用电子计算机及其外部设备电源，宴会厅电声、新闻摄影、录像电源、宴会厅、餐厅、娱乐厅、高级客房、厨房、主要通道照明，部分客梯电力，厨房部分电力	一级
	高层普通旅馆	客梯电力，主要通道照明	二级
办公建筑	省、市、自治区的高级办公楼	客梯电力，主要办公室、会议室、总值班室、档案室及主要通道照明	二级
	银行	主要业务用电子计算机及其外部设备电源，防盗信号电源	一级
		客梯电力	二级
教学建筑	高等学校教学楼	客梯电力，主要通道照明	二级
	高等学校的重要实验室		一级
科研建筑	科研院所的重要实验室		一级
	市（地区）级及以上气象台	主要业务用电子计算机及其外部设备电源，气象雷达、电报及传真收发设备、卫星云图接收机，语言广播电源，天气绘图及预报照明	二级
		客梯电力	二级
	计算中心	主要业务用电子计算机及其外部设备电源	一级
		客梯电力	二级
文娱建筑	大型剧院	舞台、贵宾室、演员化妆室照明，电声、广播及电视转播、新闻摄影电源	一级

（续）

建筑类别	建筑物名称	用电设备及部位名称	负荷级别
博览建筑	省、市、自治区级及以上的博物馆、展览馆	珍贵展品展室的照明，防盗信号电源	一级
		商品展览用电	二级
体育建筑	省、市、自治区级及以上的体育馆、体育场	比赛厅（场）主席台、贵宾室、接待室、广场照明、计时记分、电声、广播及电视转播、新闻摄影电源	一级

第二节 变配电系统安装规定及主要工艺要求

一、变配电系统安装规定

1. 一般规定

（1）临时用电设备在 5 台以下和设备总容量在 50kW 以下者，应制定安全用电技术措施和电气防火措施。施工现场临时用电设备在 5 台及以上或设备容量在 50kW 及以上者，需编制临时用电方案。临时用电方案需履行"编制、审核、批准"的程序，由电气工程技术人员组织编制，施工单位技术负责人审核，监理工程师审批后方可实施。

（2）临时用电方案主要内容：现场勘测、用电设备容量统计表、用电负荷计算、变压器台数及容量的选择、导线截面的选择（考虑机械强度、安全载流量、允许电压降）、低压电气元件的选择（自动空气开关、剩余电流保护器、磁力起动器、交流接触器及各种继电保护装置）、绘制临时供电平面图和系统图、安全用电技术措施和电气防火措施。

（3）临时用电应采用 TN-S 系统，做到"三级配电、两级保护"，电气设备需满足"一机、一闸、一箱、一漏"。

（4）变压器、配电房、配电柜、配电箱等用电设施应设置明显的"禁止攀爬""当心触电""请勿靠近"等禁止或警告标志、标识。

（5）电工需经国家现行标准考核合格取得特种作业人员操作证才可上岗工作，并按照规定定期复审。

2. 安全防护设施

（1）变压器。

1）变压器应设置安全防护屏障或网栅围栏，屏障宜采用砖墙，高度不低于 2.5m。

2）室内变压器的外廓与变压器室墙壁及门的净距离分别不小于 0.6m 和 0.8m，并留出足够的检修通道。

3）变压器台座应高于室外地面 0.6m，并设置集中沟和挡油墙。

（2）配电房。

1）配电房应设在地势较高和干燥的地方，避开有腐蚀性气体和强烈振动以及粉尘较多的场所。

2）配电房建设应采用砖混结构，室内需设置配电柜布线地沟，周边需设置尺寸为 30cm ×

30cm 的排水沟，并保持排水通畅。门窗应采用坚固的铁质材料，做到自然通风。顶部采用防火、防雨板材，设置保温层或隔热层，坡度不小于 5%。配电房与变压器的水平安全距离应在 3m 以上。

3）配电柜正面的操作通道宽度，单列布置或双列背对背布置时不小于 1.5m，双列面对面布置时不小于 2m；配电柜后面的维护通道宽度，单列布置或双列面对面布置时不小于 0.8m，双列背对背布置时不小于 1.5m，个别地点有建筑物结构凸出的地方，通道宽度可减少 0.2m；配电柜侧面的维护通道宽度不小于 1m。

4）配电室内的裸母线与地面垂直距离小于 2.5m 时，应采用遮栏隔离，遮栏下面通道的高度不小于 1.9m。配电室围栏上端与其正上方带电部分的净距不小于 0.075m。配电室的顶棚与地面的距离不小于 3m，配电装置的上端距棚顶不小于 0.5m。

5）配电柜和控制柜应做好接地保护。

6）配电室的建筑物和构筑物的耐火等级不低于 3 级，室内外各设 1 组（2 个）4kg 以上的干粉灭火器。室外应设置消防沙池，且消防锹不少于 4 把。

（3）低压配电装置。

1）配电系统中的配电柜或总配电箱、分配电箱、开关箱等应安装空气开关，总配电箱和开关箱还需安装剩余电流保护器。

2）配电箱、开关箱应采用镀塑钢板制作，钢板厚度应大于 1.5mm。

3）配电箱、开关箱的金属箱体、金属电器安装板以及电器正常不带电的金属底座、外壳等需通过 PE 线端子板与 PE 线连接，金属箱门与金属箱体需采用线心横截面面积不小于 2.5mm² 的多股软铜线作电气连接。

4）配电箱、开关箱的进、出线口应设在箱体的下底面，并配置固定线卡，进出线需加绝缘护套，成束做好防水弯卡固定在箱体上，且不得与箱体直接接触。

5）总配电箱应设在靠近电源的区域，分配电箱应设在用电设备或负荷相对集中的区域，分配电箱与开关箱的距离不得超过 30m，开关箱与其控制的固定式用电设备的水平距离不宜超过 3m。

6）配电箱、开关箱应装设端正、牢固。固定式配电箱、开关箱的中心点与地面的垂直距离应为 1.4～1.6m。移动式配电箱应装设在坚固、稳定的支架上，其中心点与地面垂直距离应为 0.8～1.6m，如图 2-3 所示。

（4）发电机房。

1）发电机房宜采用砖混砌筑或阻燃板材搭建，做到防尘、防雨，大门应向外开启，排烟管道需伸出室外。发电机房需配置 1 组（2 个）4kg 以上的干粉灭火器，室外应设置消防沙池，且消防锹不少于 4 把，如图 2-4 所示。

2）发电机应采用电源中性点直接接地的三相四线供电系统和独立设置 TN-S 接零保护系统，接地应符合固定式电气设备接地的要求。

图 2-3　移动配电箱

图2-4　发电机房外消防沙池

（5）低压配电线路。

1）架空线路。

①架空线需采用绝缘导线或电缆线，并应架设在专用电杆上，线杆宜采用混凝土杆或木杆，其长度不小于8m。电杆埋设不得有倾斜、下沉及杆基积水的现象，埋设深度为杆长的1/10再加上0.6m，装设变压器的电线杆的埋设深度不小于2m。

②架空线路需固定在针式绝缘子或蝶式绝缘子上，电线与横担的距离不少于5cm。架空线路绑线材质与导线相同，直径不小于2mm，绑扎长度不小于150mm。

③拉线宜用截面面积不小于25mm²的钢绞线，拉线与电杆的夹角应在30°～45°之间，拉线埋设深度不得小于1m，拉线从导线之间穿过时应装设拉线绝缘子。因受地形环境限制不能装设拉线时，可采用撑杆代替拉线，撑杆埋设深度不得小于0.8m，其底部应垫底盘或石块，撑杆与主杆的夹角为30°。

④架空线导线截面的选择应满足下列要求：导线中的负荷电流不大于其允许载流量；线路末端电压偏移不大于额定电压的5%；单相线路的零线截面大小与相线截面大小相同，为满足机械强度要求，绝缘铝线截面面积不小于16mm²，绝缘铜钱截面面积不小于10mm²；跨越铁路、公路、河流、电力线路挡距内的架空绝缘铝线最小截面面积不小于35mm²，绝缘铜线截面面积不小于16mm²。

⑤在一个挡距内每一层架空线的接头数不得超过该层导线数的50%，且一根导线只允许有一个接头。线路在跨越铁路、公路、河流、电力线路挡距内不得有接头。导线接头采用压接或焊接，接头长度为导线直径的7～15倍。线路安装时，先安装用电设备侧，再安装电源侧；拆除时反之。

⑥架空线路的挡距不得大于35m，线间距不得小于0.3m。

2）电缆线路。

①电缆线路应采用埋地或架空敷设，严禁沿地面明设。

②电缆直接埋地敷设的深度不应小于0.7m，在电缆周边均匀敷设不少于50mm厚的细砂，并覆盖砖或混凝土板等硬质保护层，保护层厚度应超过电缆两侧各50mm。埋地电缆在穿越建筑物、构筑物、道路、易受机械损伤、介质腐蚀场所及引出地面从2.0m高到地下0.2m处，需加设防护套管，防护套管内径不应小于电缆外径的1.5倍。在拐弯、接头、终端和进出建筑物等地段，应装设明显的方位标志，直线段上适当增设标桩，桩需露出地

面 15cm。

③架空电缆应沿电杆、支架或墙壁敷设,并采用绝缘卡固定,绑扎线需采用绝缘线,固定点间距应保证电缆能承受自重带来的荷载。橡皮电缆的最大弧垂距地不得小于 2.5m。

3)室内配线。

①进户线的室外端应采用绝缘子固定,过墙应穿管保护,距地面不得小于 2.5m,并应采取防雨措施。

②室内需采用绝缘铜导线、塑料夹等敷设,距地面的高度不得小于 2.5m,应尽量减少接头,管内、槽板内不得有接头,接头应放在接线盒或分线盒内,线路交叉或与管道交叉时,每根导线应穿绝缘管进行防护。

③室内配线所用导线截面面积,应根据用电设备的计算负荷确定,但铜线截面面积应不小于 1.5mm²。

④室外灯具距地面不小于 3m,室内灯具距地面不小于 2.4m,插座接线时应符合规范要求。

⑤各种用电设备、灯具的相线经开关控制,不得将相线直接引入灯具。严禁在床头设开关。

(6)防雷设施。

1)施工现场内的起重机、大型拌和机、龙门架等机械设备,以及钢制脚手架和正在施工的工程等金属结构,当安置在空旷地带时,应按规定安装防雷装置。电力变压器的高压侧需安装高压避雷器,低压侧应安装 380/220V 低压避雷器。

2)机械设备或设施的防雷引下线宜采用圆钢或扁钢,亦可利用该设备或设施的金属结构体,但应保证电气连接。

3)机械设备上的避雷针(接闪器)长度为 1~2m,自制避雷针宜采用直径不小于 16mm 的圆钢或不小于 25mm 的焊接钢管制成。

4)接地装置埋于土壤中的人工垂直接地体宜采用角钢、钢管或圆钢,埋于土壤中的人工水平接地体宜采用角钢或圆钢,圆钢直径不小于 10mm,扁钢截面面积不小于 100mm²,其厚度不小于 4mm,角钢厚度不小于 4mm,钢管壁厚不小于 3.5mm,接地线应与水平接地体的截面相同。人工垂直接地体的长度不小于 2.5m,在土壤的埋设深度不小于 0.5m。

(7)接地装置。

1)保护零线的截面面积应不小于工作零线的截面面积。与电气设备相连接的保护零线应为截面面积不小于 2.5mm² 的绝缘多股铜线。

2)水平接地体宜采用圆钢、扁钢,垂直接地体宜采用角钢、钢管或圆钢,不宜采用螺纹钢材;一般优先采用水平接地体。

3. 安全管理要点

(1)低压配电系统。

1)配电箱、开关箱需防雨、防尘,各种电气箱内不得放置任何杂物,并应保持清洁。

2)配电箱、开关箱周围应有足够两人同时工作的空间和通道,不得堆放妨碍操作和维修的物品,不得有灌木和杂草。

(2)发电机房。

1)发电机房内不得堆放杂物,严禁存放储油桶,并采取漏油收集措施。

2）发电机电源需与外电线路电源联锁，严禁并列运行。还应设短路保护、过负荷保护及低压保护装置。

（3）低压配电线路。

1）架空线路与邻近线路或设施的距离见表2-3。

表 2-3 架空线路与邻近线路或设施的距离

项目	邻近线路或设施类别					
最小净空距离	过引线、接下线与邻线		架空线与拉线电杆外缘		树梢摆动最大时	
	0.13m		0.05m		0.5m	
最小垂直距离	同杆架设下方的广播线路通信线路	最大弧垂与地面			最大弧垂与暂设工程顶端	与邻近线路交叉
		施工现场	机动车道	铁路轨道		1kV 以下 / 1~10kV
	1.0m	4.0m	6.0m	7.5m	2.5m	1.2m / 2.5m
最小水平距离	电杆至路基边缘		电杆至铁路轨道边缘		边线与建筑物凸出部分	
	1.0m		杆高 +3.0m		1.0m	

2）电缆线路。三相四线制配电电缆线路需采用五心线缆，五心线缆中包含淡蓝、黄绿双色绝缘心线，淡蓝色心线需用作 N 线，黄绿双色心线需用作 PE 线，严禁混用。

（4）防雷设施。

1）施工现场内所有防雷装置的冲击接地电阻值不得大于30Ω。

2）同一台机械电气设备的重复接地和机械的防雷接地可共用同一接地体，但接地电阻应符合重复接地电阻值的要求。

3）避雷设施需经当地专业主管部门检测合格。

（5）接地装置。

1）保护零线应单独敷设，并不得装设开关或熔断器。

2）配电箱金属箱体，施工机械、照明器具，电器装置的金属外壳及支架等不带电的外露导电部分应做保护接零，与保护零线的连接应采用接线端子连接。

3）发电机供电的用电设施，其金属外壳或底座，应与发电机电源的接地装置有可靠的电气连接。

4）TN-S 系统中的保护零线除需在配电室或总配电箱处做重复接地外，还需在配电系统的中间和末端做重复接地，每一接地装置的接地线应采用二级以上导体，在不同的点与接地体做电器连接，每一处重复接地装置的接地电阻值应不大于10Ω。电力变压器或发电机的工作接地电阻值不得大于4Ω。

5）保护零线的统一标志为黄绿双色线。在任何情况下不准使用黄绿双色线作负荷线。

6）重复接地线与接地装置的连接应采用焊接或压接，搭接长度不小于扁钢宽度的2倍或圆钢直径的6倍。垂直接地装置应深埋地下2.5m。

7）同一供电系统内不得同时采用接零保护和接地保护两种方式。

（6）低压电气设备。

1）同一级配电箱内，动力和照明线路分路设置，照明线路应接在动力开关上侧。

2）剩余电流保护器额定动作电流应不大于30mA，额定漏电动作时间应小于0.1s；用于潮湿环境和有腐蚀介质场所的剩余电流保护器，其额定漏电动作电流应不大于15mA，额定漏电动作时间应小于0.1s。

（7）施工照明供电电压。

1）一般场所应为220V。

2）行灯电压不得高于36V。

3）高温、有导电粉尘、狭窄场所以及隧道作业地段，不得高于36V。

4）潮湿和易触及照明线路场所，不得高于24V。

5）特别潮湿场所、导电良好的地面、锅炉或金属容器内，不得高于12V。

（8）其他。

1）在建工程不得在外电架空线路正下方施工、搭设作业棚，以及建造生活设施或堆放构件、架具、材料及其他杂物。

2）汽车起重机的任何部位或被吊物边缘与10kV以下的架空线路边线最小水平距离不得小于2m。严禁越过无防护设施的外电架空线路作业。

3）现场开挖沟槽的边缘与埋地外电缆沟槽边缘之间的距离不得小于0.5m。

4）安全距离（表2-4、表2-5）。

表2-4　在建工程（含脚手架）的周边与外电架空线路的边线之间的最小安全操作距离表

外电线路电压等级/kV	<1	1~10	35~110	220	330~500
最小安全操作距离/m	4.0	6.0	8.0	10	15

表2-5　施工现场的机动车道与外电架空线路交叉及架空线路的最低点与路面的最小垂直距离表

外电线路电压等级/kV	<1	1~10	35
最小垂直距离/m	6.0	7.0	7.0

5）当达不到以上安全距离的要求时，需采取绝缘隔离防护措施，并悬挂醒目的警告标志。

6）电气设备现场周围不得存放易燃易爆物、污源和腐蚀介质，否则应予以清除或做防护处理，防护等级需与环境条件相适应。

7）施工单位需对现场的用电设备、供电设施、线路等进行经常性巡视和检查，发现问题的需立即整改。

8）日常维护检查需由取得相应资格的专职电工进行操作，并作好巡视和维修记录，严禁无证上岗。

9）定期对用电设备、供电线路、闸箱的接线、绝缘情况等进行检测，不能满足安全使用要求的立即停止使用并及时进行维修或更换。配电柜或配电线路停电维修时，应挂接地线，并悬挂"禁止合闸、有人工作"的停电标志标牌，停送电需由专人负责。

10）定期对供电系统接地电阻进行检测，并做好记录。

11）大风、雨雪后对整个施工现场的供电系统及用电设备进行检查，确保无安全隐患后再投入使用。

12）施工现场临时用电需建立安全技术档案，其包括以下内容：

①临时用电方案的全部资料及修改用电方案的资料。

②临时用电工程安装完毕后的调试验收记录。

③项目部定期检（复）查记录。

④接地电阻、绝缘电阻和剩余电流保护器漏电动作参数测定记录表。

⑤用电技术交底记录。

⑥电工安装、巡检、维修、拆除工作记录。

二、变配电系统安装工艺

1. 室内干式变压器安装

（1）变压器箱体与盘柜前面应平齐，与配电盘柜体靠紧，温控器应固定牢固、可靠。

（2）干式变压器的支架、基础型钢及外壳应分别单独与保护导体可靠连接，紧固件及防松零件齐全。

（3）变压器中性点的接地连接方式及接地电阻值应符合设计要求，如图 2-5 所示。

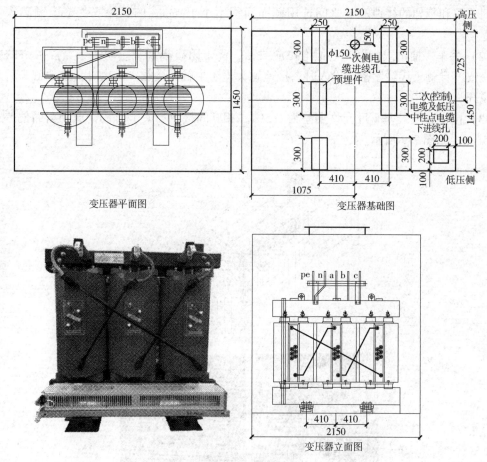

图 2-5　室内干式变压器安装工艺

2. 成套高压柜安装

（1）配电箱柜台箱盘安装垂直度允许偏差为 1.5‰，相互间接缝不得大于 2mm，成列盘面偏差不应大于 5mm。

（2）箱体找正过程中，需要垫片的地方，需按现行钢结构工程施工规范要求。垫片最多不超过 3 片，焊后清理、打磨，补刷防锈漆，如图 2-6 所示。

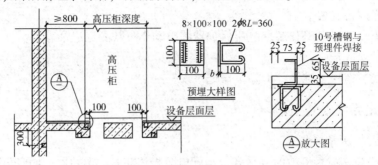

图 2-6　配电柜安装找平

3. 成套高、低压柜安装

（1）高、低压柜的金属柜架及基础型钢必须接地（PE）或接零（PEN）；装有电器的可开启门，门和柜架的接地端子之间选用截面面积不小于 $4mm^2$ 的黄绿双色绝缘铜芯软导线连接。

（2）手车、抽出式成套配电柜推拉应灵活，无卡阻碰撞现象。动触头与静触头的中心线应一致，且触头接触紧密，投入时，接地触头先于主触头接触；退出时，接地触头后于主触头脱开。

（3）配电柜安装垂直度允许偏差为 1.5‰，相互间接缝不大于 2mm，成列盘面偏差不应大于 5mm，如图 2-7 所示。

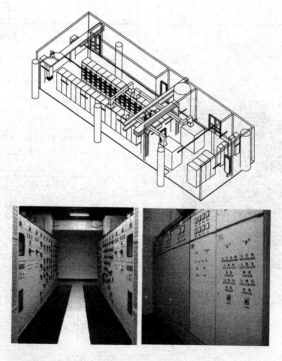

图 2-7　成套高、低压柜安装

4. 直埋电缆穿墙引入做法

（1）电缆保护管伸出散水坡外应不少于200mm。

（2）电缆保护管要向室外方向倾斜出坡度，防止水侵入室内。

（3）电缆保护管应当处于室外地坪冻土层下700mm处，即电缆也敷设于冻土层700mm以下，如图2-8所示。

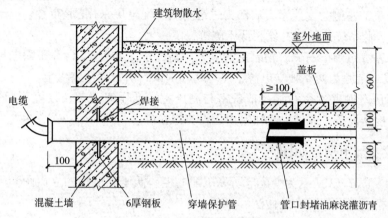

图2-8 直埋电缆穿墙引入做法

第三节 变配电系统施工图

一、变配电所平面图

如图2-9所示为某变配电所平面图的绘制结果，接下来介绍其识读过程。

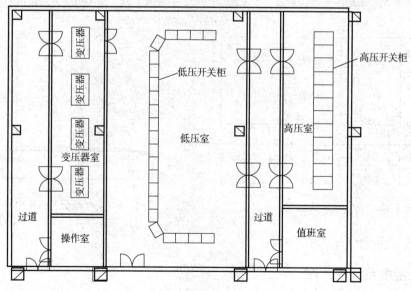

图2-9 某变配电所平面图

（1）由图2-9可知，变配电所内由变压器室、低压室、高压室、操作室、值班室这5个区域组成。

（2）其中，变压器室的左侧为过道，右侧为低压室，下方为操作室。变压器室内有4台变压器，由变压器向低压配电屏采用封闭母线配电。封闭母线与地面的距离不得小于2.5m。

（3）低压室的左侧为变压室，右侧为过道。低压配电屏采用匚形布置。低压配电屏内包括无功补偿屏，此系统的无功补偿在低压侧进行。

（4）高压室在过道的右侧，值班室的上方。高压室内共有12台高压配电柜，采用两路10kV电缆进线，电源为两路独立电源，每一路分别供给两台变压器供电。

（5）在高压室侧壁预留孔洞，值班室与高压室、低压室紧邻，设置双扇平开门连接，以方便维护与检修设备。此外，操作室内还设有操作屏。

二、识读变配电所剖面图

如图2-10～图2-13所示为变配电所高压配电柜、低压配电柜的立面图和剖面图，在图中表示了配电柜下柜后电缆沟的做法。

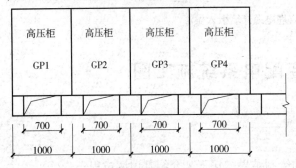

图2-10　变配电所高压配电柜立面图

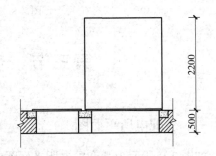

图2-11　变配电所高压配电室剖面图

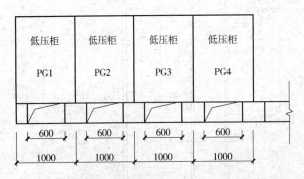

图2-12　变配电所低压配电柜立面图

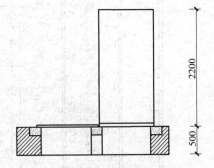

图2-13　变配电所低压配电柜剖面图

变配电平面可参考图2-14布设。

三、变配电系统接线图

总变配电所从市政接入电压一般为6～10kV，输出电压为三相0.4kV或者单相0.24kV。根据负荷重要性类型，电源进线一般采用一回路或二回路。民用建筑中高压侧供电线路主要

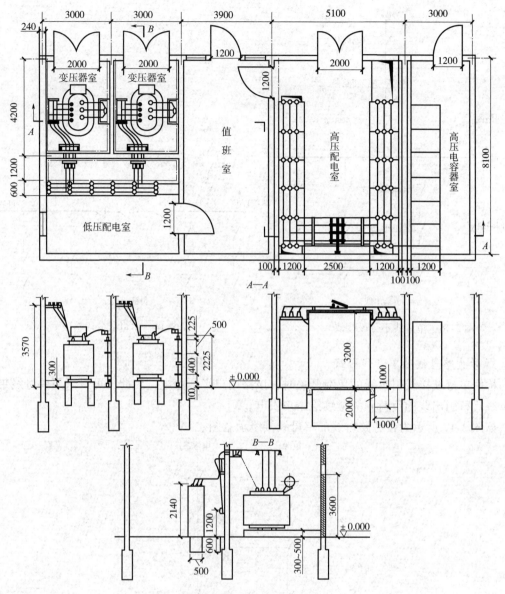

图 2-14 变配电所布置图

有无母线的线路、单母线制和单母线分段制线路。

1. 单母线不分段接线

在主接线中，单母线不分段接线是最简单的接线方式，使用元件少，方便扩建和使用成套的设备。它的每条引入线和引出线路中都安装有隔离开关及断路器，接线图的绘制结果如图 2-15 所示。

2. 单母线分段接线

单母线分段接线的可靠性较高，当某一段母线发生故障时，可以分段检修。

如图 2-16 所示为单母线分段接线示意图，在每一段母线上接一套或者两套电源，并在母线中间用隔离开关和负荷开关分段。负荷回路分接到各段母线上。

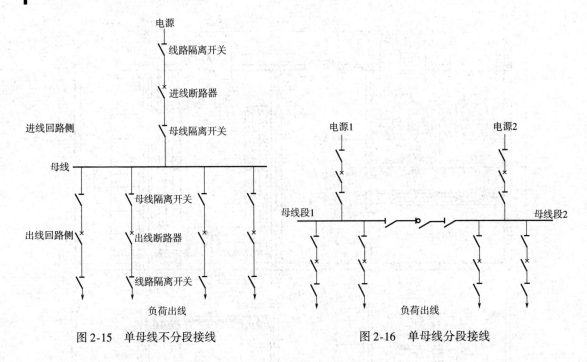

图 2-15 单母线不分段接线   图 2-16 单母线分段接线

3. 带旁路母线的单母线接线

检修单母线接线引出线的负荷开关时，该路用户必须停电，为此，可以采用单母线带旁路母线代替引出线的负荷开关继续给用户供电。

如图 2-17 所示为带旁路母线的单母线接线示意图。

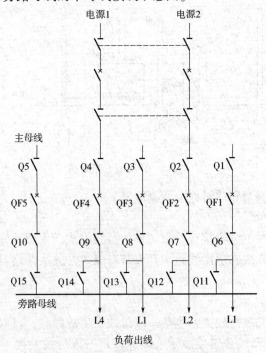

图 2-17 带旁路母线的单母线接线

4. 双母线接线

如图 2-18 所示为绘制完成的不分段双母线接线示意图。其中，W1 为工作母线，W2 为备用母线，连接在备用母线上的所有母线隔离开关都是断开的。每条进出线均经过一个断路器和两个隔离开关分别接到双母线上。

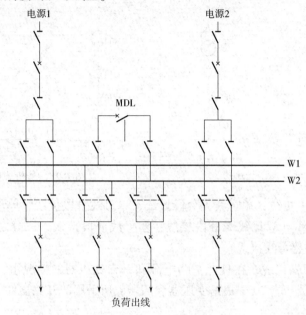

图 2-18　双母线接线

双母线的两组母线可以同时工作，并通过母线联络断路器（母联开关）并联运行，电源与负荷平均分配在两组母线上。对母线继电保护时，要求将某一回路固定与某一母线联结，以固定方式运行。

5. 线路—变压器单元接线

这种接线方式的优点是接线最简单，设备最少，不需要高压配电设备。缺点是在线路发生故障或检修时，需要使变压器停运，变压器发生故障或检修时，需要使线路停用。这种接线适合于只有一台变压器和单回路供电。

如图 2-19 所示为线路—变压器单元接线示意图的绘制结果。

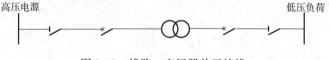

图 2-19　线路—变压器单元接线

6. 桥式接线

高压用户假如采用双回路高压电源进线，有两台电力变压器母线的连接时要采用桥式接线。它是连接两台变压器组的高压侧，呈桥状连接，因此称为桥式接线。根据连接位置的不同，可以分为两种连接方式，即内桥式接线（图 2-20）和外桥式接线（图 2-21）。

7. 识读变配电系统主接线图

变配电所的任务是汇集电能和分配电能，除此之外，变配电所还需要对电能电压进行变换。变配电常用的主电路接线方式有无母线主接线（包括线路—变压器接线、桥式接线、多

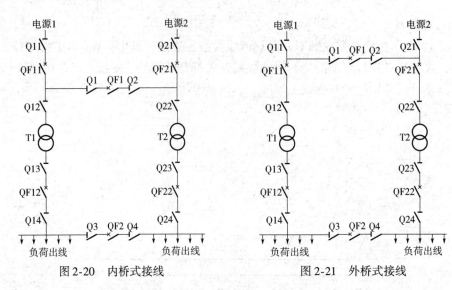

图 2-20　内桥式接线　　　　　　　图 2-21　外桥式接线

角形接线）、单母线主接线（单母线无分段接线、单母线分段接线、单母线分段带旁路母线接线）、双母线主接线（双母线无分段接线、双母线分段接线、三分之二断路器双母线接线、双母线分段带旁路母线接线）。

（1）线路—变压器接线。在只有一路电源和一台变压器的情况下，主电路的接线方式可以采用线路—变压式。其中根据变压器和高压侧所采用的开关器件不同，接线方式又可以有以下的种类。

1）一次侧采用断路器和隔离开关接线方式。采用一次侧电源进线和一台变压器的接线方式时，通过闭合断路器 QF1 来切断负荷或者故障电流，闭合隔离开关 QS1 来隔离电源。在将断路器 QF1 与隔离开关 QS1 分别闭合后，线路中的电源被切断，工作人员得以安全检修变压器或断路器等设备。

在电源进线的线路隔离开关 QS1 上设置带有接地刀闸 QS_D，其目的是为了在检修线路时可以通过接地刀闸 QS_D 将线路与地端连接。

如图 2-22 所示为一次侧采用断路器和隔离开关接线方式示意图。

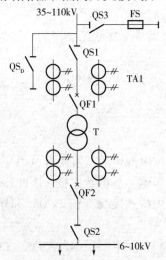

图 2-22　一次侧采用断路器和隔离开关接线方式

2）一次侧采用隔离开关接线方式。在一次侧采用隔离开关接线方式中，当满足以下条件时，变压器高压侧可以不设置断路器。

①电源由区域变电所专线供电。

②线路长度为 2～3km。

③变压器容量不大。

④系统短路容量较小。

满足以上条件时，变压器高压侧可以仅设置隔离开关 QS1，并由电源侧出线上的断路器 QF1 承担对变压器及其线路的保护。

切除变压器的操作步骤：首先切除负荷侧的断路器 QF2，然后切除一次侧的隔离开关 QS1。

投入变压器的操作步骤：先合上一次侧的隔离开关 QS1，然后合上二次侧断路器 QF2。

在使用线路隔离开关 QS1 对空载变压器进行切除与投入时，对变压器的容量有一定的要求，如下所述：

变压器的电压为 35kV 时，容量要限制在 1000kVA 以内。

变压器的电压为 110kV 时，容量要限制在 3200kVA 以内。

如图 2-23 所示为一次侧采用隔离开关接线方式示意图。

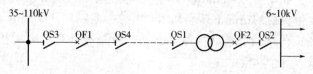

图 2-23　一次侧采用隔离开关接线方式

3）双电源变压器接线方式。在双电源变压器接线方式中，需要采用两台变压器，且变压器的电源分别由两个独立电源供电。在二次侧母线设置自投装置，目的是提高供电的可靠性。

二次侧的运行方式有两种，一种是并联运行，另一种是分列运行。

出线为二级、三级负荷，仅有 1～2 台变压器的单电源或者双电源进线的供电时适合选用该种接线方式。

双电源变压器接线方式如图 2-24 所示。

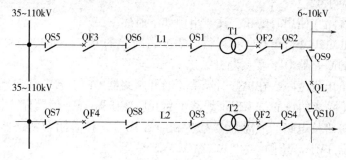

图 2-24　双电源变压器接线方式

（2）桥式接线。桥式接线是指在两路电源进线之间跨接一个断路器，其有两种接线方式，分别是内桥式接线和外桥式接线。内桥式接线是将断路器跨接在进线断路器的内侧，即靠近变压器，如图 2-25 所示。外桥式接线是将断路器跨接在进线断路器的外侧，即靠近电源进线侧，如图 2-26 所示。

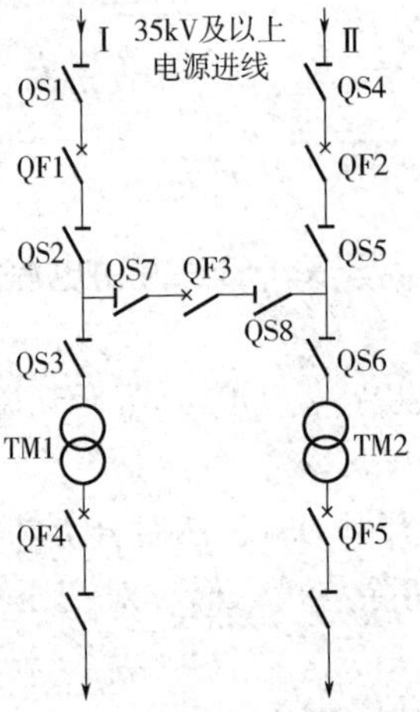

图 2-25　内桥式接线 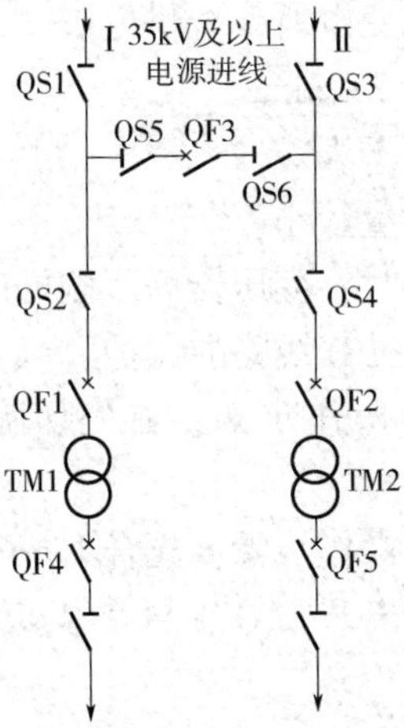　　　　图 2-26　外桥式接线

在供配电线路中，断路器 QS 和隔离开关 QF 都可以接通或者切断电源。但是断路器带有灭弧装置，可以在带负荷的情况下接通和切断电源，而隔离开关则通常没有灭弧装置，不能带负荷或只能带轻负荷接通和切断电路。此外，断路器具有过电压和过电流跳闸保护功能，隔离开关通常没有这个功能。

假如将断路器和隔离开关串接使用，在接通电源时，需要先闭合断路器两侧的隔离开关，再闭合断路器。在断开电源时，需要先断开断路器，再断开两侧的隔离开关。

1）内桥式接线。识读内桥式接线图的步骤如下所述。

如图 2-25 所示，跨接断路器接在进线断路器的内侧，即靠近变压器。Ⅰ、Ⅱ线路来自两个独立的电源，线路Ⅰ经过隔离开关 QS1、断路器 QF1、隔离开关 QS2 和 QS3 接到变压器 TM1 的高压侧。线路Ⅱ经过隔离开关 QS4、断路器 QF2、隔离开关 QS5 和 QS6 接到变压器 TM2 的高压侧。Ⅰ、Ⅱ线路之间通过隔离开关 QS7、断路器 QF3、隔离开关 QS8 跨接起来。

线路Ⅰ的电能可以通过跨接电路供给变压器 TM2。相同的，线路Ⅱ的电能也可以通过跨接电路供给变压器 TM2。

内桥式连接线路在使用时的相关注意事项如下所述。

①线路Ⅰ、Ⅱ可以并行运行，在运行时需要将跨接的 QS7、QF3、QS8 闭合；也可单独运行，但是跨接的断路器 QF3 需要断开。

②假如线路Ⅰ出现故障，在检修时需要先断开断路器 QF1，接着依次断开隔离开关 QS1 和 QS2，将线路Ⅰ隔离的目的是为保证线路Ⅰ断开后变压器 TM1 仍然有供电。

③此时应该将跨接电路的隔离开关 QS7 和 QS8 闭合，接着闭合断路器 QF3，将线路Ⅱ的电源引到变压器 TM1 高压侧。

④假如需要切断电源以对 TM1 进行检修，不能直接断开隔离开关 QS3，应该先断开断路器 QF1 和 QF3，再断开 QS3，接着闭合断路器 QF1 和 QF3，使线路Ⅰ也为变压器 TM2 供电。

内桥式接线的优点是在接通、断开供电线路的操作时比较方便，缺点是在接通、断开变压器的操作时较为麻烦。因此内桥式接线一般用于供电线路长（因为故障概率高）、负荷较为平稳及主变压器不需要频繁操作的场合。

2）外桥式接线。外桥式接线图的识读步骤如下所述。

图 2-26 为外桥式接线图，跨接断路器接在进线断路器的外侧，即靠近电源进线侧。

假如需要切断供电对变压器 TM1 进线检修时，需要先断开断路器 QF1，再断开隔离开关 QS2 即可。

在检修线路 Ⅰ 时，应该先断开断路器 QF1 和 QF3，切断隔离开关 QS1 的负荷，接着断开 QS1 来切断线路 Ⅱ，再接着接通 QF1 和 QF3，使线路 Ⅱ 通过跨接电路为变压器 TM1 供电。

外桥式接线的优点是在接通、断开变压器的操作时比较方便，缺点是在接通供电线路的操作时较为麻烦。因此外桥式接线一般用于供电线路短（因为其故障概率低）、用户负荷变化大和主变压器需要频繁操作的场合。

四、高压配电所电气主接线图示例

如图 2-27 所示为高压配电所电气主接线图的绘制结果。以下介绍其识读步骤。

（1）主接线形式。如图 2-27 所示，中间线段为母线，母线右上角的文字标注表示该高压配电所为 6kV 高压配电所。在母线的上方，有 WL1、WL2 两回进线。在母线的下方，有六回出线，分别向"办公楼""铸造车间""电容器室""焊接车间""装配车间"输送电源。

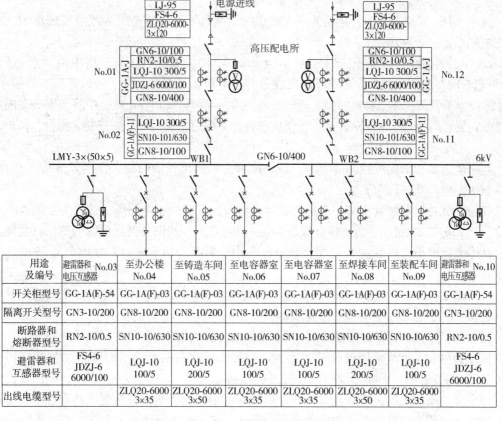

用途及编号	避雷器和电压互感器 No.03	至办公楼 No.04	至铸造车间 No.05	至电容器室 No.06	至电容器室 No.07	至焊接车间 No.08	至装配车间 No.09	避雷器和电压互感器 No.10
开关柜型号	GG-1A(F)-54	GG-1A(F)-03	GG-1A(F)-03	GG-1A(F)-03	GG-1A(F)-03	GG-1A(F)-03	GG-1A(F)-03	GG-1A(F)-54
隔离开关型号	GN3-10/200	GN8-10/200	GN8-10/200	GN8-10/200	GN8-10/200	GN8-10/200	GN8-10/200	GN3-10/200
断路器和熔断器型号	RN2-10/0.5	SN10-10/630	SN10-10/630	SN10-10/630	SN10-10/630	SN10-10/630	SN10-10/630	RN2-10/0.5
避雷器和互感器型号	FS4-6 JDZJ-6 6000/100	LQJ-10 100/5	LQJ-10 200/5	LQJ-10 100/5	LQJ-10 100/5	LQJ-10 200/5	LQJ-10 100/5	FS4-6 JDZJ-6 6000/100
出线电缆型号		ZLQ20-6000 3×35	ZLQ20-6000 3×50	ZLQ20-6000 3×35	ZLQ20-6000 3×35	ZLQ20-6000 3×50	ZLQ20-6000 3×35	

图 2-27 高压配电所电气主接线图

查看接线图下方的表格，在"开关柜型号"表行中显示系统均采用了 GG-1A（F）型高压开关柜。主接线的形式为单母线分段，采用隔离开关来分段，其型号为 GN6-10/400，通过识读母线上的标注文字可以得知，母线的型号为 LMY-3×（50×5），标注于母线的左上角。

（2）电源进线。WL1 电源进线的型号标注于线路一侧的矩形框内，为 LJ-95 铝绞线架空线路。WL2 为 ZLQ20-6000-3×120 电缆线路。WL1 和 WL2 线路互为备用线路，即在其中一回线路出现故障、检修情况时，可以通过启用另一线路来保证系统的运行。

（3）高压开关柜。表格中的"开关柜型号"表列中标明高压开关柜的型号均为 GG-1A（F）型，通过不同的编号进行区分，如 No.01、No.02 等。

如电源进线 WL1 的开关柜型号为 No.01、No.02。电源进线 WL2 的开关柜型号为 No.12、No.11。其中 No.01、No.12 作为电源进线专用的电能计量柜，型号为 GG-1A-J，标注于矩形框的一侧，是用来连接计费电能表的专用电压互感器、电流互感器柜。

No.02、No.11 作为电源进线柜，型号为 GG-1A（F）-11，标注于矩形框的一侧，内部设有隔离开关、断路器及控制、保护、测量、信号灯二次设备。

在接线图下方表格中的"用途及编号"表行中标示了高压开关柜的编号，分别从 No.03～No.10。

其中 No.03、No.10 均为避雷器和电压互感器的高压开关柜编号，型号为 GG-1A（F）-54，装有 JDZJ-6、电压互感器和 FS4-6 避雷器。

其中，FS4-6 避雷器的作用是为了防止电源进线端因受到雷电侵入波余波的影响，对母线侧电气设备造成损坏。

No.04～No.09 为出线柜，型号为 GG-1A（F）-03。电源出线与表格中的"至办公楼""至铸造车间"等表列相连，表示通过出线分别将电源输送至办公楼、铸造车间、焊接车间、装配车间以及两回高压电容器回路。电源出线均为电缆引出线。各出线柜中除了安装有隔离开关、断路器、两相式电流互感器外，还安装有各种类型的二次回路，如控制、测量、保护、指示等。

高压电容器由两端母线同时供电，分别设置在六回出线的两侧，作用是进行无功补偿，提高整个配电所功率因数。

仅绘制元件以及装置连接关系但不标示具体安装位置的主电路图，被称为系统式电气主接线图，如图 2-27 所示。为方便订货及安装，还应该另外绘制高低压配电装置的订货图，并需要具体表达出柜、屏的相互位置，此外，柜内、屏内的所有一、二次电气设备也要详细表示。

又如图 2-28 中的附属 2 号车间变电所，由于高压配电所的出线端装有开关柜，所以输电线直接接入 2 号车间变电所的主变压器。

图 2-29 是某变电所的主电路图，图中主要设备参数见表 2-6。它采用单线图表示，主要设备技术数据表示方法采用两种基本形式：一种是标注在图形符号的旁边（如变压器、发电机等），另一种是以表格形式给出（如开关设备等）。

当拿到一张图纸时，若看到有母线，就知道它是配电所的主电路图。然后再看看是否有电力变压器，若有就是变电所的主电路图，若无，则是配电所的主电路图。但是不管是变电所的还是配电所的主电路图，它们的分析（看图）方法是一样的，都是从电源进线开始，

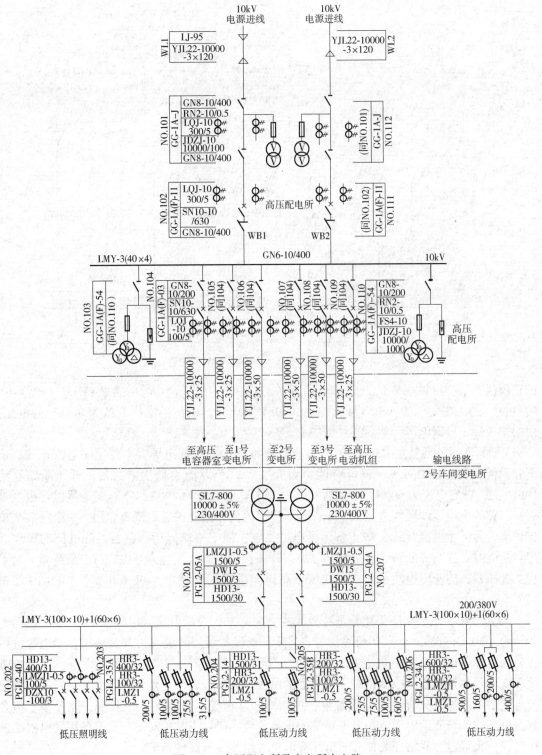

图 2-28 高压配电所及变电所主电路

按照电能流动的方向进行。

（1）电源进线。在图 2-29 中，电源进线是采用 LJ-3×25mm² 的 3 根截面面积为 25mm²

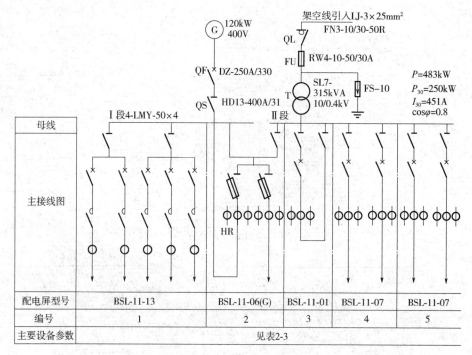

图 2-29　某变电所的主电路图

的铝绞线。架空敷设引入的，经过负荷开关 QL（FN3-10/30-50R）、熔断器 FU（RW4-10-50/30A）送入主变压器（SL7-315kVA，10/0.4kV），把 10kV 的电压变换为 0.4kV 的电压，由铝排送到 3 号配电屏，然后进到母线上。

3 号配电屏的型号是 BSL-11-01，是一双面维护的低压配电屏，主要用于电源进线。由图和元件在表 2-6 中可见，该屏有两个刀开关和一个万能型低压断路器。低压断路器为 DW10 型，额定电流为 600A。电磁脱扣器的动作整定电流为 800A，能对变压器进行过电流保护，它的失压线圈能进行欠电压保护。屏中的两个刀开关起到隔离作用，一个隔离变压器供电，另一个隔离母线，防止备用发电机供电，便于检修低压断路器。配电屏的操作顺序：断电时，先断开断路器，后断开隔离刀开关；送电时，先合刀开关，后合断路器。为了保护变压器，防止雷电波袭击，在变压器高压侧进线端安装了一组（共 3 个）FS-10 型避雷器。

（2）母线。该电路图采用单母线分段式，配电方式为放射式，以四根 LMY 型、截面面积均为（50×4）mm² 的硬铝母线作为主母线，两段母线通过隔离刀开关联络。当电源进线正常供电而备用发电机不供电时，联络开关闭合，两段母线都由主变压器供电。当电源进线、变压器等发生故障或检修时，变压器的出线开关断开，停止供电，联络开关断开，备用发电机供电。这时只有 I 段母线带电，供给职工、医院、水泵房、试验室、办公室、宿舍等，可见这些场所的电力负荷是该系统的重要负荷。但这不是绝对的，只要备用发电机不发生过载，也可通过联络开关使 II 段母线有电，送给 II 段母线的负荷。

（3）出线。出线是从母线经配电屏、馈线向电力负荷供电。因此在电路图中都标注有：配电屏型号、配电屏编号、馈线编号、安装容量（或功率 P）、计算功率 P_{30}、计算电流 I_{30}、敷设方式等，见表 2-6。

表 2-6　图 2-29 的主要设备参数

主接线图	图 2-31											
配电屏型号	BSL-11-13					BSL-11-06（G）		BSL-11-01	BSL-11-07		BSL-11-07	
配电屏编号	1					2		3	4		5	
馈线编号	1	2	3	4	5	6			7	8	9	10
安装功率/kW	78	38.9		15	12.6	120	43.2	315	53.5	182		64.8
计算功率/kW	52	26		10	10	120	38.2	250	40	93		26.5
计算电流/A	75	43.8		15	15	217	68	451	61.8	177		50.3
电压损失（%）	3.2	4.1		1.88	0.8		3.9		3.78	4.6		3.9
HD 型开关额定电流/A	100	100	100	100	100	400	100	600	200	400	200	200
GJ 型接触器额定电流/A	100	100	100	60	60							
DW 型开关额定电流/A								600 800	400 100			400 100
DZ 型开关额定电流/A	100/75	100/50	100	100/25	100/25	250/330	250/150					
电流互感器变比/（A/A）	150/5	150/5	150/5	150/5	50/5	250/5	100/15	500/5	75/5	300/5	100/15	75/5
电线电缆　型号	BLX	BLV		BLV	BLV	VLV2	LJ	LMY	BLV	LGJ		BLV
电线电缆　截面面积/mm²	3×50+1×16	4×16		4×10	4×10	3×95+1×50	4×16	50×4	4×16	3×95+1×50		4×16
敷设方式	架空线	架空线		架空线	架空线	电缆沟	架空线	母线穿墙	架空线	架空线		架空线
负荷或电源名称	职工医院	试验室	备用	水泵房	宿舍	发电机	办公楼	变压器	礼堂	附属工厂	备用	路灯

该变电所共有 10 个馈电回路，其中第 3 和第 9 回路为备用。下面以第 6 回路为例进行论述。

第 6 回路由 2 号屏输出，供给办公楼，安装功率 P_e 为 43.2kW，计算功率 P_{30} 为 38.2kW，可见需要系数为

$$k_d = \frac{P_{30}}{P_e} = \frac{38.2}{43.2} = 0.88$$

若平均功率因数为 0.85，则该回路的计算电流为

$$I_{30} = \frac{P_{30}}{\sqrt{3}\,U_N\cos\varphi} = \frac{38.2}{\sqrt{3}\times0.38\times0.85}\text{A} = 68\text{A}$$

这个计算电流值是设计时选用开关设备及导线的主要依据，也是维修时更换设备、元器件的论证依据。

该回路采用了刀熔开关 HR3-100/32，回路中装有 3 个变比为 100/5 的电流互感器供测量用。馈线采用 4 根铝绞线（LJ-4×16）进行架空线敷设，全线电压损失为 3.9%，符合供

电规范要求（小于5%）。

（4）备用电源。该变电所采用柴油发电机组作为备用电源。发电机的额定功率为120kW，额定电压为400/230V，功率因数为0.8，那么额定电流为

$$I_{30} = \frac{P_N}{\sqrt{3}U_N\cos\varphi} = \frac{120}{\sqrt{3}\times0.4\times0.8}A = 216.5A$$

因此，选用发电机出线断路器的型号为DZ系列，额定电流为250A。

备用电源供电过程：备用发电机电源经低压断路器QF和刀开关QS送到2号配电屏，然后引至Ⅰ段母线。低压断路器的电磁脱扣器的整定电流为330A，对发电机进行过电流保护。刀开关起到隔离带电母线的作用，便于检修发电机出线的自动空气断路器。从发电机房至配电室采用型号为VLV2-500V的3根截面面积为95mm²（作为相线）和1根截面面积为50mm²（作为零线）的电缆沿电缆沟敷设。

2号配电屏的型号是BSL-11-06（G）（"G"表示在标准进线的基础上略有改动），这是一个受电、馈电兼联络用配电屏，有一路进线和一路馈线。进线用于备用发电机，它经3个变比为250/5的电流互感器和一组刀熔开关HR，然后又分成两路，左边一路接Ⅰ段母线，右边一路经联络开关送到Ⅱ段母线。其馈线用于第6回路，供电给办公楼。

第四节　二次回路接线图

一、二次回路接线图简介

二次回路接线图是用于二次回路安装接线、线路检查、线路维修和故障处理的主要图纸之一。在实际应用中，通常需要与电路图和位置图一起配合使用。供配电系统中二次回路接线图通常包括屏面布置图、屏背面接线图和端子接线图等部分。接线图有时也与接线表配合使用。接线图和接线表一般应示出各个项目的相对位置、项目代号、端子号、导线号、导线类型、导线截面等。

二、认识二次原理图

二次电路图的绘制方法一般有集中表示法和展开表示法两种。

使用集中表示法绘制的原理图，仪表、继电器、开关等在图中以整体绘制，各个回路（电流回路、电压回路、信号回路等）都综合绘制在一起，使得读图者对整个装置的构成有一个明确的整体概念。

使用展开表示法来绘制时是将整套装置中的各个环节（电压环节、电流环节、保护环节、信号环节等）分开表示，独立绘制，仪表、继电器等的触点、线圈分别画在各个所属的环节中，同时在每个环节旁标注功能、特征和作用等。

1. 集中式（整体式）原理图的绘制

如图2-30所示为采用集中表示法来绘制的定时限过电流保护原理图。原理图中电器的各个元件都是集中绘制的。

集中式原理图的绘制特点如下所述。

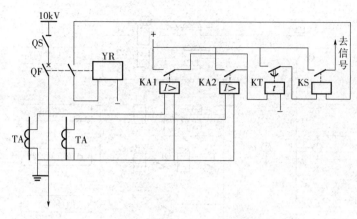

图 2-30 集中式原理图的绘制

（1）集中式原理图以器件、元件为中心绘制，图中的器件、元件都以集中的形式来表示，设备与元件之间的连接关系比较形象直观，易使观者对二次系统有一个较为整体的了解。

（2）为方便使用二次线路对一次线路的测量、监视和保护功能进行说明，在绘制二次线路图时要将有关的一次线路、一次设备绘出。此外，为了对一次线路与二次线路进行区别，通常使用粗实线绘制一次线路，使用细实线绘制二次线路。

（3）在原理图中，所有的器件和元件都用统一的图形符号来表示，并标注统一的文字符号说明。所有电器的触点都以原始状态绘出，即电器都处于不带电、不激励、不工作状态。如继电器的线圈不通电，铁心未吸合，手动开关未断开，操作手柄置零位。

（4）为了方便表示二次系统的工作原理，使用集中表示法绘制原理图时没有二次元件的内部接线图，引出线的编号和接线端子的编号也可以省略，控制电源仅标出 "＋" "－" 极性，不用具体表示从何引来。这种原理图不具备完整的使用功能，不能按这样的图去接线、查线，特别是对于复杂的二次系统，设备、元件的连接线很多，采用集中表示法来表示会对绘图及读图都较为困难。所以较少采用集中表示法来绘制二次原理图，而是较多的采用展开表示法来绘制。

2. 展开式原理图的绘制

如图 2-31 所示为采用展开表示法来绘制定时限过电流保护原理图。在原理图中，将各电器的各个元件按分开式方法表示，每个元件分别绘制在所属电路中，并可按回路的作用、电压性质及高低等组成各个回路，如交流回路、直流回路、跳闸回路、信号回路等。

采用展开表示法绘制的原理图，一般按动作顺序从上到下水平布置，并在线路旁注明功能，使线路清晰，方便识读。

展开式原理图的绘制特点如下所述。

（1）采用展开表示法绘制原理图，一般以回路为中心，同一电器的各个元件按作用分别绘制在不同的回路中。如图 2-31 中电流继电器 KA 的线圈串联在电流回路中，其触点绘制在时间继电器回路中。

（2）同一个电器的各个元件应标注同一个文字符号，对于同一个电器的各个触点也可以用数字来区分，如 KM1、KM2 等。

（3）在原理图中按不同的功能、电压高低等划分为各个独立回路，并在每个回路的右

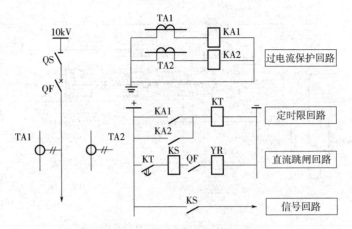

图 2-31 展开式原理图的绘制

侧标注简单的文字说明，说明内容为各个电路及主要元件的功能等。

（4）线路可以按动作顺序从上到下、从左到右平行排列。线路可以编号，用数字或文字符号加数字表示，变配电系统中线路使用专用数字符号来表示。

3. 二次回路原理图识读

图 2-32 为某变电所变压器柜二次原理图。由图 2-32 可知，其二次回路分为控制回路、保护回路、电流测量回路和信号回路等。

控制回路中有试验分合闸回路、分合闸回路及分合闸指示回路。

保护回路主要包括过电流保护、电流速断保护和超高温保护等。过电流保护动作过程：当电流过大时，过电流继电器 KA1、KA2 动作，使时间继电器 KT 通电动作，其触点延时闭合，从而跳闸线圈 TQ 得电，使断路器跳闸，同时信号继电器 KS1 线圈得电动作，向信号屏发出动作信号；电流速断保护通过继电器 KA3、KA4 动作，使中间继电器 BCJ1 线圈得电动作，迅速断开供电回路，同时信号继电器 KS2 也得电动作，向信号屏发出动作信号；当变压器过温时，KG2 闭合，信号继电器 KS5 线圈得电动作，同时向信号屏发出变压器过温报警信号；当变压器高温时，KG1 闭合，中间继电器 BCJ2 和信号继电器 KS4 线圈同时得电动作，KS4 向信号屏发出变压器高温报警信号，同时中间继电器 BCJ2 触点接通跳闸线圈 TQ 和跳闸信号继电器 KS3，在断开主电路的同时向信号屏发出变压器高温跳闸信号。

电流测量回路主要通过电流互感器 1TA1 采集电流信号，接至柜面上的电流表。

信号回路主要包括掉牌未复位、速断动作、过电流动作、变压器过温报警及高温跳闸信号等，主要是采集各控制回路及保护回路信号，并反馈至信号屏，使值班人员能够及时监控和管理。

三、交流电流测量电路图

测量交流电流常使用的仪表有电磁式电流表、数字万用表等。其中，小电流常使用直接测量法，而高压电流使用间接测量法。

1. 直接串联电路

如图 2-33 所示为直接串联电路图，特点是电流表直接串联在被测电路中。这种接线方式被运用在 380V 及以下低压、几十安培以下小电流的电路中。

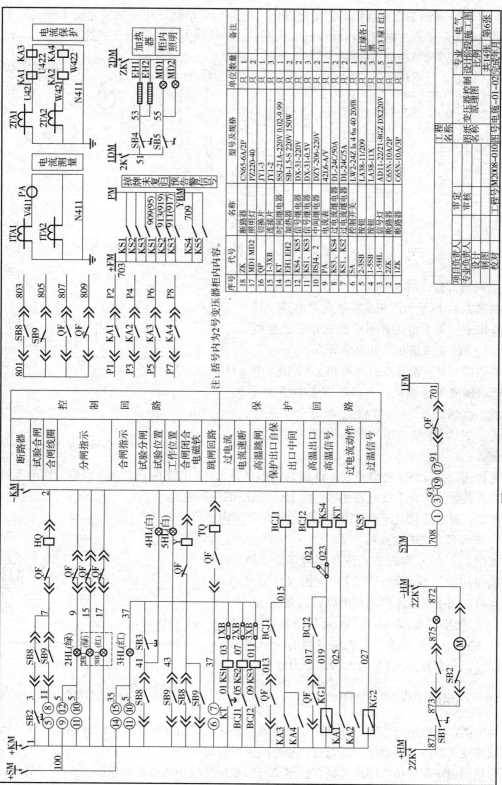

图2-32 10kV变电所变压器柜二次原理图

2. 电流互感器测量电路

如图 2-34 所示为电流互感器测量电路图，电路特点是在三相平衡线路的单相线路中安装了一只电流互感器，电流表串接在其二次侧。这种接线方式适合用于测量高电压、大电流的三相平衡电路和单相交流电路。

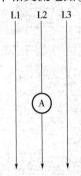

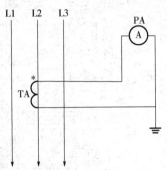

图 2-33 直接串联电路图　　　　图 2-34 电流互感器测量电路图

3. 两相式接线测量电路

如图 2-35 所示为两相式接线测量电路，较多地应用于三相平衡或者不平衡三相三线制线路中，用来线路测量和继电保护等。

电路特点是三相线路的两相 L1、L3 接入电流互感器构成 V 形联结。三只电流表串接在互感器的二次侧，与 TA1、TA2 二次侧直接连接的电流表 PA1、PA2，用来分别测量两相线路的电流。

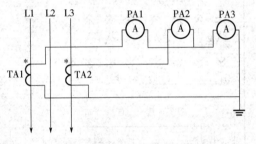

图 2-35 两相式接线测量电路

连接在公共线路上的电流表 PA3 流过的电流是 TA1、TA2 两只电流互感器二次电流的相量和，其读数正好是未接电流互感器的 L2 相线路的二次电流。

所以，通过三只电流表可以分别测量出三相的电流值。

4. 三相式接线测量电路

如图 2-36 所示为三相式直接测量电路，被广泛地应用于测量三相三线制和三相四线制电路，也可以用于继电保护。其电路特点是在 L1、L2、L3 三相中各自接入一只电流互感器 TA1、TA2、TA3，电流互感器的二次侧各接有一只电流表，可以分别测量出 L1、L2、L3 相的电流。

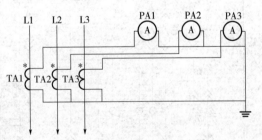

四、识读继电保护电路图

图 2-36 三相式直接测量电路

继电器保护电路的主要任务是在一次电路出现非正常情况或者故障的时候，可以迅速地切断线路或者故障元、器件，并通过信号电路及时发出报警信号。

常见的继电器保护电路种类繁多，本节介绍变压器保护电路图的识读。

变压器故障分为内部故障及外部故障。变压器内部故障主要有相间绕组短路、绕组匝间短路、单相接地短路等。在发生内部故障时，短路气流产生的热量会破坏绕组的绝缘层，绝缘层和变压器油受热会产生大量气体，可能会使得变压器发生爆炸。变压器外部故障主要为引出线绝缘套管损坏，导致引出线相间短路和引出线与变压器外壳短路。

变压器的类型有干式变压器和油浸式变压器，油浸式变压器的绕组浸在绝缘油中，以增强散热和绝缘效果。当变压器内部绕组匝间短路或绕组相间短路时，短路电流会加热绝缘油而产生气体，气体会使变压器气体保护电路动作，发出报警信号，情况严重的还会发生断路器跳闸的情况。

如图 2-37 所示为变压器气体保护电路图，以下介绍其工作原理。

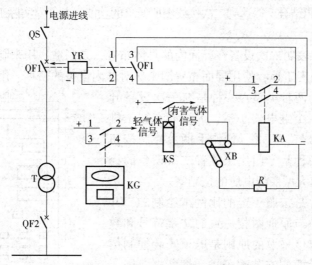

图 2-37 变压器气体保护电路图

（1）在变压器出现绕组匝间短路，即轻微故障时，因为短路电流不大，因此油箱内会产生少量的气体。随着气体的增加，气体继电器 KG 的动合触头 1、2 闭合。此时电源经过该触头提供给预告信号电路，使其发出轻气体报警信号。

（2）在变压器出现绕组相间短路，即严重故障时，短路电流很大，此时油箱内会产生大量的气体。大量油气冲击气体继电器 KG，KG 的动合触头 3、4 闭合，有电流流过信号继电器 KS 线圈及中间继电器 KA 线圈。此时 KS 线圈得电，KS 动合触头闭合，电源经过该触头提供给事故信号电路，使其发出有害气体报警信号。

（3）KA 线圈得电使 KA 的动合触头 3、4 闭合，有电流流过跳闸线圈 YR。该电流的流经途径为：电源 + →KA 的触头 3、4（闭合状态）→断路器 QF1 的动合触头 1、2（合闸时为闭合状态）→YR 线圈。YR 线圈产生磁场，通过有关机构使得断路器 QF1 跳闸，从而切断变压器的输入电源。

（4）因为气体继电器 KG 的触头 3、4 在故障油气的冲击下可能振动或者闭合的时间很短，为保证断路器准确跳闸，要利用 KA 的触头 1、2 闭合锁定 KA 的供电。此时 KA 电流的流经途径为：电源 + →KA 的动合触头 1、2→QF 的辅助动合触头 3、4→KA 线圈→电源 －。

（5）XB 为试验切换片，假如在对气体继电器试验时要求断路器不跳闸，可以接通 XB 与电阻 R，KG 的触头 3、4 闭合时，KS 触头闭合使信号电路发出重气体信号，因为 KA 继电器线圈不会通电，因此断路器不会跳闸。

变压器气体保护电路的优点有电路简单且动作迅速、灵敏度较高，可以保护变压器油箱内各种短路故障，尤其对于绕组的匝间短路反应最为灵敏。这种保护电路通常用于变压器内部故障保护，不用于变压器外部故障保护，经常用来保护容量在 800kVA 及以上（车间变压器容量在 400kVA 及以上）的油浸式变压器。

五、二次安装接线图

二次安装接线图用来描述二次设备的全部组成和连接关系，表示电路工作的原理。在布置、安装、调试以及检修二次设备时，需要将屏面布置图、二次电缆布置图、屏背面安装接线图以及端子排接线图等图形相结合，以达到二次接线图所要求的功能，并能对实际工作进行指导。

1. 屏面布置图

屏面布置图用来表明二次设备在屏面内的具体布置，是制造厂用来制作屏面设计、开孔及安装的依据。在施工工地，使用屏面布置图来核对屏内设备的名称、用途及拆装维修等。

二次设备屏分为两种类型：一种是在一次设备开关柜屏面上方设计一个继电器小室，屏侧面有端子排室，正面安装有信号灯、开关、操作手柄及控制按钮等二次设备；另外一种是专门用来放置二次设备的控制屏，主要用于比较大型变配电所的控制室。

屏面布置图通常是按照一定的比例来绘制的，并且需要在图纸上标注与原理图相一致的文字符号和数学符号。屏面布置应该采取的原则是屏顶安装控制信号电源及母线，屏后两侧安装端子排和熔断器，屏上方安装少量的电阻、光字牌、信号灯、按钮、控制开关以及相关的模拟电路。

屏面布置图的绘制结果如图 2-38 所示。

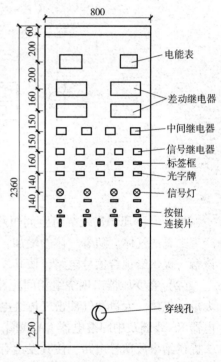

图 2-38　屏面布置图

2. 端子排图

屏内设备与屏外设备之间的连接是通过接线端子来实现的，这样做的好处是方便接线和查线。接线端子是连接二次设备必不可少的配件，屏内二次设备正电源的引线和电流回路的定期检修等，都需要通过端子来实现。许多端子组合在一起则构成端子排。

表示端子排内各端子与内外设备之间的电线连接关系的图纸称为端子排接线图，又称端子排图。

通常情况下，将为某一主设备服务的所有二次设备称为一个安装单位，这是二次接线图上的专有名词，如"××变压器""××线路"等。

对于共用装置设备，如信号装置与测量装置，可以单独使用一个安装单位来表示。

在二次接线图中，安装单位都采用一个代号来表示，一般情况下使用罗马数字来编号，即Ⅰ、Ⅱ、Ⅲ等。该编号是这一安装单位所使用的端子排编号，也是这一单位中各种二次设备总的代号。例如第Ⅱ安装单位中第 3 号设备，可以表示为Ⅱ3。

（1）端子的用途。

1）普通端子：用来连接屏内外导线。

2）试验端子：在系统不断电的情况下，可以通过这种端子对屏上仪表和继电器进行测试。

3）连接端子：用于端子之间的连接，从一根导线引入，又由很多根导线引出。

（2）端子排列规则概述如下。

1）屏内设备与屏外设备的连接必须经过端子排，在交流回路经过试验端子，声响信号回路为方便断开试验，应该经过特殊端子或者试验端子。

2）屏内设备与直接接至小母线设备一般应该经过端子排。

3）同一屏上各个安装单位之间的连接应该经过端子排。

4）各个安装单位的控制电源的正极或者交流电的相线都由端子排引接。负极或中性线应该与屏内设备连接，连线的两端应该经过端子排。

（3）端子上的编号方法介绍如下。

1）端子的左侧通常为与屏内设备相连接设备的编号或者符号。

2）中左侧为端子顺序编号。

3）中右侧为控制回路相应编号。

4）右侧一般为与屏外设备或小母线相连接的设备编号或者符号。

5）正负电源间通常编写一个空端子号，防止造成短路。

6）在最后预留 2~5 个备用端子号，向外引出电缆并按其去向分别编号，使用一根线集中进行表示。

端子排图的表示方式如图 2-39 所示。

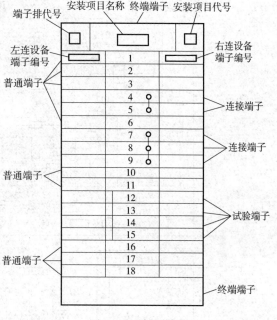

图 2-39　端子排图

3. 屏背面接线图

屏背面接线图又称屏后接线图，是以二次接线图、屏面布置图、端子排图为主要依据来重新绘制的图纸，是屏内设备走线、接线、查线的重要参考图，也是安装接线图中重要的图纸之一。

屏背面接线图的绘制原则如下所述。

（1）屏上各设备的实际尺寸已经由屏面布置图决定，图形不需要按照比例来绘制，但是应该保证设备之间的相对位置准确。

（2）屏背面接线图是后视图，看图者的位置在屏后，因此左右方向正好与屏面布置图相反。

（3）各设备的引出端子要注明编号，并且按照实际排列的顺序绘制。设备内部接线通常不需要绘制，或者只绘制相关的线圈和触点。因为从屏后看不见设备的轮廓，因此设备边框应该使用虚线来表示。

（4）尽量使用最短线来绘制屏上设备间的连接线，并且不得迂回曲折。

屏内设备的标注方式是在设备图形上方绘制一个圆圈，在圆圈内绘制安装单位编号，在安装编号的一侧绘制设备的顺序号，接着在下方绘制设备的文字符号。

如图 2-40 所示为屏内设备标注方式示意图。

图 2-40 屏内设备标注方式示意图

完整的二次回路接线图如图 2-41 所示。

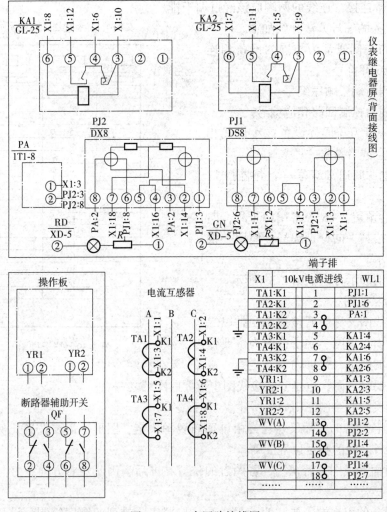

图 2-41 二次回路接线图

六、二次回路接线图的识读

1. 二次回路接线图的识读方法

一般来说接线图主要用于安装接线和维修，但阅读接线图往往要对照展开图进行，这样容易根据工作原理找出故障点。为了看图方便，依据图 2-41 接线图，给出它的展开式原理电路图，如图 2-42 所示。

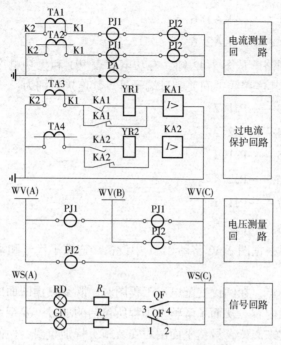

图 2-42　二次回路展开式原理电路图

（1）了解二次回路的设备组成。图 2-41 为仪表继电器屏，从背面接线图中知道该二次回路的组成包括以下设备：过电流继电器 KA1、KA2，电流表 PA，有功电度表 PJ1，无功电度表 PJ2，绿色信号灯 GN，红色信号灯 RD，还有电阻 R_1 和 R_2。这些设备在图 2-42 中分别出现在不同的回路中。两图对照不仅可以知道二次回路的设备组成，而且知道了各设备的作用。

要了解它们之间的连接关系可以按阅读展开式原理图的一般顺序，从上到下分同路逐次阅读，并对照接线图知道了连接关系和连接位置。

（2）阅读电流测量回路。从图 2-42 中可知电流互感器 TA1、TA2 与电流表和电度表的连接电缆中间要经过端子排，从图 2-41 中就可更清楚地看出：

TA: K1 接 X1:1，即端子排的 1 号端子；有功电度表 1 号端子，即 PJ1:1 也接端子排的 1 号端子 X1:1，连接顺序依次为：

TA1: K1 ⟶ X1:1 ⟶ PJ1:1

TA2: K1 ⟶ X1:2 ⟶ PJ1:6

TA2: K2 ⟶ X1:3 ⟶ PA1

TA2: K1 ⟶ X1:4 ⟶

该回路其余连接线为屏内接线，不需经过端子排。

（3）阅读过电流保护回路。从图 2-41 和图 2-42 看出电流互感器 TA3、TA4 与仪表的连接线，中间也要经过端子排，其连接顺序为：

TA3：K1 —→ X1：5 —→ KA1：4

TA4：K1 —→ X1：6 —→ KA2：4

TA3：K2 —→ X1：7 ┐→ KA1：6

TA4：K2 —→ X1：8 ┘→ KA2：6

（4）看电压测量回路。从图2-42知，有功电度表 PJ1 和无功电度表 PJ2 的电压线圈要接至电压小母线 WV。其连接线中间要经过端子排。其连接分别为：

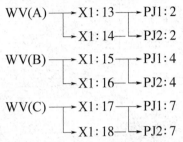

关于信号回路，可根据图2-42将图2-41中设备接连端子代号和端子排上端子标号补充完整，继续阅读。

最后要强调说明一点，在阅读变配电所工程图时，既要熟读图面的内容，也不要忘掉未能在图纸中表达出来的内容，从而了解整个工程所包括的项目。要把系统图、平剖面图、二次回路电路图等结合起来阅读，虽然平面图对安装施工特别重要，但阅读平面图只能熟悉其具体安装位置，而对设备本身技术参数及其接线等就无从了解，必须通过系统图和电路图来弥补。所以各种图纸必须结合阅读，这样也能加快读图速度。

2. 二次回路接线图识读实例

阅读比较复杂的二次接线图时，一定要注意阅读的那张图纸所要表示的主要思想、主要题目、图例。对于图2-43中所举的例子，630kVA 变压器的保护回路主要是表达过流与速断保护。即所有设备工作的目的都是围绕着过流和短路故障时，继电器怎样动作带动断路器 DL 跳闸。明确了这样一个主题思想，看图也应按一定的顺序，即先从主回路入手，然后看二次回路。按照从左到右、从上到下的原则，并结合右侧简单文字说明，逐行逐部分读图。

对于图纸所标注的设备、图形符号、文字符号，要熟悉掌握，并对照图纸中附带的设备表了解其名称、型号、规格等。

下面就典型的变压器二次回路加以说明，如图2-43所示。

（1）主回路。在图的左上角，画出了与二次接线有关的一次设备电气系统图。从10kV母线引下，经隔离开关 GK，断路器 DL，电流互感器 1LH、2LH，电缆至变压器 B。

（2）电流回路。图中有两个电流回路，第一个电流回路供测量表计用，将电流表、有功电度表的电流线圈串入 1LH 电流互感器的二次绕组。另一个电流回路供继电保护用，将 1LJ、2LJ 电流继电器的线圈分别接入 2LH 电流互感器的二次绕组 A、C 相，当过载和短路故障发生时，主电流增加，电流互感器二次侧也感应出较大电流，当流过 1LJ、2LJ 电流继电器线圈中的电流达到某一定值时，电流继电器动作，衔铁被吸合，触点动作。

（3）电压回路。用来提供测量表计的电压参数。电压小母线一般是从电压互感器柜中引来，电压为交流 100V，有功电度表的电压线圈并联在此回路。

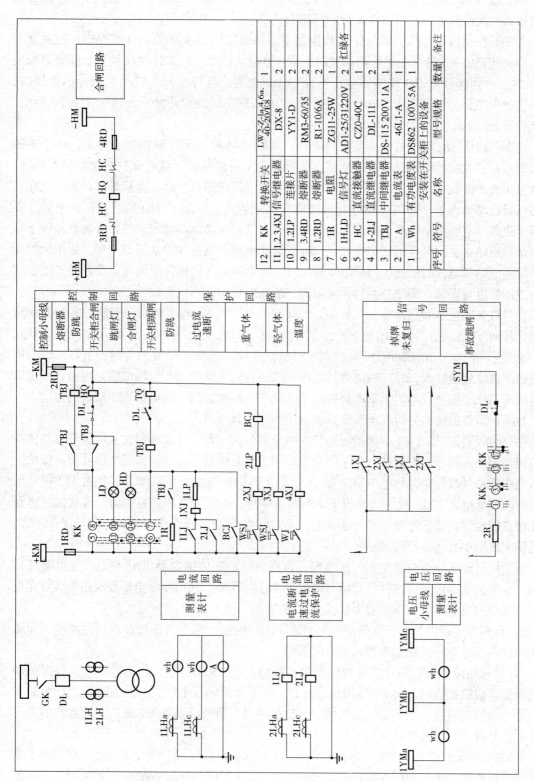

图2-43 变压器继电保护二次接线原理图

序号	符号	名称	型号规格	数量	备注
12	KK	转换开关	LW2-Z-1a,4.6a,40-20/E8	1	
11	1.2.3.4XJ	信号继电器	DX-8	2	
10	1.2LP	连接片	YY1-D	2	
9	3.4RD	熔断器	RM3-60/35	2	
8	1.2RD	熔断器	R1-10/6A	2	
7	IR	电阻	ZG11-25W	1	
6	1H,LD	信号灯	AD1-25/31220V	2	红绿各
5	HC	直流接触器	CZ0-40C	1	
4	1-2LJ	直流继电器	DL-111	2	
3	TBJ	中间继电器	DS-115 200V 1A	1	
2	A	电流表	46L1-A	1	
1	Wh	有功电度表	DS862 100V 5A	1	安装在开关柜上的设备

（4）变压器二次接线图。由小母线"＋KM"和"－KM"引来200V直流电源，经过熔断器接入二次回路中的控制回路和保护回路中。

首先看控制回路，其作用是保证和控制主回路的断路器顺利分、合闸操作。控制原理为：当转换开关KK转至右侧合闸位置时，⑤与⑧触头闭合，经TBJ常闭接点、断路器辅助触头DL，合闸接触器HQ线圈得电，断路器DL合闸。当转换开关转至左侧分闸位置时，⑥与⑦触头闭合，经由TBJ继电器电流线圈、DL断路器辅助常开触头、跳闸线圈TQ得电，使断路器DL分闸。

控制回路中TBJ继电器称为防跳继电器。所谓"防跳"是指断路器合闸后，由于种种原因，控制开关或自动装置触点未断开，此时若发生短路故障，继电保护将使断路器跳闸，这就会出现多次跳、合闸现象，即跳跃现象，如此会使断路器损坏，造成事故扩大。故在二次接线设计时考虑了"防跳"功能，采用电气闭锁接线，增加了TBJ防跳中间继电器。安有两个线圈，电流起动线圈串联于跳闸回路中，电压自保持线圈经自动的常开触点并联于合闸接触器回路中。同时合闸回路串联了TBJ的常闭触点，若在短路故障时合闸，继电保护动作，跳闸回路接通，起动防跳闭锁继电器TNJ，其常闭触点断开合闸回路，常开触点闭合使电压线圈带电自保持，即使合闸脉冲未解除，断路时也不能再次合闸。

信号灯分别指示断路时的工作状态。当转换开关"KK"转至合闸位置时，⑯与⑬触点也随之接通。经红色信号灯HD自身电阻、防跳继电器电流线圈TBJ、断路器常开辅助触点DL、跳闸线圈TQ，当断路器DL合闸时，形成一个闭合通路，故称为合闸指示灯。因为信号灯的附加电阻值很大，通过的电流远远小于跳、合闸线圈的最小起动电流。因而，不足以使其线圈动作。信号灯不但指示断路时的工作状态，还能起到监视电源和熔断器的作用。

跳闸指示灯的动作分析基本按照以上方法，这里就不再阐述。

1）保护回路。图2-43中保护回路分为两个部分，一部分是变压器过流短路和重气体故障直接作用于跳闸作为主保护，另一部分是作用于信号回路作监测，如轻气体及温度保护。

当变压器过载短路时，电流继电器1LJ、2LJ动作，其常开接点闭合，经由1LJ信号继电器与防跳继电器TBJ，跳闸线圈得电，断路器跳闸。当重气体故障发生时，重气体继电器WSJ接点闭合，接通信号继电器2LJ线圈，出口继电器BCJ线圈得电，BCJ常开接点闭合，接通跳闸线圈TQ，使断路器跳闸。

当变压器轻气体事故发生或变压器温升过高时，轻气体继电器WSJ和温度继电器灯接点闭合，分别接通信号继电器灯和信号继电器4XJ的线圈，使信号继电器自动指示或灯光指示，并起动中央信号监视系统发出灯光及音响指示。

2）合闸回路。因为合闸线圈需要大电流驱动，所以一般不直接连在控制回路中，而通过中间转换装置合闸接触器来单独通合闸线圈。

3）信号回路。当断路器在合闸位置时，转换开关KK①与③、⑬与⑰闭合，若保护动作或断路器误脱扣跳闸，其DL常闭接点闭合，接通事故信号小母线SYM回路，发出事故音响信号。当过流断路、重气体、轻气体、超温故障时，信号继电器接点相应接通各自的光字牌显示，并发出预告报警音响信号。

又如图2-44所示为某10kV变电站变压器柜二次回路接线图。该变压器柜二次回路主要设备元件清单见表2-7。仔细阅读该接线图可知，其一次侧为变压器配电柜系统图，二次侧回路有控制回路、保护回路、电流测量和信号回路等。

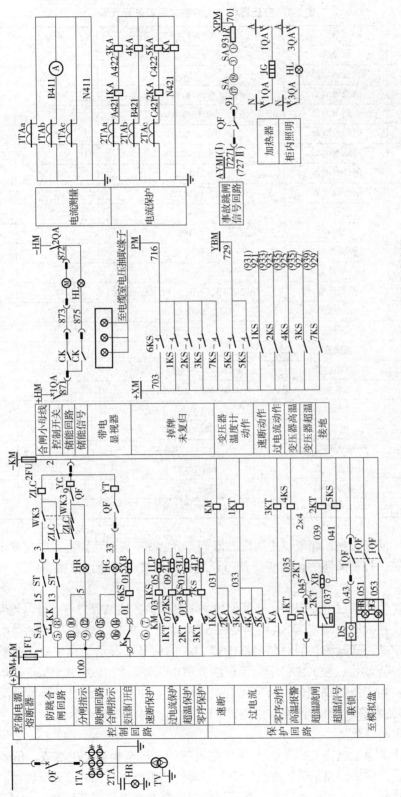

图2-44 10kV变电站变压器柜二次回路接线图

表 2-7　变压器柜二次回路主要设备元件表

代号	名称	型号及规格	数量	备注
A	电流表	42L6-A	1	
1、2KA	电流继电器	DL-11/100	2	
3~5KA	电流继电器	DL-11/10	3	
KM	中间继电器	DZ-15/220V	1	
2KT	时间继电器	DZ-15/220V	1	
1KT	时间继电器	DS-115/220V	1	
4、5KS	信号继电器	DX-31B/220V	2	
1~3、6、7KS	信号继电器	DX-31B/220V	5	
1-5LP	连接片	YY1-D	5	
QP	切换片	YY1-S	1	
SA1	控制按钮	LA18-22 黄色	1	
1、2ST	行程开关	SK-11	2	
SA	控制开关	LW2-Z-1A,4.6A,40,20/F8	1	
HG、HR	信号灯	XD5 220V 红/绿	2	
HL	信号灯	XD5 220V 黄色	1	
JG	加热器		1	
1QA	低压断路器	M611-1/1 SPAJ 2.5A	1	
2、3QA	低压断路器	C45N-2 2P 3A	2	
1、2FU	熔断器	gF1-6/6A	2	
1R	电阻	ZG11-50Ω1k	1	
H	荧光灯	YD12-1 220V	1	
GSN	带电显示器	ZS1-10/T1	1	
KA	电流继电器	DD-11/6	1	
3KT	时间继电器	BS-72D 220V	1	

控制回路中防跳合闸回路通过中间继电器 ZLC 及 WK3 实现互锁；为防止变压器的开起对人身构成伤害，控制回路中设有变压器门开起联动装置，并通过继电器线圈 6KS 将信号送至信号屏。

保护回路主要包括过电流保护、速断保护、零序保护和超温保护等。过电流保护的动作过程为：当电流过大时，继电器 3KA、4KA、5KA 动作，使时间继电器 1KT 通电，其触点延时闭合使真空断路器跳闸，同时信号继电器 2KS 向信号屏显示动作信号；速断保护通过继电器 1KA、2KA 动作，使 KM 得电，迅速断开供电回路，同时通过信号继电器 1KS 向信号屏反馈信号；当变压器高温时，1KT 闭合，继电器 4KS 动作，高温报警信号反馈至信号屏；当变压器超高温时，2KT 闭合，继电器 5KS 动作，高温报警信号反馈至信号屏，同时 2KT 动作，实现超温跳闸。

测量回路主要通过电流互感器 1TA 采集电流信号，接至柜面上电流表。信号回路主要采集各控制回路及保护回路信号，并反馈至信号屏，使值班人员能够监控及管理。主要包括掉牌未复位、速断动作、过电流动作、变压器超温报警及超温跳闸等信号。

第五节　变配电工程施工图的识图及实例

一、某培训机构配电系统图

图 2-45 为某培训机构变电所高压配电柜系统图，有 2 台干式三相式变压器，每台容量为 1000kVA，共有 7 个高压开关柜，除计量柜之外，其余 6 个高压柜均为手车式。高压进线采用 10kV 环网，高压 AH1、AH2 号柜分别是环网进线柜和出线柜，环网进出线均采用电缆，规格由当地供电局指定。AH3 为电压互感器柜，内装有电压互感器和避雷器；AH4 为高压受总柜，内装有真空断路器、电流互感器；AH5 为高压计量柜，内装有电压互感器和电流互感器，作高压计量用；AH6、AH7 为高压出线柜，内装有真空断路器、电流互感器和接地开关等，出线高压电缆均采用 YJV-10kV-3×120。除 AH3 电压互感器柜之外，其余高压开关柜均装有带电显示器。

图 2-46 和图 2-47 为某培训机构变电所低压配电柜系统图，共有 13 个低压开关柜，AA1、AA13 号柜为低压总开关柜，采用抽屉式低压柜，变压器低压侧采用低压紧密式母线槽。低压供电为三相五线制。低压进线柜装有低压框架断路器和电流互感器，用于分合电路、测量和继电保护。AA2 和 AA12 号低压柜为电容器柜，用于供电系统功率因数补偿，柜内装有刀熔开关和电流互感器等。低压输出柜有 8 个，采用抽屉式，用于动力、照明供电。AA7 号柜为联络柜，用于低压两段母线的切投。

图 2-48 为某培训机构变电所设备平面图，变电室内有高压、低压、变压器、信号屏和直流屏，并进行了区域划分。在变电所设备平面图中还分别反映各设备的位置，标出接地体的技术参数及与各设备的连接情况。

图 2-49 为某培训机构变配电所设备电缆走向图，图中表明了各设备接线走向、布线方式。低压出线均经电缆沟引出，直流屏和信号屏信号经电缆沟、预埋管通向高压、低压设备。AH6 和 AH7 出线柜通过桥架与变压器高压侧相连。

二、某企业供电系统图

如图 2-50 所示，所有电气系统图一般都是以单线将电压开关设备、负荷、电线电缆、灯线等一次设备连接起来，并附有一些有关参数与设备型号等文字说明，使整个电气系统清晰明了。

电气系统图是以母线为界限，上方表示电源及其进线，下方为负荷及其出线，对于下方出线的每一回路都详细地以表格形式将同路中的有关电气参数与设备型号一一列出，对于电源进线，因回路数较少，有关设备型号、系统中电气参数等一般在设备旁注明。

(1) 电源。该系统的供电电源有二回路，均来自市区不同的变电所，电源由架空引入变压器室中的带熔断器的负荷开关，开关型号为 FN-10R-50/30，通过负荷开关送到变压器 1B 和 2B 的高压侧，变压器的型号为 S9-10/04-315kVA。接线形式为 Y/Y0，因变压器低压侧引出一中线，所以，不但能得到 400V 的线电压，还能得到 230V 的相电压。两个变压器采用分段分列运行方式。

高压开关柜编号	AH1	AH2	AH3	AH4	AH5	AH6	AH7
高压开关柜型号	ZS8.x	ZS8.x	ZS8.x	ZS8.x	ZS8.x	ZS8.x	ZS8.x
一次接线图	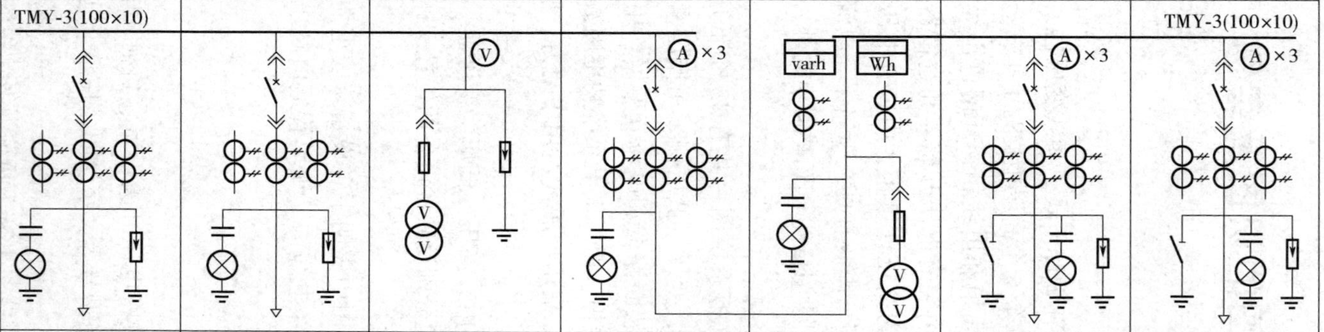 TMY-3(100×10)（一次接线图）						TMY-3(100×10)
回路编号	WH1	WH2	WH5	WH3	WH4	WH6	WH7
用途	环网1	环网2	PT	一受总	计量	1号变压器	2号变压器
真空断路器 VD4/1250 31.5kA				1			
真空断路器 VD4/630 25kA	1	1					
熔断器 Fusarc CF100A 12kA						1	1
电流互感器 0.2级					2(150/5)		
电流互感器 0.5级	3(150/5)	3(150/5)		3(150/5)		3(75/5)	3(75/5)
电流表				3(0~150A)		3(0~75A)	3(0~75A)
电压互感器 0.2级					1		
电压互感器 0.5级			1				
电压显示器			1				
接地开关 EK6	1	1	1	1	1	1	1
带电显示器	1	1		1	1	1	1
微机保护器 Sepam2000				1			
避雷器						1	1
计量仪表			电压表PT、电压互感器断相计时器		有功电度表、无功电度表、峰值表		
设备容量 /kVA	由当地供电局定	由当地供电局定		2000		1000	1000
计算电流 /A	由当地供电局定	由当地供电局定		116		58	58
电缆规格	由当地供电局定	由当地供电局定				YJV-10kV-V-3×120	YJV-10kV-3×120
柜体尺寸（宽×深×高）/mm	650×1282×1885	650×1282×1885	650×1282×1885	650×1282×1885	650×1282×1885	650×1282×1885	650×1282×1885
备注							

注：1. 柜内所有仪表可根据当地供电局要求由厂家配套装设。
2. 开关柜安装技术要求由厂家提供。

图2-45 某培训机构变电所高压配电柜系统图

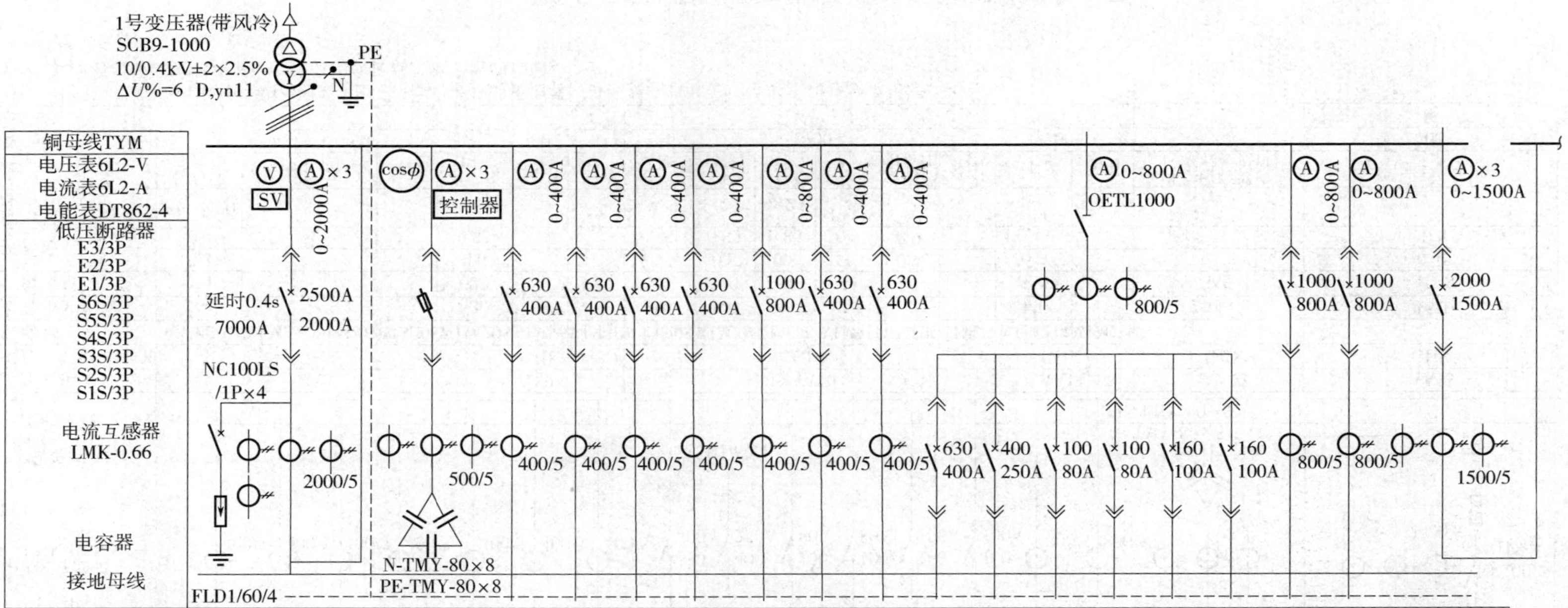

图2-46 某培训机构变电所低压配电柜系统图（一）

注：1. 低压开关柜WLM108~110、WLM112出线开关均带分励脱扣器，进线及联络开关均带失压和分励脱扣器。
　　2. 所有出线开关开关速断整定电流均为长延时整定值的10倍。

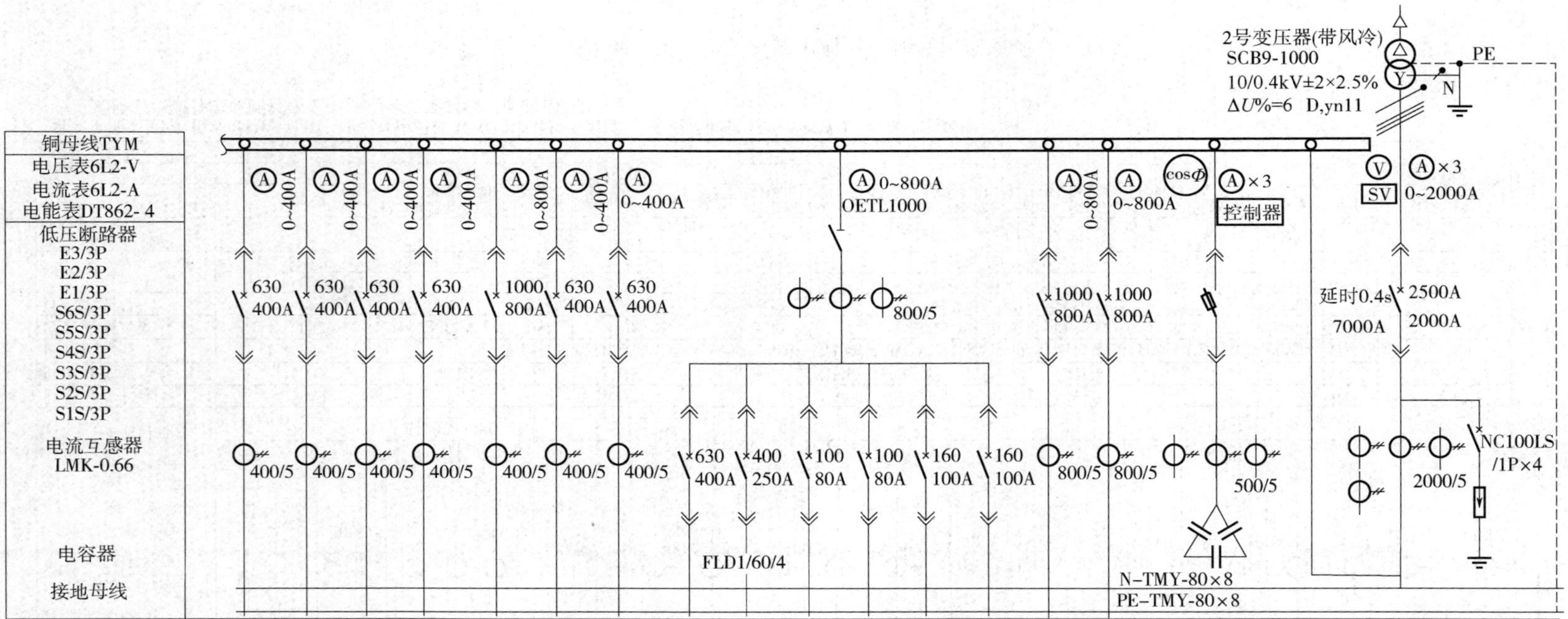

图中主要标注：

- 2号变压器(带风冷) SCB9-1000 10/0.4kV±2×2.5% ΔU%=6 D,yn11
- NC100LS /1P×4
- PE、N
- 延时0.4s ×2500A 2000A 7000A 0~2000A A×3 V SV
- A×3 2000/5
- 500/5 控制器
- N-TMY-80×8 PE-TMY-80×8
- cosφ A 0~800A
- A 0~800A 1000/800A 800/5
- A 0~800A OETL1000 800/5
- FLD1/60/4
- A 0~400A 630/400A 400/5
- A 0~800A 1000/800A 400/5
- A 0~400A 630/400A 400/5
- A 0~400A 630/400A 400/5
- A 0~400A 630/400A 400/5
- ×630 400A / ×400 250A / ×100 80A / ×100 80A / ×160 100A / ×160 100A

		AA8	AA9	AA10				AA11	AA12	AA13
铜母线TYM										
电压表612-V										
电流表612-A										
电能表DT862-4										
低压断路器	E3/3P									
	E2/3P									
	E1/3P									
	S6S/3P									
	S5S/3P									
	S4S/3P									
	S3S/3P									
	S2S/3P									
	S1S/3P									
电流互感器 LMK-0.66										
电容器										
接地母线										
低压开关柜编号		AA8	AA9	AA10				AA11	AA12	AA13
低压开关柜型号GHK		GHK	GHK	GHK				GHK	GHK	GHK
回路编号		WLM201	WLM202 WLM203 WLM204 WLM205	WLM206	WLM207	WLM208	WLM209	WLM210 WLM211 WLM212 WLM213 WLM214 WLM215		
设备容量/kW		164	580	210	140	45	50	440	240kvar	1629
计算电流/A		221	622	282	200	64	76	550	365	1238
计算系数 K_x		0.8	0.6	0.75	0.8	0.8	0.9	0.7		0.45
cosφ		0.9	0.85	0.85	0.85	0.85	0.9	0.85		0.5
电缆型号及规格 ZR-YJV-1kV		2×(4×120)	2×(4×185)	2×(4×95)	4×120	4×25	NH-YJV 4×25	3×(4×150)		
用途		校行政办公楼	教学楼(B栋) 备用 备用	教学楼(A栋)	教学楼(A栋)	教学楼(A栋)	NH-YJV应急照明备用	艺术楼 备用 备用	补偿电容器 厂家成套提供	进线(2号变压器)
柜宽度/mm		700	700	700				700	800	700
备注										

图2-47 某塔训机构变电所低压配电柜系统图（二）

注：1. 低压开关柜WLM210~WLM213，出线开关均带分励脱扣器，进线及联络开关均带失压和分励脱扣器。
2. 所有出线开关速断整定电流值均为长延时整定值的10倍。

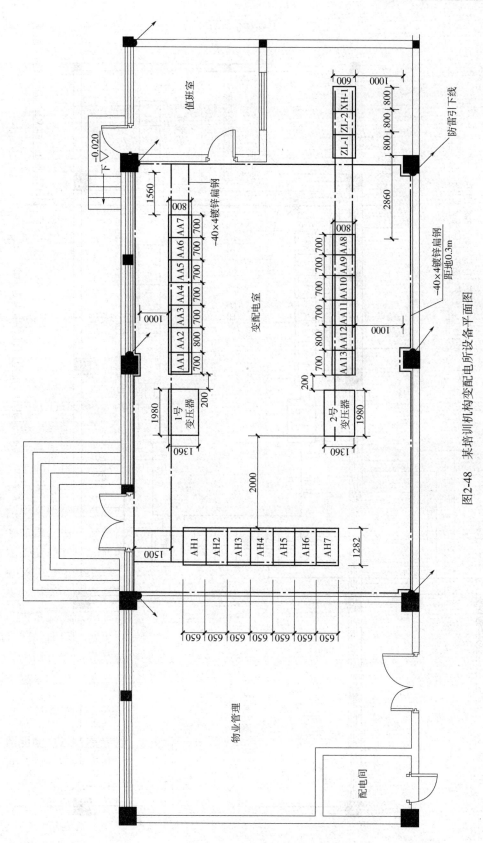

图2-48　某培训机构变配电所设备平面图

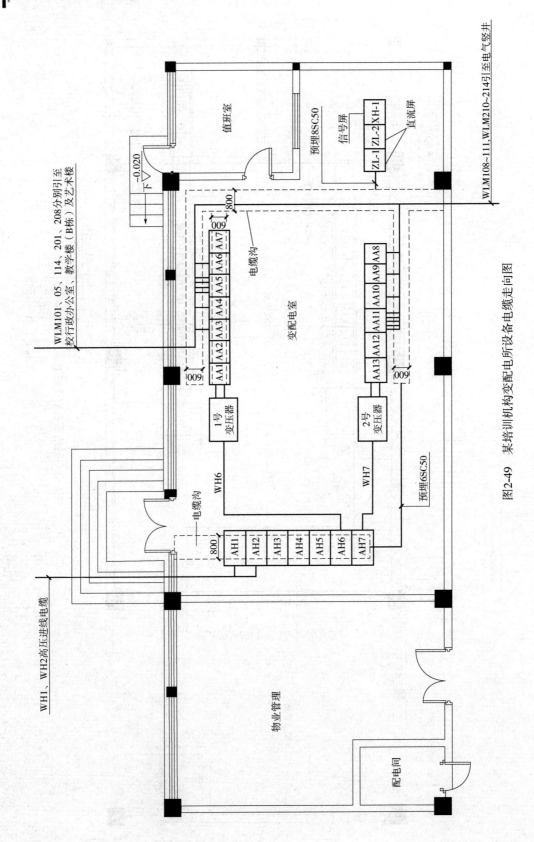

图2-49 某培训机构变配电所变配电设备电缆走向图

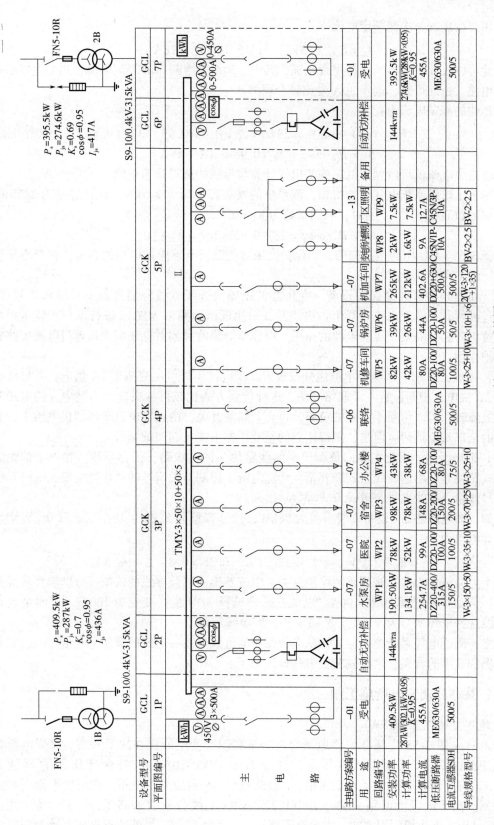

图2-50 380 / 220V低压配电系统图

可求出变压器一次侧额定电流

$$I_{le} = S_e / (\sqrt{3} V_{le}) = 315/10\sqrt{3}A = 18A$$

由此可以校验熔断器的选择是否正确，其中，50A 为熔断器的额定电流，30A 为熔断丝的额定电流。由此可知，选择 30A 是比较合理的。

低压侧的额定电流为：

$$I_{js} = P_{js} / (\sqrt{3} V_e \cos\varphi) = 287/(\sqrt{3} \times 0.4 \times 0.95)A = 436A$$

$$S_{js} = P_{js} / \cos\varphi = 287/0.95 = 302 (kVA)$$

根据这个电流值可以判断低压侧的出线开关与母线的选择是否正确。

从图上 I 母线系统电气参数得知，该系统的安装容量为 409.5kW，计算容量为 287kW，负载功率因数 $\cos\varphi = 0.8$，同时，利用系数为 $K_s = 0.7$。

$$S_{js} = P_{js} / \cos\varphi = 287/0.95 = 302 (kVA)$$

选择 315kVA 变压器是正确的。为保护变压器免遭雷电感应过电压的袭击，在架空进线处安装一组 FS-10 型避雷器。

（2）低压电源进线及保护设备。变压器低压侧由进线母线分别送到 1 号屏和 7 号屏，然后经过进线开关送至出线母线上，进线开关采用低压断路器 MF630 进行保护。低压抽屉柜在抽拉出时起到隔离变压器电源的作用。而低压短路器起到对低压配电系统过电流短路和失压保护作用。

（3）母线。该配电系统为单母线分段放射式供电，I 母线由变压器 1B 供电，II 母线由变压器 2B 供电，中间设置一个联络开关，这种接线方式比较可靠灵活。当其中一路电压和变压器故障时，可以切断不重要的负荷，再合上联络开关，由正常电源变压器供电给 I 、II 母线上的全部重要负荷。但是，值得注意的是变压器不能长期超载运行。

（4）馈电线路。由配电屏向负荷供电的线路称为馈电线路，简称馈线。在每个馈线的下端将线路编号、用途、线路安装容量、计算电流、控制开关型号的动作整定值、电流互感器的型号规格、导线型号与敷设方式等表示出来。

例如，馈电回路 2，设备安装容量为 78kW，计算容量为 52kW，功率因素取 0.8。则该回路计算电流为

$$I_{js} = P_{js} / (\sqrt{3} V_e \cos\varphi) = 52/(\sqrt{3} \times 0.38 \times 0.8)A = 98.8A$$

这个电流值作为选择该回路的保护开关、电流互感器以及导线的依据。分别选择其规格型号为：自动开关选择 DZ20-100A，电流互感器选择 SDH 型，变比为 100/5，供测量表计用，导线选择电缆型号为 VV-3×35+1×20，穿电缆沟敷设。

总之，阅读电气系统图，应遵循从电源变压器进线母线—馈线的顺序，逐渐深入，充分理解图例和文字的含义，这样就能很容易地读图了。

三、某办公楼变电所施工图

1. 地下变电所（10kVA）

图 2-51～图 2-55 为某办公楼地下变电所工程图。变电所设在地下一层。该变电所为 10kV 等级，有 2 台三相干式变压器，型号为 SC-2000-10/0.4，每台变压器的容量为 2000kVA。有 6 台高压柜、14 台低压柜、1 台柴油机、5 台应急配电柜。变电所平面图如图 2-55 所示。高压进线为两路 10kV，用 YJV22-3×95 电缆分别引入高压进线柜（量电柜）1 号和 6 号柜，进线柜为固定式，内装有隔离开关，手动操作，另外装有电压互感器和电流

互感器，用于计量，规格由供电部门决定，如图高压配电系统图2-51所示。2号和5号柜为PT柜，内装有电压互感器和避雷器，用于继电保护。高压出线柜为3号和4号柜，采用手车式高压柜，内装有氯氟化硫断路器、电流互感器、放电开关等。输出到变压器的高压电缆用交联聚乙烯外钢带铠装电缆（YJV22-3×95）3根，其截面面积为95mm²。

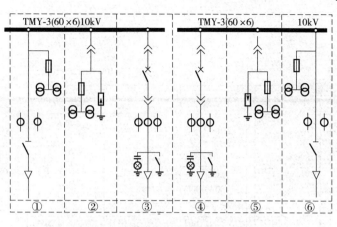

图 2-51　某办公楼地下变电所高压配电系统图

　　低压配电系统共有14个低压柜，分为A组和B组。A1和B1为低压总开关柜，采用抽屉式低压柜，变压器低压侧到总开关柜用低压紧密式母线槽，容量为3000A。低压供电为三相五线制（TN-S系统）。低压进线柜装有空气断路器和电流互感器，用于分合电路、计量和继电保护，如图2-52和图2-53所示。A2和B2为静电电容器柜，用于供电系统功率因数补偿。柜内装有空气断路器和交流接触器、电流互感器等。低压输出配电柜有9台，采用抽屉式，用于照明、动力供电。A7柜为联络柜，当A系统或B系统发生故障时，通过A7联络柜自动切换。

　　图2-54为应急配电系统，当外电线路发生故障停电，柴油发电机（500kW）起动，通

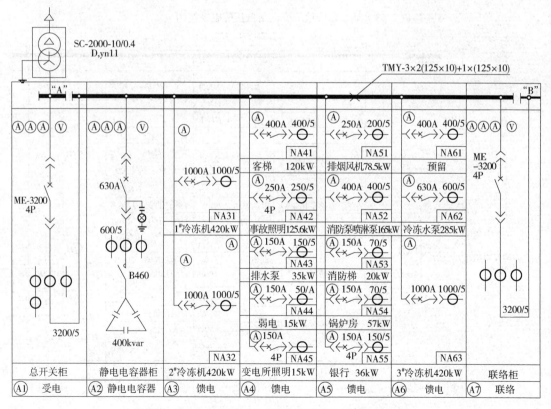

图 2-52　某办公楼地下变电所低压配电系统图（一）

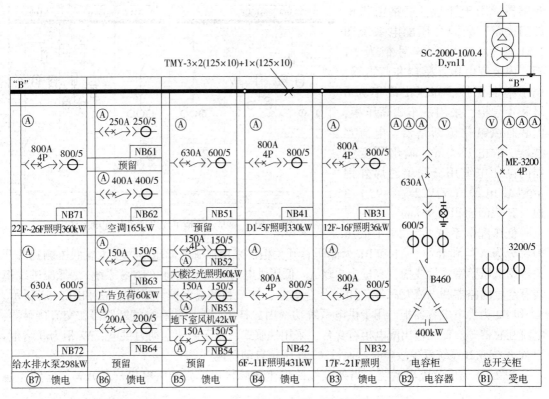

图 2-53 某办公楼地下变电所低压配电系统图（二）

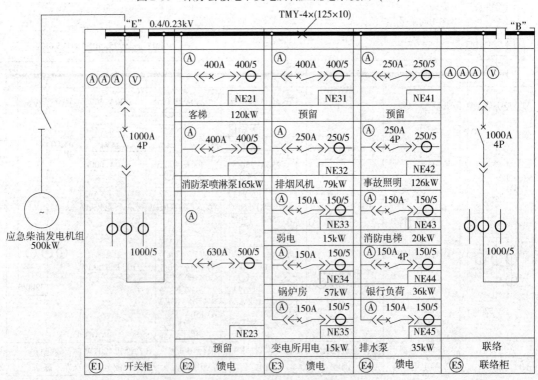

图 2-54 某办公楼地下变电所应急配电系统图

过5个低压配电柜向大楼应急供电，主要用于消防泵、喷淋泵、排烟风机、事故照明等重要场所的供电。在外电正常情况下可由 E5 联络柜将变压器电源接入，用于变电所、锅炉房、弱电系统、银行等的用电。

图 2-55 为变电所平面图。6 台高压柜为单列布置，2 台变压器安装在同一室内，低压柜为双列布置，与应急配电柜、变压器采用母线槽连接。柴油发电机单独放置一个房间，平面图的分析要结合系统图一起进行。

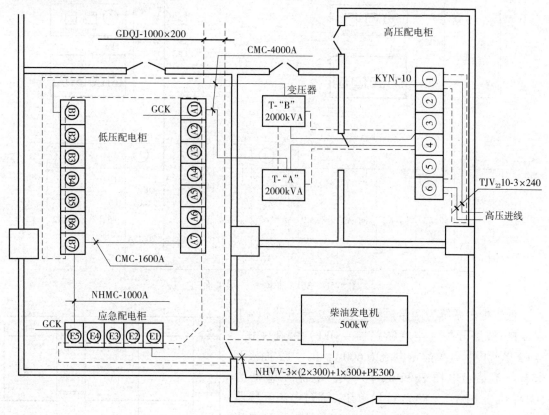

图 2-55 某办公楼地下变电所平面图

2. 35kV 总降站

图 2-56 和图 2-57 是某 35 kV 总降站部分工程的电气工程图。建筑高度为 12.6m，分两层，一层高度为 7.6m，二层高度为 5m。土建结构为钢筋混凝土结构。

图 2-56 是 35kV 总降站一层平面图，图中引用了项目代号，但图面简化，变压器、母线等均未画出，主要用于说明房间、设备的位置代号，不能用于施工。图中可以看出 1# 变压器室、2# 变压器室位置代号分别为 +102、+103，10kV 配电室位置代号为 +101，配电室标高为 ±0.00m，10kV 配电柜有 22 台，位置代号为 ±A1 ~ +A22，电容器位置代号为 +104 和 +105，值班室代号为 +106。

3. 380/220 配电系统图

由图 2-56 可知，供电为 TN-S 系统（三相五线制，L1、L2、L3、N、PE），单线图画出，5 台组合式低压配电屏，位置代号为 +A、+B、+C、+E、+F，每台柜中又分五格，分别为 +1、+2、+3、+4、+5。

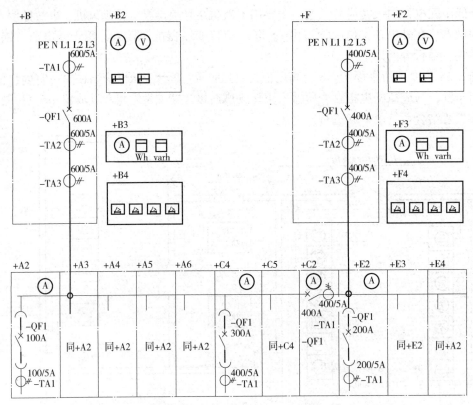

图 2-56　35kV 总降站一层平面图

低压配电系统为两路进线，设置 2 台进线柜 +B 和 +F，线路开关（空气断路器 −QF1）装在 +B2、+F2 单元中，开关额定电流为 600A，B2、F2 面板上装有电流表、电压表和复合开关，电流互感器为 600A/5A。+B3、+F3 为计量单元，通过电流互感器 −TA2 将 600A 一次电流折为 5A 二次电流，送到电流表、有功电度表、无功电度表计量。+B4、+F4 是保护单元，内装有电流互感器（600A/5A）一组，电流继电器 4 个，进行过电流保护。

+A	+B	+C	+E	+F
+1	+1	+1	+1	+1
+2		+2	+2	
+3	+2	+2	+3	+2
+4	+3	+3	+4	
+5	+4	+4	+5	+3
+6	+5	+5		+4
				+5

图 2-57　组合式低压配电屏位置代号

　　+A2、+A3、+A4、+A5 为 +A6 馈电单元，分别装有 100A 空气断路器和 100A/5A 电流互感器。+C 为联络单元，在两路供电系统中，当一路发生故障停电，另一路可自动切换。+C2 装有两路母线联络开关 −QF1，400A，一个电流表。当一路停电时，另一路可自动切换，保持供电。+C4、+C5 为馈电单元，装有 300A 空气断路器、一个 400A/5A 的电流互感器和电流表。+E2、+E3、+E4 也是馈电单元，装有 200A 空气断路器（−QF1）、一个 200A/5A 的电流互感器。

四、成都某大型建筑群变配电系统及户表工程全套电气施工图

　　该项目分为两期，本工程为一期项目，一期又分为 A、B 两个区，地上除 1 号楼为一类商住楼和 10 号楼为二类高层外，其余均为一类高层住宅，建筑高度均不超过 100m。本工程

地下室均为独立地下二层地下室。

电气设计包含10kV高压系统设计、变压器低压系统设计、柴油发电机配电系统设计、单元表箱系统设计、高低压二次控制原理系统设计、高低压配电室及柴油发电机房设备平面布置、楼层表箱系统设计等，其中变配电施工图如图2-58及图2-59所示。

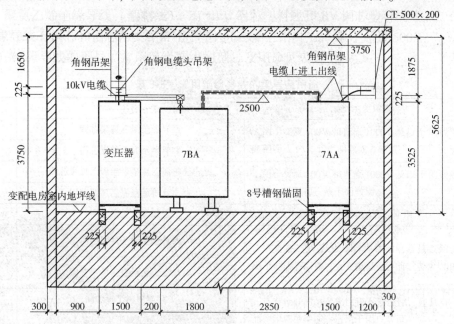

图 2-58　某大型建筑群变配电施工图

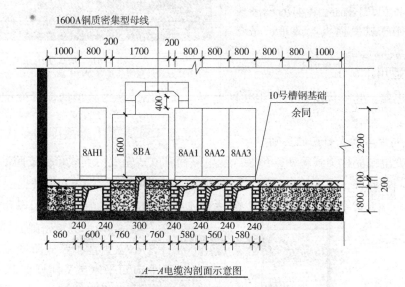

A—A电缆沟剖面示意图

图 2-59　电缆沟剖面示意图

知识拓展

1. 箱式变电站简述

箱式变电站适用于额定电压为10/0.4kV的三相交流系统中，作为线路和分配电能之用，模型如图2-60所示。

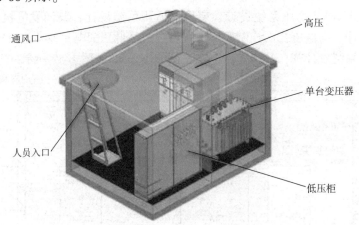

图 2-60 箱式变电配模型

箱式变电站，又称预装式变电所或预装式变电站，简称箱变。其是一种高压开关设备、配电变压器和低压配电装置，按一定接线方案排成一体的工厂预制户内、户外紧凑式配电设备，即将变压器降压、低压配电等功能有机地组合在一起，安装在一个防潮、防锈、防尘、防鼠、防火、防盗、隔热、全封闭、可移动的钢结构箱内，特别适用于城网建设与改造，是继土建变电站之后崛起的一种崭新的变电站。箱式变电站适用于矿山、工厂企业、油气

图 2-61 箱式变电站

田和风力发电站，它替代了原有的土建配电房、配电站，成为新型的成套变配电装置，如图2-61所示。

2. 美式箱变与欧式箱变的区别

组合式变电站简称美式箱变，预装式变电站简称欧式箱变。美式箱变按照油箱结构分为共箱式和分箱式两种，欧式箱变采用环网型和终端型两类。

欧式箱变、美式箱变压分别如图2-62及图2-63所示。

图 2-62 欧式箱变

图 2-63　美式箱变

3. 箱式变电站分类

（1）各类型箱式变电站概念。

1）拼装式变电站。拼装式变电站将高、低压成套装置及变压器装入金属箱体，高、低压配电装置间还留有操作走廊。这种类型的箱式变电站体积较大，已较少使用，如图 2-64 所示。

2）组合装置型变电站。组合装置型变电站的高、低压配电装置不使用现有的成套装置，而是将高、低压控制、保护电器设备直接装入箱内，使之成为一个整体。由于总体设计是按免维护型考虑的，箱内不需要操作走廊。

图 2-64　拼装式变电站

这样可以减小箱式变电站的体积，这种类型是欧式箱变普遍采用的类型，如图 2-65 所示。

图 2-65　组合装置型变电站

3）一体型变电站。一体型变电站就是所谓的美式箱变。它是在简化高、低压控制、保护装置的基础上，将高、低压配电装置与变压器主体一起装入变压器油箱，使之成为一个整体。这种类型的箱式变电站体积更小，其体积近似于同容量的普通型油浸变压器，仅为同容量欧式箱变体积的1/3左右。

（2）美式箱变与欧式箱变的主要区别。美式箱变，高压保护由插入式熔丝、后备熔丝以及负荷开关组成。欧式箱变，高压保护按负荷投切频次，选择压气式、真空和SF6负荷开关以及熔断器组成，容量较灵活。

美式箱变和欧式箱变最大的区别就在于高压部分，美式箱变高压接线方式仅两种，环网（双电源）或者终端供电。而欧式箱变有独立的高压单元，形式可以根据客户要求定制。欧式箱变由于各个功能单元独立，因此，各个单元（高压、变压器、低压）可以按照用户要求定制。美式箱变由于高压以及自身体积小的限制，功能远不如欧式箱变灵活，但是它比欧式箱变便宜得多。

（3）美式箱变特点。

1）优点：体积小占地面积小，便于安放、伪装，容易与小区的环境相协调。可以缩短低压电缆的长度，降低线路损耗，还可以降低供电配套的造价。

2）缺点：供电可靠性低；无电动机构，无法增设配电自动化装置；无电容器装置，对降低线损不利；由于不同容量箱变的土建基础不同，使箱变的增容不便；当过载后或用户增容时，土建要重建，会有一个较长的停电时间，增加工程的难度。

3）应用：美式箱变适用于对供电要求相对较低的多层住宅和其他不重要的建筑物的用电。根据实际使用情况，美式箱变配上小型的环网开关站后，完全满足了多层住宅的供电需求。箱变发生故障，对居民的影响不大，但不适应于小高层和高层。

（4）欧式箱变特点。

1）优点：辐射较美式箱变要低，因为欧式箱变的变压器是放在金属的箱体内起到屏蔽的作用；可以设置配电自动化，而且还有美式箱变的主要优点。

2）缺点：体积较大，不利于安装，对小区的环境布置有一定的影响。

3）应用：欧式箱变适用于多层住宅、小高层、高层和其他的较重要的建筑物。

4. 箱式变电站高压部分

（1）高压部分组成。如图2-66所示，高压部分由高压进线柜、高压计量柜、高压环网柜、高压出线柜组成。

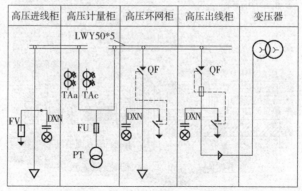

图2-66　高压部分主要元器件

（2）高压部分主要元器件。元器件主要有带电显示器 DXN、电磁锁、高压避雷器 FV、高压负荷开关 QF、高压熔断器、高压接地刀闸。

（3）高压计量柜。计量柜由电流互感器 TA、电压互感器 PT、熔断器组成。

（4）带电显示器 DXN。显示装置由电压传感器和显示器，两部分组成。这两部分经安装连线组成了电压显示装置。电压传感器为环氧树脂浇注型的支柱绝缘子，10kV 的高压经电压传感器取出 70V 的电压信号。

（5）高压计量柜内用的 PT、CT、FU。

PT：电压互感器 JDZ-10 作电压、电能测量及继电保护之用。

CT：电流互感器 LZZJB9-10A 全封闭支柱式结构，作电气测量和电气保护之用。

FU：高压熔断器 RN2-10/1ARN2 型户内高压限流熔断器，用于电压互感器的保护，其断流容量为 1000MVA。在短路时以限制线路电流到最小值的方式进行瞬时开断。

5. 低压部分

低压部分包括低压进线柜、低压补偿柜、低压出线柜。

（1）低压进线柜。低压进线柜组成：3 个电流表 A，1 个电压表 V，1 个万能转换开关（测量电压用），1 个温度控制仪 WK，合闸按钮、分闸按钮，合闸指示灯、分闸指示灯隔离开关 QS，断路器 QF，电流互感器 TA 等元件，低压进线柜如图 2-67 所示。

（2）低压补偿柜。低压补偿柜包括：3 个电流表 A，1 个功率因数表 COS，功率控制器 PK，万能转换开关，电容工作指示灯，隔离开关 QS，电流互感器 TA，小型断路器 QF，切换电容接触器 KM，电容器 C，避雷器 FV。低压补偿柜如图 2-68 所示。

图 2-67　低压进线柜

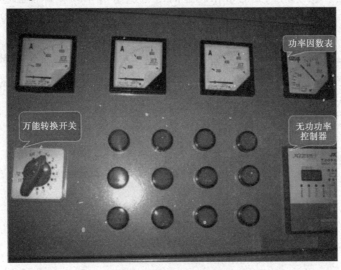

图 2-68　低压补偿柜

（3）低压出线柜。低压出线柜组成：低压柜可以有多路出线，每组出线有：1个电流表，1个塑壳断路器，1个电流互感器。低压出线柜如图2-69所示。

图2-69　低压出线柜

6. 箱式变电站的前景分析

箱式变电站，是当前农网改造和今后变电站建设的主要方向，但就某些方面还存在着一些不足，具体表现在：

（1）防火问题。箱式变电站一般为全密封无人值守运行，虽然全部设备是无油化运行且装有远方烟雾报警系统，但是箱体内仍然存在火灾隐患，如电缆、补偿电容器等，一旦突发火灾，不利于通风，也不利于火灾的扑救，因此应考虑设计自动灭火系统，但这样会增加箱式变电站的制造成本。

（2）扩容问题。箱式变电站由于受体积及制造成本所限，出线间隔的扩展裕度小，如想在原箱体中再增加1或2个出线间隔是比较困难的，必须再增加箱体才能做到。

（3）检修问题。由于箱式变电站在制造时考虑制造成本及箱体体积所限，使箱式变电站的检修空间较小，不利于设备检修，特别是事故抢修，这是箱式变电站的先天不足，是无法克服的缺点。

总之，展望未来，箱式变电站在我国许多城市、农村、工矿企业、公共建筑设施中会得到广泛的应用，它将以其物美价廉的优点被越来越多的人所使用，使我国的电网运行水平再上一个新台阶。

第三章　动力及照明系统施工图

第一节　动力及照明系统简介

动力及照明是现代建筑工程中最基本的用电装置。动力工程主要是指以电动机为动力的设备、装置、起动器、控制箱和电气线路等的安装和敷设。照明工程包括灯具、开关、插座等电气设备和配电线路的安装与敷设。

动力及照明系统施工图是建筑电气工程图中最基本和最常用的图纸之一，它是表示上矿企业及建筑物内外的各种动力、照明装置及其他用电设备以及为这些设备供电的配电线路、开关等设备的平面布置、安装和接线的图纸，是动力及照明工程施工中不可缺少的图纸。

按照国家关于电气图种类标准的划分，动力和照明系统施工图不属于单独的一类图，但这种图所描述的对象明确而单一，其表达形式有许多特点，在读图时应加以注意。

一、建筑的照明方式及分类

1. 照明的方式

建筑的照明方式有多种类型，如一般照明、分区一般照明、局部照明、混合照明等。

（1）一般照明。一般照明指为照亮整个场所而设置的均匀照明，即在整个房间的被照面上产生同样照度。通常情况下，被照空间照明器均匀布置。对于工作位置密度很大而对光照方向又无特殊要求的，或者工艺上不适宜装设局部照明的场所，可以采用一般照明。

（2）分区一般照明。分区一般照明指对某一特定区域，如工作进行的地点，需设计成不同的照度来照亮该区域的一般照明。当某一工作区域需要高于一般照明亮度时，可以采用分区一般照明。

（3）局部照明。局部照明指特定视觉工作用的，为了照亮某个局部而设置的照明，是局限于工作部位的固定或者移动的照明。当局部地点需要高照度并对照射方向有要求时，可以采用局部照明。但是在整个场所不应该仅设置局部照明，而是应该与一般照明结合使用。

（4）混合照明。混合照明指一般照明与局部照明共同组成的照明。对于工作面需要较高照度并对照射方向有特殊要求的场所，可以采用混合照明。混合照明中，一般照明的照度不低于混合照明总照度的5%～10%，并且最低照度不低于20lx。

2. 照明分类

照明分类见表3-1。

表 3-1　照明分类

类别名称	说　明
正常照明	正常工作时使用的室内、室外照明称为正常照明。借助正常照明能顺利完成工作、保证安全通行和看清楚周围的物体。所有居住房间、工作场所、公共场所、运输场地、道路等交通场地，都应该要设置正常照明
应急照明	正常照明的电源因故障失效后启用的照明，即正常照明熄灭后，供事故情况下继续工作或人员安全通行的照明称之为应急照明。应急照明主要有疏散照明（即确保安全出口通道能够辨认使用，使人们能够安全撤离的照明）、安全照明（确保人员人身安全的照明）、备用照明（确保正常活动继续进行） 应急照明光源采用瞬时点亮的白炽灯或卤钨灯，灯具布置在可引起事故的设备或材料的周围、主要通道、危险地段、出入口等处，并在灯具上的明显位置加涂红色标记。应急照明的照度大于工作面上总照度的 10%。疏散照明的标志安装在疏散走道距地 1m 以内的墙面上以及楼梯口、安全门的顶部，底座采用非燃材料
值班照明	在重要的车间和场所设置的供值班人员使用的照明称之为值班照明。它对照度的要求不高，可以利用工作照明中能单独控制的一部分，也可利用应急照明，对其电源没有特殊要求，在大面积场所宜设置值班照明
警卫照明	警卫照明用于有警卫任务的场所，根据警戒范围的要求设置警卫照明
障碍照明	障碍照明装设在高层建筑物或构筑物上，作为航空障碍标志（信号）用的照明，并应执行民航和交通部门的有关规定。建筑物上安装的障碍标志灯的电源应按一级负荷要求供电。障碍照明采用能穿透雾气的红光灯具
标志照明	标志照明借助照明以图文形式告知人们通道、位置、场所、设施等信息。标志照明比一般的标志牌更为醒目，在公共建筑物内部对人们起到引导及提示的作用，提高了公共建筑服务的综合运转效率
景观照明	景观照明包括装饰照明、外观照明、庭院照明、建筑小品照明、喷泉照明、节日照明等，用来烘托气氛、美化环境
绿色照明	绿色照明指通过科学的照明设计，采用效率高、使用寿命长、安全和性能稳定的照明电器产品（电光源、灯用电器附件、灯具、配线器材及调光控制器和控光器件），改善提高人们工作、学习、生活的条件和质量，从而创造出一个高效、舒适、安全、经济、有益的环境并充分体现现代文明的照明

二、光源灯具

可供选用的光源灯具有多种，如白炽灯、卤钨灯、荧光灯等，本节分别介绍各类灯具的特点。

1. 白炽灯

白炽灯是第一代光源，依靠钨丝白炽体的高温热辐射发光，结构简单，使用方便，显色性好。但是因为热辐射中只有 2%～3% 的可见光，其发光效率低，抗震性较差，灯丝发热蒸发出的钨分子在玻璃泡上产生黑化现象，平均寿命一般达 1000h，目前白炽灯正处于逐步淘汰的发展状态。

白炽灯经常用于建筑物室内照明和施工工地的临时照明。聚光灯的额定电压有 220V 和 36V 的安全电压，可用于地下室施工照明或手持照明。

2. 卤钨灯

卤钨灯包括碘钨灯和溴钨灯，也是第一代光源。在白炽灯中冲入微量的卤化物，利用卤钨循环提高发光效率，发光效率比白炽灯高 30%。根据玻璃外壳的形状分为管状、圆柱状和立式等。

为了使卤钨循环顺利进行，卤钨灯必须水平安装，倾斜角不大于 4°，不允许采用人工冷却措施，如电风扇冷却，工作时的管壁温度可高达 600℃，不能与易燃物接近。灯脚的引入线采用耐高温的导线。

卤钨灯的耐振性、耐电压波动性都比白炽灯差，但是显色性很好，常用于电视转播等场合。

3. 荧光灯

荧光灯利用汞蒸汽在外加电源作用下产生弧光放电，可以发出少量的可见光和大量的紫外线，紫外线再激励管内壁的荧光粉使之发出大量的可见光，属于第二代电光源。荧光灯由镇流器、灯管、启辉器和灯座组成。

荧光灯的特点是光效高，使用寿命长，光谱接近日光，显色性好。缺点是功率因数低，有频闪效应，不宜频繁开启。目前多使用电子镇流器的荧光灯，其功率因数可以达到 0.9 以上。

荧光灯一般用在图书馆、教室、隧道、地铁、商场等对显色性要求较高的场所。

4. 荧光高压汞灯（水银灯）

该类灯的外玻璃壳内壁涂有荧光粉，能将汞蒸汽放电时辐射的紫外线转变为可见光，以改善光色，提高光效。

荧光高压汞灯光效高（30 ~ 50lm/W），使用寿命长（5000h），适合用于庭院、街道、广场、工业厂房、车站、施工现场等场所的照明。

5. 高压钠灯

利用高压钠蒸汽放电，其辐射光的波长集中在人眼感受较为灵敏的区域内，因此其光效高、寿命长，但是显色性较差。高压钠灯的光效较高（60 ~ 125lm/W），是各种电光源之首，经常用于交通和广场照明。

6. 金属卤化物灯

金属卤化物灯在其发光管内添加金属卤（以碘为主）化物，利用金属卤化物在高温分解下产生金属蒸汽和汞蒸汽的混合物，激发放电辐射出特征光谱。选择适当的金属卤化物并控制它们的比例，就可以得到白光。

金属卤化物灯具有较高的光效（76 ~ 110lm/W），使用寿命长（10000h），显色性极好，适用于繁华街道、美术馆、展览馆、体育馆、商场、体育场、广场及高大厂房等。

三、照明配电设备

照明配电设备有多种，如照明配电箱、电表箱、插座和开关等，本节分别介绍各类设备的特性。

1. 照明配电箱

照明配电箱结构上按照安装方式可以分为封闭悬挂式（明装）和嵌入式（暗装）两种。主要结构分为箱壳、面板、安装支架、中性母线排、接地母线排等部件。

在面板上有操作主开关和分路开关的开起孔，假如不需要安装全数分路开关，可以使用封口板将开起孔部分封闭。进出线敲落孔置于箱壳上、下两面。背面还有长圆形敲落孔，可以根据用户需要任意敲孔后使用。

2. 电表箱

电表箱有单相、三相三线、三相四线三类。

（1）单相。用于单相负荷，220V 电压。有单相电子式电能表、单相防窃电电度表、单相电子式电能表（带无线抄表）、单相电子式电能表（带 RS-485）、单相预付费电能表、单相复费率电能表和单相互感器接入式电能表。

（2）三相三线。用于中性点不接地系统，380V 电压。

（3）三相四线。用于中性点接地系统，380V 电压。

三相电能表还可以分为三相有功电能表、三相多功能电能表。

3. 插座和开关

（1）插座。插座的规格多样，有两孔、三孔的，有圆插头、扁插头和方插头的，有 10A、16A 的，有中国、美国和英国标准的，有带开关、带熔丝、带安全门、带指示灯的，有防潮的，有尺寸为 86mm×86mm、80mm×123mm 的，等等。

插座的安装规则如下：

1）暗装插座的安装高度一般为 0.3m。

2）在幼儿园等场所距地不低于 1.8m。

3）潮湿、密闭、保护型插座距地不低于 1.8m。

（2）开关。开关的种类有单联、双联、三联、四联开关；普通和防水防溅开关；明装和暗装开关；定时和光电感应开关；单控和双控开关等。

安装开关应注意的事项：

1）开关的安装高度距地 1.4m。

2）装在房门附近时不要被门扇遮挡。

3）一只开关不宜控制过多的灯具。

四、建筑的照明线路

本节介绍建筑照明线路的相关知识，如供电线路的类型、线路的基本组成、干线的配线方式、照明支线。

1. 照明供电线路的类型

照明供电线路有单相制（220V）和三相四线制（380V/220V）两种。

（1）220V 单相制。一般小容量，即负荷电流为 15～20A 的照明负荷，可采用 220V 单相二线制交流电源。220V 单相制线路示意图如图 3-1 所示，它由外线路上一根相线和一根中性线组成。

（2）380V/220V 三相四线制。大容量的照明负荷（即负荷电流在 30A 上）通常采用 380V/220V 三相四线制中性点直接接地的交流电源。这种供电方式是先将各种单相负荷平均分配，再分别接在每一根相线和中性线之间。

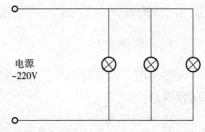

图 3-1　220V 单相制线路示意图

380V/220V 三相四线制线路示意图如图 3-2 所示。当三相负荷平衡时，中性线上没有电流，因此在设计电路时应尽可能地使各相负荷平衡。

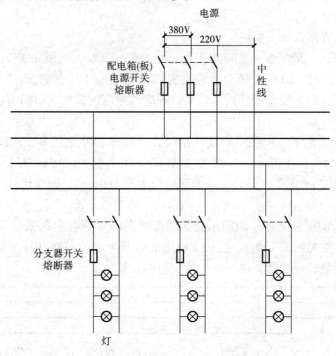

图 3-2 380V/220V 三相四线制线路示意图

2. 照明线路的基本组成

照明线路由引下线（接户线）、进户线、干线、支线组成。即由室外架空线路电杆上到建筑物外墙支架上的线路称为引下线，即接户线；从外墙到总配电箱的线路称为进户线；由总配电箱至分配电箱的线路称为干线；由分配电箱至照明灯具的线路称为支线。

3. 干线配线方式

由总配电箱到分配电箱的干线供电方式有放射式（图 3-3）、树干式（图 3-4）、混合式（图 3-5）三种。

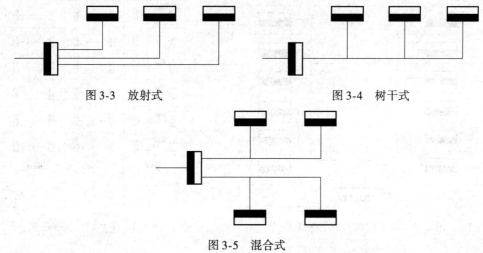

图 3-3 放射式　　　　　　　　　　图 3-4 树干式

图 3-5 混合式

4. 照明支线

照明支线又可以称为照明回路，指分配电箱到用电设备这段路线，即将电能直接传递给用电设备的配电线路。

照明支线的布置形式如下所述。

（1）电器设置。一般情况下，单相支线长度为 20～30m，三相支线长度为 60～80m，每相电流不超过 15A，每一单相支线上所装设的灯具和插座不应超过 20 个。在照明线路中，插座的故障率最高，如果插座安装数量较多，则应该专门设置支线对插座供电，以提高照明线路供电的可靠性。

（2）导线截面。由于室内照明支线线路较长，转弯和分支较多，所以从敷设施工方便考虑，支线截面尺寸不宜过大，一般截面面积应在 1.0～4.0mm² 之间，最大不应超过 6.0mm²。假如单相支线电流大于 15A 或截面面积大于 6.0mm²，则应该采用三相支线或两条单相支线供电。

（3）频闪效应的限制措施。为限制交流电源的频闪效应（频闪效应指电光源随着交流电的频率交变而发生的明暗变化），三相支线上的灯具可以实行按相序来排列，如图 3-6 所示，并使得三相负载接近平衡，以保证电压偏移的均衡。

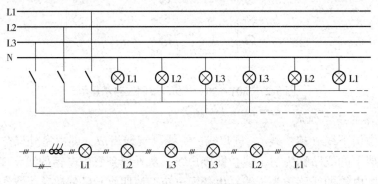

图 3-6　灯具的相序排列

（4）配线形式。多层建筑物照明配线形式如图 3-7 所示。住宅照明配线形式如图 3-8 所示。

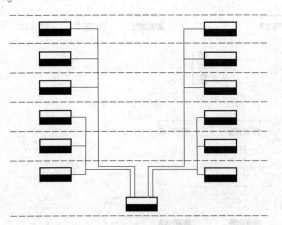

图 3-7　多层建筑物照明配线形式

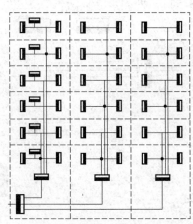

图 3-8　住宅照明配线形式

（5）支线的布置。

1）首先将用电设备分组，即是把灯具、插座等尽可能均匀地分成几组，有几组就有几条支线，即每一组为一条供电支线。在分组时应该尽可能地使每相负荷平衡，一般最大相负荷与最小相负荷的电流差不宜超过 30%。

2）每一单相回路，其电流不宜超过 16A。灯具采用单一支线供电时，灯具数量不宜超过 25 盏。

3）作为组合灯具的单独支路其电流量最大不宜超过 25A，光源数量不宜超过 60 个；建筑物的轮廓灯每一单相支线其光源数不宜超过 100 个，且这些支线应该采用铜芯绝缘导线。

4）插座宜采用单独回路，单相独立插座回路所接插座不宜超过 10 组（每一组为一个两孔加一个三孔插座），且一个房间内的插座宜由同一回路配电；当灯具与插座共支线时，其中插座数量不宜超过 5 个一组。

5）备用照明、疏散照明回路上不宜设置插座。

6）不应将照明支线敷设在高温灯具的上部，接入高温灯具的线路应采用耐热导线或者采用其他的隔热措施。

7）回路中的中性线和接地保护线的截面应与相线截面相同。

第二节　建筑照明系统规定

照明系统设计的基本原则是实用、经济、安全、美观。根据上述原则，在确定照明方案时，应考虑不同类型建筑对照明的特殊要求，处理好人工照明与天然照明的关系，合理利用资金，采用节能光源高效灯具等技术。

一、安装规定

1. 照明标准

照度标准值应按照 0.5lx、1lx、3lx、5lx、10lx、15lx、20lx、30lx、50lx、75lx、100lx、150lx、200lx、300lx、500lx、750lx、1000lx、1500lx、2000lx、3000lx、5000lx 分级。

应急照明的照度标准值应符合下列规定。

（1）备用照明的照度值除了另有规定外，应不低于该场所一般照明照度值的 10%。

（2）安全照明的照度值不低于该场所一般照明照度值的 5%。

（3）疏散通道的疏散照明照度值不低于 0.5lx。

居住建筑照明标准值见表 3-2。

表 3-2　居住建筑照明标准值

房间或场所		参考平面及其高度	照度标准值/lx
起居室	一般活动	0.75m 水平面	100
	书写、阅读		300 *
卧室	一般活动	0.75m 水平面	75
	床头、阅读		150 *

（续）

房间或场所		参考平面及其高度	照度标准值/lx
餐厅		0.75m 水平面	150
厨房	一般活动	0.75m 水平面	100
	操作台	台面	150 *
卫生间		0.75m 水平面	100

注："*"表示宜用混合照明。居住、公共建筑的动力站、变电站的照明标准按相应标准执行。

2. 质量控制

（1）照明的均匀度。

1）公共建筑的工作房间和工业建筑作业区域内的一般照明均匀度，不应小于0.7，而作业面邻近周围的照度均匀度不应小于0.5。

2）房间或场所内的通道和其他非作业区域的一般照明的照度值不宜低于作业区域一般照明照度值的1/3。

（2）照明光源的颜色质量。不同光源有不同的色温，不同的色温给人以冷、中性、暖的外观感觉。一般的照明光源根据其色温分为3类，其使用场合见表3-3。

表3-3 光源颜色分类

光源颜色分类	相关色温/K	颜色特征	适用场所举例
I	<3300	暖	居室、宴会厅、餐厅、多功能厅、酒吧、咖啡厅、重点陈列厅
II	3300～5300	中性	教室、办公室、会议室、阅览室、营业厅、一般休息厅、普通餐厅、洗衣房
III	>5300	冷	设计室、计算机房、高照度场所

（3）眩光的限制。在进行照明设计时，要根据视觉工作环境的特点和眩光的程度，合理确定对直接眩光限制的质量等级 UGR。眩光限制的质量等级见表3-4。

表3-4 眩光限制的质量等级

UGR 的数值	对应眩光程度的描述	视觉要求和场所示例
<13	没有眩光	手术台、精细视觉作业
13～16	开始有感觉	使用视频终端、绘图室、精品展厅、珠宝柜台、控制室、颜色检验
17～19	引起注意	办公室、会议室、教室、一般展室、休息厅、阅览室、病房
20～22	引起轻度不适	门厅、营业厅、候车厅、观众厅、厨房、自选商场、餐厅、自动扶梯
23～25	不舒适	档案室、走廊、泵房、变电站、大件库房、交通建筑的入口大厅
26～28	很不舒适	售票厅、较短的通道、演播室、停车区

（4）照度的稳定性。照度的不稳定性主要由光源光通量的变化所导致，照度变化引起照明的忽明忽暗，不但会分散工作人员的注意力，对工作不利，而且会造成视觉疲劳，因此，应对照度的稳定性给予保证。

（5）频闪效应的消除。随着电压电流的周期性变化，气体放电灯的光通量也会发生周期性的变化，这使人的视觉产生明显的闪烁感觉。当被照物体处于转动状态时，就会使人眼对转动状态的识别产生错觉，特别是当被照物体的转动频率是灯光闪烁频率的整数倍时，转动的物体看上去像不转动一样，这种现象称为频闪效应。

在采用气体放电光源时，应该采取措施，降低频率效应。通常把气体放电光源采用分相接入电源的方法。如 3 根荧光灯管分别接在三相电源其中的一相上，或者将单相供电的 2 根灯管采用移相法接线。

3. 电源电压

通常情况下，照明光源的电源电压应该采用 220V。1500W 及以上的高强度气体放电灯的电源电压宜采用 380V。

移动式和手提式灯具应该采用Ⅲ类灯具，用安全特低电压供电，其电压值应符合以下要求。

（1）在干燥场所不高于 50V。

（2）在潮湿场所不高于 25V。

4. 应急照明

应急照明的电源，应根据应急照明类别、场所使用要求及该建筑物电源条件，采用以下方式之一。

（1）接自电力网有效地独立于正常照明电源的线路。

（2）蓄电池组，包括灯内自带蓄电池及集中设置或分区集中设置的蓄电池装置。

（3）应急发电机组。

（4）以上任意两种方式的组合。

疏散照明的出口标志灯和指示标志灯宜用蓄电池电源。安全照明的电源应和场所的电力线路分别接自不同变压器或不同馈电干线。备用照明电源宜采用独立于正常照明电源的线路或者应急发电机组方式。

5. 照明网络

（1）配电系统。

1）照明配电系统宜采用放射式和树干式相结合的系统。

2）三相配电干线的各相负荷宜分配平衡，最大相负荷不宜超过三相负荷平均值的 115%，最小相负荷不宜小于三相负荷平均值的 85%。

3）照明配电箱宜设置在靠近照明负荷中心便于操作维护的位置。

4）每一照明单相分支回路的电流不宜超过 16A，所接光源数不宜超过 25 个；连接建筑组合灯具时，回路电流不宜超过 25A，光源数不宜超过 60 个；连接高强度气体放电灯的单相分支回路的电流不宜超过 30A。

5）插座不宜和照明灯连接在同一分支回路上。

（2）导体选择。照明配电干线和分支线，应该采用铜芯绝缘电线或电缆，分支线截面面积不应小于 1.5mm²。

（3）照明控制。

1）公共建筑和工业建筑的走廊、楼梯间、门厅等公共场所的照明，宜采用集中控制，并按建筑使用条件和天然采光状况采取分区、分组控制措施。

2）体育馆、影剧院、候机厅、候车厅等公共场所应采用集中控制，并按需要采取调光或降低照度的控制措施。

3）旅馆的每间（套）客房应设置节能控制型总开关。

4）居住建筑有天然采光的楼梯间、走道的照明，除应急照明外，宜采用节能自熄开关。

5）每个照明开关所控光源数量不宜太多。每个房间灯的开关数不宜少于两个（只设置一个光源的除外）。

6. 室内的配线方式

室内的配线方式是指动力和照明线路在建筑物内的安装方式。根据建筑物的结构及要求不同，室内配电方式可以分为明配线和暗配线两种。

在建筑物内一般采用穿管暗配线及穿管或金属线槽明配线的配线方式。

（1）穿保护管暗配线。穿保护管暗配线，即把穿线管敷设在墙壁、楼板、地面等的内部，要求管路短、弯头少，并且不外露。暗配线通常采用阻燃硬质塑料穿线管或金属管。敷设时，保护层厚度应不小于15mm。配管时应该注意，根据管路的长度和弯头数量等因素，在管路的适当部位预留接线盒。

设置接线盒的原则如下所述。

1）安装电器的位置应设置接线盒。

2）线路分支处或导线规格改变处要设置接线盒。

3）水平敷设管路遇到下列情况之一时，中间应该增设接线盒，并且接线盒的位置应该便于穿线。

①管子长度每超过30m，无弯头。

②管子长度每超过20m，有1个弯头。

③管子长度每超过15m，有2个弯头。

④管子长度每超过8m，有3个弯头。

4）垂直敷设的管路遇到下列情况之一时，应该增加固定导线的接线盒。

①导线截面面积为50mm^{2}及以下，长度每超过30mm。

②导线截面面积为70~90mm^2，长度每超过20m。

③导线截面面积为120~240m^2，长度每超过18m。

5）管子穿过建筑物变形缝时应增设接线盒。

（2）金属线槽配线。

1）金属线槽内的导线敷设，不应该出现挤压、扭结、损伤绝缘等现象，应该将放好的导线按回路或者系统整理成束，做好永久性的编号标记。

2）线槽内的导线规格数量应该符合设计规定。当设计无规定时，导线总截面面积（包括绝缘层），强电不宜超过槽截面面积的20%，载流导体的数量不宜超过30根；弱电不宜超过槽截面面积的50%。

3）多根导线在线槽内敷设时，截流量将会明显下降。导线的接头，应该在线槽的接线盒内进行。

4）截流导线采用线槽敷设时，因为导线数量多，散热条件差，截流量会有明显的下降，设计施工时应该充分地注意这一点，不然将会给工程留下安全隐患。

5）金属线槽应可靠接地，金属线槽与保护地线（PE线）连接应不少于两处，线槽的连接处应该做跨接。金属线槽不可以作为设备的接地导体。

7. 绝缘导线

本节介绍绝缘导线的相关知识，如绝缘导线的各种类型和主要用途等。

（1）绝缘导线的分类。常用绝缘导线的分类有以下两种。

1）橡皮绝缘导线。有 BLX 铝芯橡皮绝缘导线和 BX 铜芯橡皮绝缘线等。

2）聚氯乙烯绝缘导线（塑料线）。有 BLV 铝芯塑料线和 BV 铜芯塑料线等。

绝缘导线有铜芯和铝芯两类，常用于室内布线，工作电压一般不超过 500V。

（2）绝缘导线的型号。常用绝缘导线的型号及用途见表 3-5。

表 3-5 常用绝缘导线的型号及用途

型号	名称	主要用途
BV	铜芯聚氯乙烯绝缘导线	用于交流 500V 和直流 1000V 及以下的线路中，供穿钢管或 PVC 管，明敷或者暗敷
BLX	铝芯聚氯乙烯绝缘导线	
BVV	铜芯聚氯乙烯绝缘聚氯乙烯护套电线	用于交流 500V 和直流 1000V 及以下的线路中，供沿墙、沿平顶、线卡明敷用
BLVV	铝芯聚氯乙烯绝缘护套电线	
BVR	铜芯聚氯乙烯软线	与 BV 相同，安装要求柔软时使用
RV	铜芯聚氯乙烯绝缘软线	供交流 250V 及以下各种移动电器接线用，大部分用于电话、广播、火灾报警等，前三者常用 RVS 绞线
RVS	铜芯聚氯乙烯绝缘绞型软线	
BXF	铜芯氯丁橡皮绝缘线	具有良好的耐老化性和不延燃性，并具有一定的耐油、耐腐蚀性能。适用于用户敷设
BLXF	铝芯氯丁橡皮绝缘线	
BV-105	铜芯耐 105℃聚氯乙烯绝缘电线	供交流 500V 和直流 1000V 及以下电力、照明、电工仪表、电信电子设备等温度较高的场所使用
BLV-105	铝芯耐 105℃聚氯乙烯绝缘电线	
RV-105	铜芯耐 105℃聚氯乙烯绝缘软线	供 250V 及以下的移动式设备及温度较高的场所使用

二、动力及照明系统主要安装工艺

1. 动力柜室外安装

（1）室外动力配电柜应选用户外型配电柜。

（2）配电柜体与基础槽钢间、基础槽钢与结构基础间用耐气候密封胶堵严。

（3）基础型钢安装不直度应小于 1mm/m 或 5mm/全长；基础型钢安装水平度应小于 1mm/m 或 5mm/全长；基础型钢安装不平行度应小于 5mm/全长。

动力柜安装示意图如图 3-9 所示。

2. 成套低压柜安装

（1）配电箱柜台箱盘安装垂直度允许偏差为

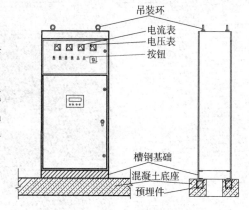

图 3-9 动力柜安装示意图

1.5‰，相互间接缝不得大于 2mm，成列盘面偏差不应大于 5mm。

（2）变配电室灯具安装于操作通道中间，不应安装在配电柜上方。

成套低压柜安装如图 3-10 所示。

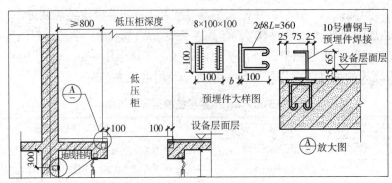

图 3-10　成套低压柜安装

3. 暗装动力箱安装

（1）暗装配电箱箱体尺寸需要厂家配合对图纸进行深化。

（2）根据配电箱内电缆弯曲半径和电缆头规格型号，校对厂家部件图的合理性。

（3）安装完成暗装配电箱后应做好成品保护，防止污染破坏，当条件具备时，可以先安装箱壳，待装修完成后再安装箱芯。

暗装动力箱安装如图 3-11 所示。

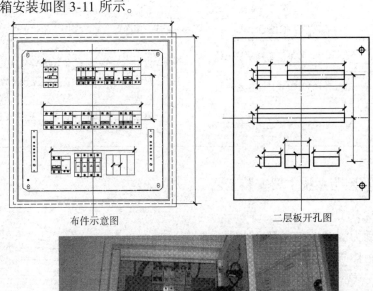

布件示意图　　　　　　　　二层板开孔图

图 3-11　暗装动力箱安装

4. 暗装动力盘安装

（1）箱（盘）内配线整齐，无铰接现象。导线连接紧密，不伤线心，不断股。

（2）垫圈下螺钉两侧压的导线截面面积相同，同一端子上导线连接不多于 2 根，防松垫圈等零件齐全。

暗装动力盘安装如图 3-12 所示。

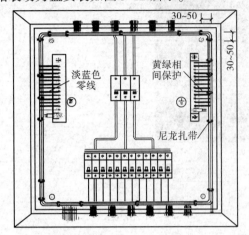
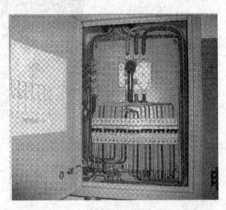

图 3-12　暗装动力盘安装

5. 明装动力箱（盘）安装

（1）成排明装配电箱尺寸相差较大时，采用配电箱下平齐的安装方式，兼顾方便操作高度要求和观感效果。

（2）明装配电箱要横平竖直，垂直度满足要求：当箱体高度为 500mm 以下时，不应大于 1.5mm；当箱体高度为 500mm 以上时，不应大于 3mm。

明装动力箱（盘）安装如图 3-13 所示。

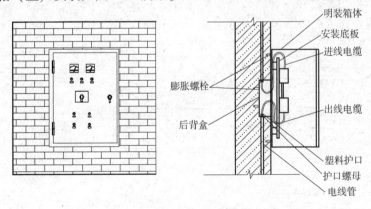

图 3-13　明装动力箱（盘）安装

6. 电动机检查接线

电动机三相定子绕组按电源电压的不同和电动机铭牌的要求，可接成星形（Y）或三角形（△）两种形式，如图 3-14 所示。

（1）星形接线。将电动机定子三相绕组的尾端 U2、V2、W2 接在一起，首端 U1、V1、W1 分别接在三相电源上，如图 3-14b 所示。

（2）三角形接线。将第一相的尾端 U2 接到第二相的首端 V1，第二相尾端 V2 接到第三相的首端 W1，第三相的尾端 W2 接到第一相的首端 U1，然后将 3 个接点分别接三相电源，如图 3-14c 所示。

电动机检查接线如图 3-14 所示。

a）

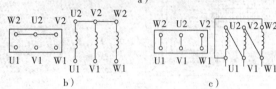

b） c）

图 3-14 电动机检查接线（星接）

a）实物图 b）定子绕组星形接线图 c）定子绕组三角形接线图

7. 电动机金属外壳接地

（1）电动机接线盒内有接地端子需要做接地连接。

（2）每个电气装置的接地应以单独的接地线与接地干线相连接，不得在一个接地线中串接几个需要接地的电气装置。

（3）电动机的可接近裸露导体必须接地（PE）或接零（PEN）。

电动机金属外壳接地如图 3-15 所示。

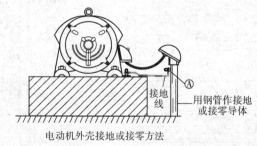

电动机外壳接地或接零方法

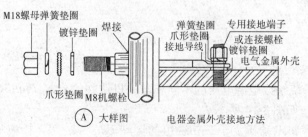

Ⓐ 大样图 电器金属外壳接地方法

图 3-15 电动机金属外壳接地图

8. 电加热器检查接线

电热管的接线方式常用的有两种：三角形接法和星形接法。

（1）三角形接法。三角形接法是电热管每个元件的首端接另一个元件的尾端，3 个接点分别接 3 根相线的接线方式。特点是 3 个电热管元件额定电压为 380V，如 3 个元件电阻值不同，也不影响这种接法的可行性。三角形接法比星形接法功率和电流都大 3 倍。

（2）星形接法。星形接法是 3 个电热管的加热元件，每个元件的首端连在一起（这个点称中性点），3 个尾端分别接 3 根相线的接线方式。特点是 3 个元件额定电压为 220V 时，若 3 个元件电阻值不同，则中性点应该接零线。

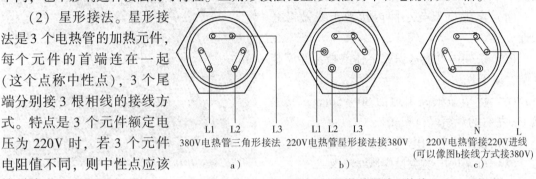

L1 L2 L3	L1 L2 L3	N L
380V电热管三角形接法	220V电热管星形接法接380V	220V电热管接220V进线（可以像图b接线方式接380V）
a）	b）	c）

图 3-16　电加热器检查接线

电加热器检查接线如图 3-16 所示。

9. 电缆桥架在竖井内穿越楼板做法

（1）电缆桥架预留洞比所穿桥架外形尺寸大 5～10cm。

（2）电缆桥架预留洞周边砌筑 20cm 的挡水台。

（3）下层电缆桥架盖板应高出防水台 10～20cm，其上再设置长度为 1m 左右的桥架盖板检查段。

（4）电缆敷设完成后应用防火材料将桥架内外均封堵密实。

电缆桥架在竖井内穿越楼板做法如图 3-17 所示。

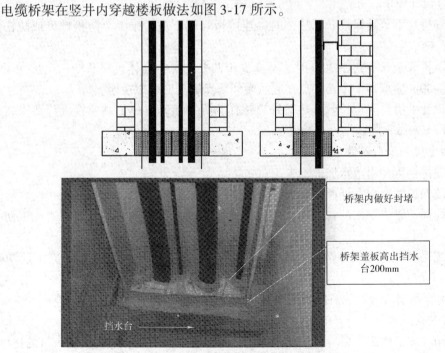

桥架内做好封堵

桥架盖板高出挡水台200mm

挡水台

图 3-17　电缆桥架在竖井内穿越楼板做法

10. 电缆桥架电气竖井内安装

（1）电缆桥架穿越楼层要封堵密实，包括桥架内和桥架外。

（2）镀锌电缆桥架无须跨接接地（伸缩缝等变形缝除外）。

（3）非镀锌桥架跨接接地，接地线有效断面面积不小于 $4mm^2$。

（4）电缆桥架与小间内接地干线做可靠相连。

（5）桥架内电缆标识牌字体清晰，并面朝外侧，便于观察。

（6）桥架盖板高出地面 30 ~ 50cm，其上做 1m 左右的观察段桥架盖板。

（7）桥架内竖向电缆分层绑扎固定。

（8）桥架内电缆敷设应减少交叉。

电缆桥架电气竖井内安装如图 3-18 所示。

图 3-18　电缆桥架电气竖井内安装

11. 电缆桥架跨越建筑物变形缝处

（1）电缆桥架连接螺栓一般采用方颈圆头螺栓，圆头端在桥架内部，防止螺栓刮伤电缆。

（2）镀锌桥架无需做跨接接地，但在变形缝处需做跨接接地，接地线的长度需大于变形缝的设计变形宽度。

12. 电缆桥架接地线做法

（1）非镀锌电缆桥架本体之间连接板的两端应跨接保护联结导体，保护联结导体的截面面积应符合设计要求。

（2）镀锌桥架不跨接保护联结导体时，连接板每端不应少于 2 个防松螺母或防松垫圈的连接固定螺栓。

（3）金属桥架全长不大于 30m 时，不应少于两处与保护导体可靠联结；全长大于 30m 时，每隔 20 ~ 30m 应增加 1 个连接点，起始端和终点端均应可靠接地。

（4）如设计了沿桥架全长敷设热镀锌扁钢作为保护接地导体，则应按设计要求将保护导体与桥架和支架做重复联结。

13. 直埋电缆穿墙引入做法

（1）电缆保护管伸出散水坡外不少于 200mm。

（2）电缆保护管要向室外倾斜出坡度，防止水侵入室内。

（3）电缆保护管内要用沥青油麻丝填充密实。在迎水面一侧，沿套管周边施工防水附加层。

（4）电缆保护管应当处于室外地坪冻土层下 700mm，即电缆也敷设于冻土层 700mm 以下。

直埋电缆穿墙引入做法示意图如图 3-19 所示。

14. 电缆竖向敷设

（1）结构主体上固定设备（如滑轮、卷扬机等）务必征得相关结构设计人员的许可。

（2）其余同电缆水平敷设。

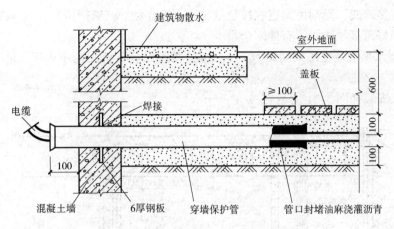

图 3-19　直埋电缆穿墙引入做法示意图

（3）敷设完成后竖向电缆按设计要求进行分层固定。

电缆竖向敷设示意图如图 3-20 所示。

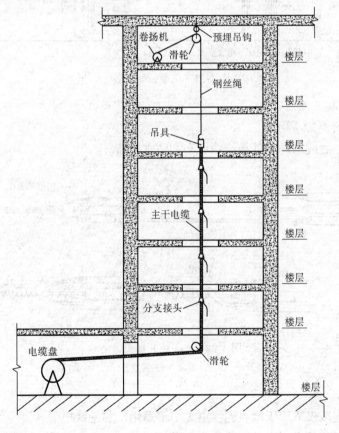

图 3-20　电缆竖向敷设示意图

15. 电缆桥架安装

（1）桥架配件应齐全，表面光滑、不变形。

（2）桥架在建筑物变形缝处应设补偿装置，即断开桥架用内连接板只固定一端，断开的两端需要跨接地线；钢制桥架直线段超过30m，铝合金、玻璃钢桥架直线段超过15m，应设伸缩节并做好跨接地线，留有伸缩余量。

（3）桥架水平安装支吊架间距为1.5～3m；垂直安装支架间距不大于2m。支架规格应符合荷载要求。

电缆桥架安装如图3-21所示。

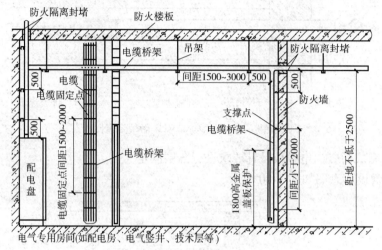

图3-21　电缆桥架安装

16. 单心线并接头做法

（1）做法如图3-22所示。

（2）接头做好后应涮锡，外缠绝缘胶布和防水胶布。

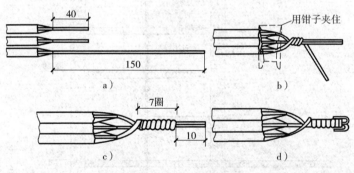

图3-22　单心线并接头做法

a）步骤一　b）步骤二　c）步骤三　d）步骤四

17. 穿刺夹

（1）穿刺夹连接仅适用于塑料绝缘电缆，不适用矿物绝缘电缆。

（2）主电缆外的绝缘剥离长度应为主电缆外径的50倍，且在主电缆相线上的穿刺夹间距应保持80～100mm。

穿刺夹如图3-23所示。

18. 高压电缆头制作

（1）钢带铠装长度为30mm，内护层长度为20mm，铜屏蔽层长度约为430mm，半导体

1.把线夹螺母调节至合适位置

2.把支线完全插入到电缆帽套中

3.插入主线，如果主线电缆有两层绝缘层，则把插入端的第一层绝缘皮剥去一定长度

4.先用手旋紧螺母，把线夹固定在合适位置

5.用尺寸相应的套筒扳手旋紧螺母

6.继续用力旋紧螺母直到断裂脱落，安装完成

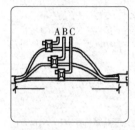
电缆连接示意图-1

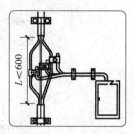
电缆连接示意图-2

图 3-23　穿刺夹

层长度约为 25mm，绝缘层到末端长度为 255mm，E = 接线端子深度 +5mm。

（2）钢带铠装和铜屏蔽层都要用镀锌编织带做好接地，并引致相应地排。

（3）压接端子，锉平棱角和毛刺。绕包填充胶，填平颈部和凹坑。

（4）套入密封管，加热收缩（或用冷缩管冷编固定）。

（5）室外电缆头要求雨裙（热塑雨裙上、下间距为 140mm）。

高压电缆头制作如图 3-24 所示。

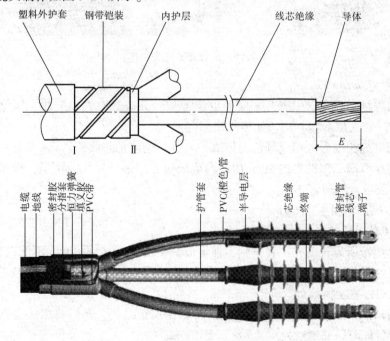

图 3-24　高压电缆头制作

19. 预分支电缆头制作

(1) 预分支电缆头采用吊装,从上往下或从末端开始施工。

(2) 吊装时先用钢丝网套,提升电缆,当吊好后及时将电缆固定在安装支架上,减少网套承受拉力。

(3) 在电缆井或电缆通道中,按主电缆截面面积小于等于 $300 mm^2$ 每隔 2m 的距离固定一次,大于等于 $400 mm^2$ 的每 1.5m 固定一次,支架固定牢固可靠。

预分支电缆头制作如图 3-25 所示。

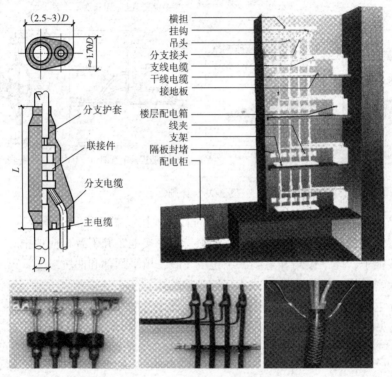

图 3-25　预分支电缆头制作

20. 低压电缆头制作

(1) 根据现场实际要求,剥开相应的电缆外皮,并去除电缆填充物,用绝缘胶带缠绕数圈给予固定。套入爪形套,均匀加热收缩固定。

(2) 依据电缆相线套入相应颜色的热缩护套管,均匀加热收缩固定。

(3) 根据接线端子深度再加 5mm 切开内绝缘层,用液压钳压接两道,锉平棱角,缠绕相应颜色绝缘胶带或热塑管热缩。

低压电缆头制作如图 3-26 所示。

21. 矿物电缆头

(1) 将电缆按所需长度先用管子割刀在上面割一道痕线(铜护套线不能割断),再用斜口钳将护套铜皮夹在钳口之间按顺时针方向扭转,然后一步步地夹住户套铜皮的边并以小角度进行转动割离,直至割痕处。

(2) 用清洁的干布彻底清除外露导线上的氧化镁绝缘料,然后将束头套在电缆上,用手来拧,低于封杯内局部螺纹处。

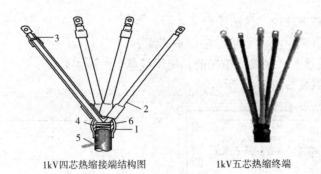

1kV四芯热缩接端结构图　　　　1kV五芯热缩终端

图 3-26　低压电缆头制作

1—支套　2—绝缘管　3—密封管　4—绑扎线　5—地线　6—填充胶

（3）从约距电缆敞开端 600mm 处用喷灯火焰加热电缆，并将火焰不断地移向电缆敞开端，以便将水分排干净，切记只可向电缆敞开端移动火焰，否则将会把水分驱向电缆内部。

（4）用绝缘电阻表分别测量一下芯与芯、芯与护套之间的绝缘电阻，若测量结果达到要求，则可以在封口杯内注入封口膏。注意封口膏应从一侧逐渐加入，不能太快，以便将空气排尽。等封口膏加满，再压上杯盖，接着用热缩套管把线芯套上，最后用绝缘电阻表再测量一下绝缘电阻，如果绝缘电阻偏低，则重新再做一次。

矿物电缆头如图 3-27 所示。

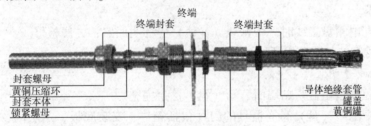

图 3-27　矿物电缆头

22. 线路绝缘测量

（1）高压电缆的绝缘测定，应使用 2500V 绝缘电阻表，绝缘电阻一般应不低于 200MΩ；低压电缆的绝缘测定，应使用 1000V 兆欧表，绝缘电阻不低于 1MΩ；电线的绝缘测定，应使用 500V 绝缘电阻表，绝缘电阻不低于 0.5MΩ。

（2）测量绝缘电阻时：被测导线分别接在绝缘电阻表上 E 和 L 两个端钮上。导线各支线分开，一人操作仪盘，一人应及时读数并记录。使用手摇发电式仪表时，摇动速度应保持 120r/min 左右，测量值应采用 1min 后的读数为宜。

（3）绝缘测量后应立即对导线或该设备负荷侧接地并三相短路，使其剩余电荷放尽。

线路绝缘测量如图 3-28 所示。

23. 照明配电箱盘明装

（1）明装照明配电箱盘，箱体厚度较大，可以在安装板上开孔，芯线隐藏

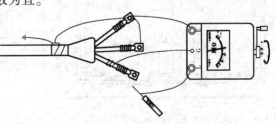

图 3-28　线路绝缘测量

在安装板后，芯线露出较少，简洁美观。

（2）安装板开孔内，安装有绝缘垫保护芯线。

（3）PE 排压线整齐，多股线压接前，使用线鼻子并涮锡处理。

照明配电箱盘明装如图 3-29 所示。

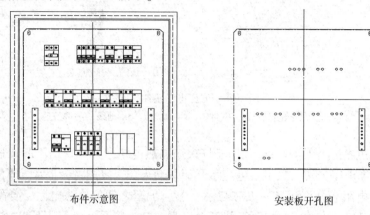

布件示意图   安装板开孔图

图 3-29 照明配电箱盘明装

24. 暗装照明盘安装

（1）暗装照明盘，因配电箱厚度有限，不能将芯线隐藏在安装板后，推盘时，芯线绑扎必须横平竖直。

（2）照明配电箱盘接线时，中性线（N 线）应标明回路，方便检修。

暗装照明盘安装如图 3-30 所示。

25. 照明配电盖明装

（1）安装配电箱箱盖紧贴墙面，箱（盘）涂层完整。

（2）金属配电箱（盘）带有器具的门（包括箱体、安装底板、二层门、箱门）均应有明显可靠的裸软铜线接地。

照明配电盖明装如图 3-31 所示。

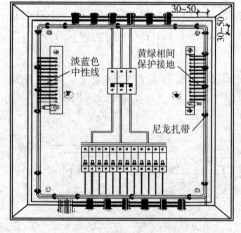

图 3-30 暗装照明盘安装

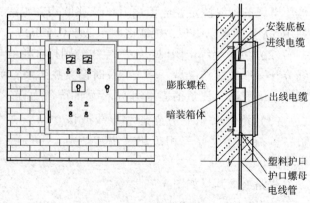

图 3-31 照明配电盖明装

26. 明装照明盘安装

（1）箱体安装牢固，开孔整齐，与管径吻合。一管一孔，严禁用电气焊开孔。

（2）镀锌钢管与箱体之间，以专用接地卡跨接，两卡间连线为铜芯软线，截面面积不小于 $4m^2$。

明装照明盘安装如图 3-32 所示。

27. 暗装照明盘接线

（1）照明配电箱推盘前，先将敷设完成的导线电缆按照回路绑扎整齐。

（2）绑扎定位后推盘安装，留足长度后将多余线剪掉，在开关下口将线压实。

（3）照明配线零线（N 线）应标明回路号，方便检修。

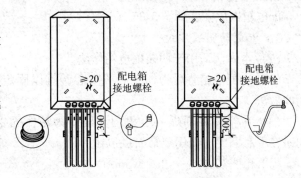

图 3-32 明装照明盘安装

28. 剪力墙或实心挂壁配电箱安装

（1）进出箱体的金属管做好跨接接地。

（2）箱体应安装牢固，垂直度不大于 1.5‰。

（3）箱体安装可用金属膨胀螺栓直接固定在墙体上。

剪力墙或实心挂壁配电箱安装如图 3-33 所示。

29. 空心墙挂壁配电箱安装

（1）进出箱体的金属管做好跨接接地。

（2）箱体应安装牢固，垂直度不大于 1.5‰。

（3）应用穿钉将箱体固定在墙体上。

空心墙挂壁配电箱安装如图 3-34 所示。

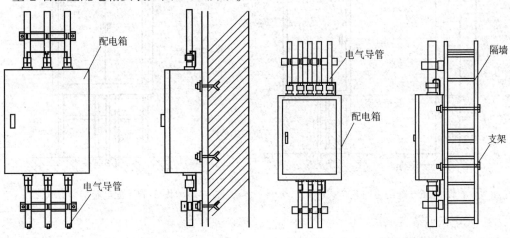

图 3-33 剪力墙或实心挂壁配电箱安装　　　图 3-34 空心墙挂壁配电箱安装

30. 配电箱嵌墙安装

（1）本做法适用于暗装配电箱做法。

（2）当配电箱背后距离幕墙厚度小于 30mm 时，需要钉钢丝网防止背后墙面空鼓和开裂。

（3）当箱体宽度大于 600mm 时，需要在上方加一道过梁。

（4）配电箱应做好重复接地。

配电箱嵌墙安装如图 3-35 所示。

31. 配电箱明装方式一

（1）本做法适用于明装配电箱做法。

（2）当配电箱背后为加气砖或空心砖难以固定时采用此做法。

（3）在箱体底部焊一个角钢支架作为箱体固定座，同时在不靠墙的三面用装饰面板包封。

配电箱明装方式一如图 3-36 所示。

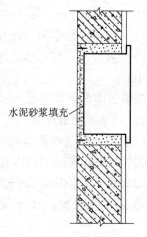

水泥砂浆填充

图 3-35　配电箱嵌墙安装

32. 配电箱明装方式二

（1）本做法适用于明装配电箱做法。

（2）当配电箱背后为加气砖或空心砖难以固定时采用此做法。

（3）在箱体背后加工两根角钢支架作为箱体背后生根固定用。

配电箱明装方式二如图 3-37 所示。

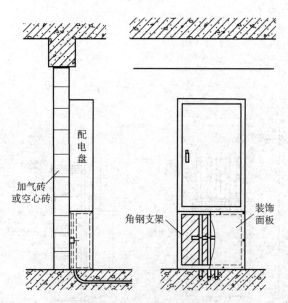

配电盘

加气砖或空心砖

角钢支架

装饰面板

图 3-36　配电箱明装方式一

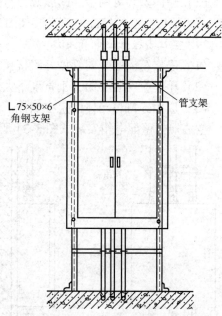

L75×50×6 角钢支架

管支架

图 3-37　配电箱明装方式二

33. 配电箱明装方式三

（1）本做法适用于明装配电箱做法。

（2）当配电箱背后为加气砖或空心砖难以固定时采用此做法。

（3）将箱体背后的加气砖或空心砖打透眼，用一螺栓在背后固定一块 3mm 厚的 100mm×60mm 的钢板，将配电箱背在墙上。

配电箱明装大样图如图 3-38 所示。

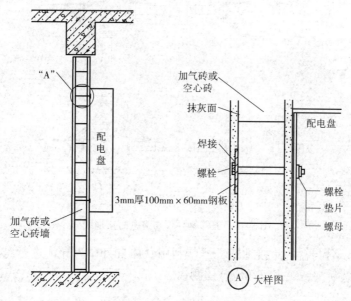

图 3-38　配电箱明装大样图

34. 接线盒变形缝处连接

（1）遇有伸缩缝、沉降缝，必须作相应处理。

（2）过伸缩缝做法：在补偿盒的侧向开长孔，将管子插入长孔内，管子采用金属软管，在结构发生变形时，可进行横向或竖向的移动。

（3）管路、箱、盒及孔、洞、沟槽预埋时注意加强检查，不得遗漏，浇注混凝土时应设专人看护。

接线盒变形缝处连接如图 3-39 所示。

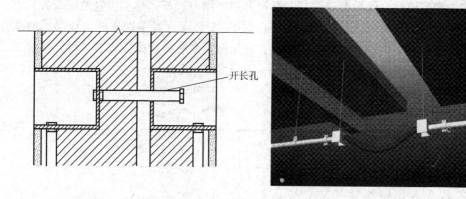

图 3-39　接线盒变形缝处连接

35. 镀锌钢导管与进盒跨接地线（图 3-40）

（1）镀锌铜导管进盒跨接地线宜采用专用接地卡跨接，不应采用熔焊连接。

（2）专用接地卡跨接的两卡间与盒之间连线为铜芯软导线，截面面积不小于 $4mm^2$。

（3）检查跨接地线无松动、无遗漏现象，地线压接处应打回勾。

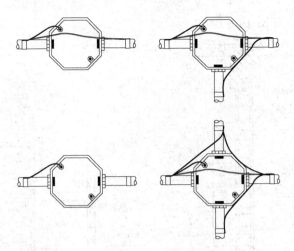

图 3-40　镀锌钢导管与进盒跨接地线

（4）管与管、管与盒的跨接地线，严禁利用盒体自身作为导体进行跨接，接地导线跨接、压接部位严禁断头，线头每端应整体涮锡。

第三节　动力及照明施工图识读

一、动力系统图

动力系统电气工程图是建筑电气工程图中最基本最常用的图纸之一，是用图形符号、文字符号绘制的，用来表达建筑物内动力系统的基本组成及相互关系的电气工程图。动力系统电气工程图一般用单线绘制，能够集中体现动力系统的计算电流、开关及熔断器、配电箱、导线或电缆的型号规格、保护套管管径和敷设方式、用电设备名称、容量及配电方式等。

低压动力配电系统的电压等级一般为 380/220V 中性点直接接地系统，线路一般从建筑物变电所向建筑物各用电设备或负荷点配电，低压配电系统的接线方式有三种：放射式、树干式和链式（是树干式的一种变形）。

（1）放射式动力配电系统。如图 3-41 所示为放射式动力配电系统图，这种供电方式的可靠性较高，当动力设备数量不多，容量大小差别较大，设备运行状态比较平稳时，可采用此种接线方案。这种接线方式的主配电箱宜安装在容量较大的设备附近，分配电箱和控制开关与所控制的设备安装在一起。

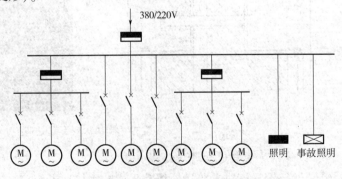

图 3-41　放射式动力配电系统图

（2）树干式动力配电系统。如图3-42所示为树干式动力配电系统图，当动力设备分布比较均匀，设备容量差别不大且安装距离较近时，可采用树干式动力系统配电方案。这种供电方式的可靠性比放射式要低一些，在高层建筑的配电系统设计中，垂直母线槽和插接式配电箱组成树干式配电系统。

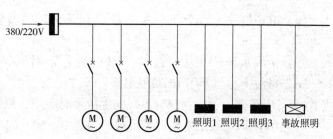

图3-42　树干式动力配电系统图

（3）链式动力配电系统。如图3-43所示为链式动力配电系统图，当设备距离配电屏较远，设备容量比较小且相距比较近时，可以采用链式动力配电方案。这种供电方式可靠性较差，一条线路出现故障，会影响多台设备正常运行。链式供电方式由一条线路配

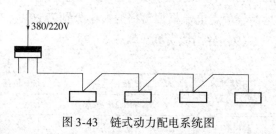

图3-43　链式动力配电系统图

电，先接至一台设备，然后再由这台设备接至相邻近的动力设备，通常一条线路可以接3台或4台设备，最多不超过5台，总功率不超过10kW。

如图3-44所示为某动力配电箱系统图，在系统图上方的标注文字"由1号配电箱引入"显示，动力配电箱的电源来自1号配电箱。电源进线左侧的标注文字表示了系统的型号，即三相四线制380V的三相交流电，导线的材质为橡皮绝缘铜线（即BX），引入后穿过直径为25mm的焊接钢管（即SC）。进线的额定电压为500V，通过BX后标注文字"500"可以得知。

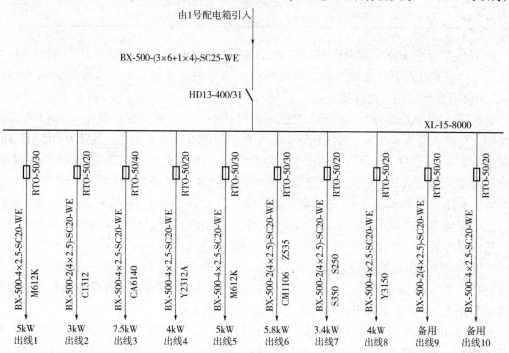

图3-44　某动力配电箱系统图

131

（4）电源进线上设置了三极单投刀开关，开关型号为 HD13-400/31，其中额定电流为 400A。

（5）中线水平导线为母线，在母线的右上角标注了配电箱的型号，即 XL-15-8000。

（6）母线下方显示了 10 回引出线，从左至右，出线 1～出线 8 投入使用，出线 9 和出线 10 为备用线路，可以在现行系统发生故障时起用，保证系统的正常运行。

（7）10 回引出线的电缆型号一致，均为 BX-500-(4×2.5)-SC20-WE。

（8）在引出线上分别设置熔断器以进行短路保护，熔断器的型号为 RTO-50/20、RTO-50/30、RTO-50/40；其中，"50"表示熔断器的额定电流为 50A，"20""30""40"则表示熔断器额定电流根据负荷的大小分别为 20A、30A、40A。

（9）各出线负载见表 3-6。

表 3-6   各出线负载

出线编号	负荷名称	负荷大小/kW	熔断器型号	熔体额定电流/A
出线 1	M612K 磨床	5	RTO-50/30	30
出线 2	C1312 机床	3	RTO-50/20	20
出线 3	CA6140 车床	7.5	RTO-50/40	40
出线 4	Y2312A 滚齿床	4	RTO-50/20	20
出线 5	M612K 磨床	5	RTO-50/30	30
出线 6	CM1106 车床和 Z535 钻床	3 + 2.8	RTO-50/30	30
出线 7	S350 和 S250 螺纹加工机床	1.7 × 2	RTO-50/20	20
出线 8	Y3150 滚齿床	4	RTO-50/20	20
出线 9	备用	—	RTO-50/30	30
出线 10	备用	—	RTO-50/20	20

图 3-45 所示为某锅炉房的动力系统图。图中所示共有五台配电箱，其中 AP1～AP3 三台配电箱内装有断路器、接触器和热继电器，也称控制配电箱；另外两台配电箱 ANX1 和 ANX2 内装有操作按钮，也称按钮箱。

电源从 AP1 箱左端引入，使用 3 根截面面积 $10mm^2$ 和 1 根截面面积 $6mm^2$ 的 BX 型橡胶绝缘铜芯导线，穿直径 32mm 焊接钢管。电源进入配电箱后接主开关，型号为 C45AD/3P-40 额定电流为 40A，"D"表示短路动作电流为 10～14 倍额定电流。主开关后是本箱 AP1 主开关，额定电流为 20A 的 C45A 型断路器，配电箱 AP1 共有 7 条输出支路，分别控制 7 台水泵。每条支路均使用容量为 6A 的 C45A 型断路器，后接 B9 型交流接触器，用作电动机控制，热继电器为 T25 型，动作电流为 5.5A，作为电动机过载保护。操作按钮箱装在 ANX1 中，箱内有 7 只 LA10-2K 型双联按钮，控制线为 21 根截面面积为 $1.0mm^2$ 的塑料绝缘铜芯导线，穿直径为 25mm 的焊接钢管沿地面暗敷。从 AP1 配电箱到各台水泵的线路，均为 4 根截面面积为 $2.5mm^2$ 的塑料绝缘铜芯导线，穿直径为 12mm 的焊接钢管埋地暗敷。4 根导线中 3 根为相线，1 根为保护中性线，各台水泵功率均为 1.5kW。

AP2 和 AP3 为两台相同的配电箱，分别控制两台锅炉的风机（鼓风机、引风机）和煤机（上煤机、出渣机）。到 AP2 箱的电源从 AP1 箱 40A 开关右侧引出，接在 AP2 箱 32A 断路器左侧，使用 3 根截面面积为 $10mm^2$ 和 1 根截面面积为 $6mm^2$ 的塑料铜芯导线，穿直径为

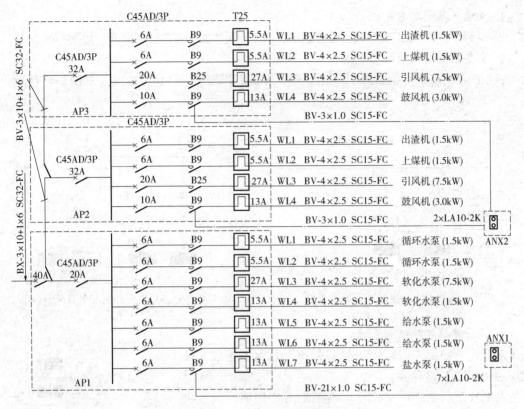

图 3-45　某锅炉房动力系统图

32mm 的焊接钢管埋地暗敷。从 AP2 配电箱主开关左侧引出 AP3 配电箱电源线，与接 AP2 配电箱的导线相同。每台配电箱内有 4 条输出回路，其中出渣机和上煤机 2 条回路上装有容量为 6A 的断路器、引风机回路装有容量为 20A 的断路器、鼓风机回路装有容量为 10A 的断路器。引风机回路的接触器为 B25 型，其余回路的均为 B9 型。热继电器均为 T25 型，动作电流分别为 5.5A、27A 和 13A，导线均采用 4 根截面面积为 2.5mm^2 的塑料绝缘铜芯导线，穿直径为 15mm 的焊接钢管埋地暗敷。出渣机和上煤机的功率均为 1.5kW，引风机的功率为 7.5kW，鼓风机的功率为 30kW。

两台鼓风机的控制按钮安装在按钮箱 ANX2 内，其他设备的操作按钮装在配电箱门上。按钮接线采用 3 根截面面积为 1.0mm^2 的塑料绝缘铜芯导线，穿直径为 15mm 的焊接钢管埋地暗敷。

二、电气照明系统图

电气照明系统图是用来表示照明系统网络关系的图纸，系统图应表示出系统的各个组成部分之间的相互关系、连接方式，以及各组成部分的电器元件和设备及其特性参数。

照明配电系统有 380/220V 三相五线制（TN-C 系统、TT 系统）和 220V 单相两线制。在照明分支中，一般采用单相供电，在照明总干线中，为了尽量把负荷均匀地分配到各线路上，以保证供电系统的三相平衡，常采用三相五线制供电方式。

根据照明系统接线方式的不同可以分为以下三种方式。

1. 单电源照明配电系统

照明线路与动力线路在母线上分开供电，事故照明线路与正常照明分开，如图 3-46 所示。

2. 有备用电源照明配电系统

照明线路与动力线路在母线上分开供电，事故照明线路由备用电源供电，如图 3-47 所示。

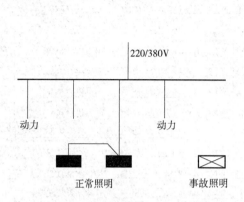

图 3-46　单电源照明配电系统

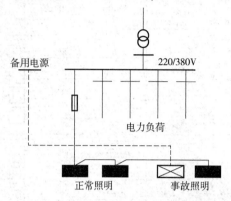

图 3-47　有备用电源照明配电系统

3. 多层建筑照明配电系统

多层建筑照明一般采用干线式供电，总配电箱设在底层，如图 3-48 所示。

在电气照明系统图中，可以清楚地看出照明系统的接线方式及进线类型与规格、总开关型号、分开关型号、导线型号规格、管径及敷设方式、分支路回路编号、分支回路设备类型、数量及计算负荷等基本设计参数。如图 3-49 所示，该图为一个分支照明线路的照明配电系统图，从图中可知：电源为单电源，进线为 5 根截面面积为 10mm² 的 BV 塑料铜芯导线，绝缘等级为 500V，总开关为 C45N 型断路器，4 极，整定电流为 32A，照明配电箱分 6 个回路，即 3 个照明回路、2 个插座回路和 1 个备用回路。3 个照明回路分别列到

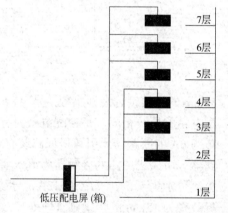

图 3-48　多层建筑低压配电系统

L1、L2、L3 三相线上，3 个照明回路均为 2 根截面面积为 2.5mm² 的铜芯导线，穿直径为 20mm 的 PVC 阻燃塑料管在吊顶内敷设。2 路插座回路分别列到 L1、L2 相线，L3 相引出备

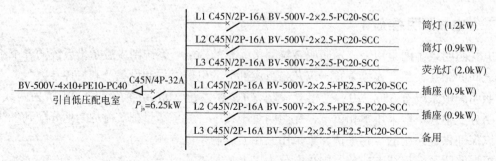

图 3-49　照明配电系统图（一）

用回路，插座回路导线均为 3 根截面面积为 2.5mm² 的 BV 塑料铜芯导线，敷设方式为穿直径为 20mm 的 PVC 阻燃塑料管沿墙内敷设。

又如，照明系统图如图 3-50 所示。

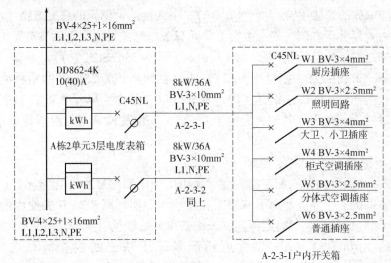

图 3-50　照明配电系统图（二）

以图 3-51 所示为照明配电系统图的绘制结果，介绍其识读步骤。

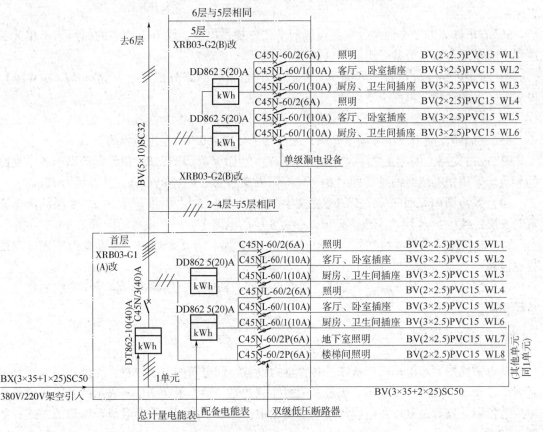

图 3-51　照明配电系统图（三）

（1）配电系统分析。通过左下角引入导线上的标注文字"BX（3×35＋1×25）SC50"可以得知，配电系统采用三相四线制，以架空的方式引入。导线为 3 根截面面积为 35mm²（即"3×35"）和 1 根截面面积为 25mm²（即"1×25"）的橡皮绝缘铜线（即"BX"），引入后穿直径为 50mm 的焊接钢管（即"SC50"），引入至第 1 单元的总配电箱。

引入导线一直延伸至右侧，表示由第 1 单元总配电箱经导线穿管后将电源引入第 2 单元总配电箱中。通过右下角的标注文字"BV（3×35＋2×25）SC50"可以得知，导线为 3 根截面面积为 35mm² 的相线和 2 根（N 线和 PE 线）截面面积为 25mm² 的塑料绝缘铜线（即"BV"），穿直径为 50mm 的焊接钢管（即"SC50"），连接 2 个单元的总配电箱。

右下角的垂直标注文字"其他单元同 1 单元"，表示其他单元总配电箱的电源取得与 1 单元相同。

（2）识读步骤。

1）本系统采用两种类型的配电箱。首层使用的配电箱型号为 XRB03-G1（A）型改制，配备单元总计量电能表，并添加地下室照明和楼梯间照明回路。2～6 层使用的配电箱型号为 XRB03-G2（B）型改制，与首层不同，未配备单元总计量电能表。

2）首层的 XRB03-G1（A）型配电箱配备了 1 块三线四相的总电能表 DT862-10（40）A，在电能表的上方设置了总控三极低压断路器 CN45/3（40A）。

3）读图方向右移，可以看到所配备的两个电能表，型号为 DD8625（20）A。

4）首层一共有 3 个回路，从上往下数，第 1、2 个回路配备了电能表，第三个回路未配备电能表。

5）有电能表的 2 个回路分别为首层两个住户提供电源，没有电能表的回路为 1 单元各层楼梯间和地下室的公共照明提供电源。

6）每个回路还分出若干回路，其中，有电能表的回路分出三个支路（WL1～WL6），没有电能表的回路分出两个支路。

7）在照明支路上设双极低压断路器，其型号为 C45N-60/2，整定电流为 6A。

8）在插座支路上设单极漏电开关，型号为 C45NL-60/1，整定电流为 10A。

9）通过支路上的标注文字"BV（2×2.5）PVC15"可以得知，由配电箱引至各个支路的导线均采用塑料绝缘铜线（即"BV"）穿阻燃塑料管（即"PVC"），其管径为 15mm。

10）系统图中间回路导线上的标注文字"2～4 层与 5 层相同"，表示 2～4 层的配电方案与 5 层一致。2～4 层的配线信息可以参考 5 层的电路走向以及设备的配置。

11）5 层使用的配电箱型号为 XRB03-G2（B）型，有 2 个回路，未设总电能表，仅配置电能表。

12）2 个回路一共分出 6 个支路，类型有照明与插座，其断路器的信号、导线的类型与首层相同。

三、动力平面图

动力平面图表示电动机、机床等各种动力设备、配电箱的安装位置，此外，供电线路的辐射路径及辐射方法也要在图上表示。值得注意的是，动力平面图中所表示的管线是敷设在本层地板中，或者是敷设在电缆沟或电缆夹层中，一般不采用沿墙暗敷或者明敷的方式，如图 3-52 所示。

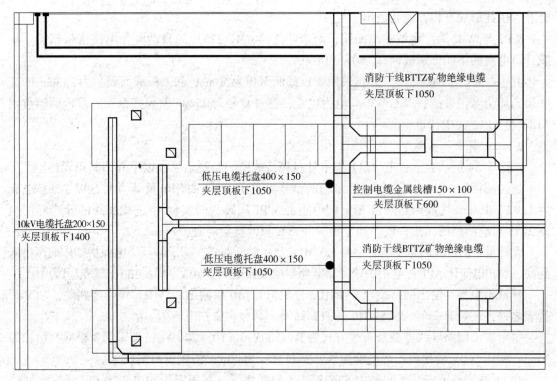

图 3-52 动力平面图

1. 认识进户线及配电柜

进户线是建筑电气系统重要的电气线路之一，为建筑物提供电源。电源经进户线进到配电柜，经过配电柜将电源输送至各用电设备。

阅读建筑配电平面图时，按照电源入户方向来阅读，其阅读顺序为：进户线→配电箱（柜）→支路→支路上各类用电设备。

如图 3-53 所示为配电柜 AP1 配电系统图的绘制结果，以下为其识读过程。

通过阅读图 3-53，可以知道配电柜 AP1 的电源由变电室引入，经过隔离开关 GL-400A/3J 后分成 2 个分支输出。在输出回路上设置了断路器，以保护线路。

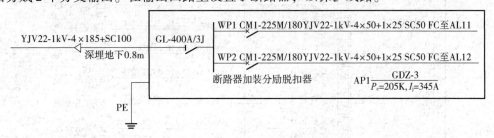

图 3-53 配电柜 AP1 配电系统图

输入回路导线为 4 根截面面积为 $185mm^2$ 的交联聚乙烯绝缘钢带铠装聚乙烯护套电力电缆，该电缆穿过直径为 100mm 的焊接钢管埋入地下 0.8m 后引入配电室。

在电源引入建筑物入口处重复接地，并将接地装置使用直径为 12mm 的镀锌圆钢埋入地下 2.5m 深后与总电源箱连接。在总电源箱柜后把工作中性线（N 线）及保护地线（PE 线）

分开，由此形成三相五线制输出。

WP1 与 WP2 为配电线输出回路，两个断路器 CM1-225M 的自动脱扣电流值根据实际负载计算电流的不同分别被调在 180A 和 160A。

其中，WP1 与 WP2 回路分别采用 4 根截面面积为 50mm² 和 1 根截面面积为 25mm² 的交联聚乙烯绝缘钢带铠装聚乙烯护套电力电缆，穿过直径为 25mm 的焊接钢管沿着地面暗敷到 AL11 与 AL12 集中计量箱。

2. 认识集中计量箱

如图 3-54 所示为某住宅 AL11 集中计量箱接线图的绘制结果，以下介绍其识读过程。

通过阅读图 3-54，可以知道计量箱的型号为 MJJG-11，总用电负荷为 112kW，计算电流为 189A。其中，进线回路来自 AP1 配电柜的 WP1 回路，图 3-54 中进线回路的导线标注与图 3-53 对应回路的标注一致。计量柜的外壳必须做安全接地。

在计量箱的进线回路安装有型号为 CM1-225M 的断路器，为了保证继电保护动作顺序由低到高，脱扣电流比 AP1 配电柜中该回路断路器的脱扣电流小 20A，即脱扣电流整定值为 160A。

计量箱中每个输出回路接至一个用户分配箱 1～10 层输出回路中，每个回路除了功率计量表之外，还装有一个 S252S-B40 两级断路器，其额定脱扣电流为 40A。

每个输出回路导线类型及布线方式为 BV-500V-3×10SC220WC，即采用 3 根截面面积为 10mm² 耐压 500V 的聚氯乙烯绝缘铜线，穿过直径为 20mm 的钢管沿墙暗敷。

在 11 层回路上安装了型号为 S252S-B63 的断路器，其额定脱扣电流为 63A，输出回路导线类型及布线方式为 BV-500V-3×16SC25WC，即采用 3 根截面面积为 16mm² 耐压 500V 的聚氯乙烯绝缘铜线，穿过直径为 25mm 的钢管沿墙暗敷。

图 3-54 中还表示 1～4 层负荷接在 L1 相上，5～8 层接在 L2 相上，9～11 层接在 L3 相上。

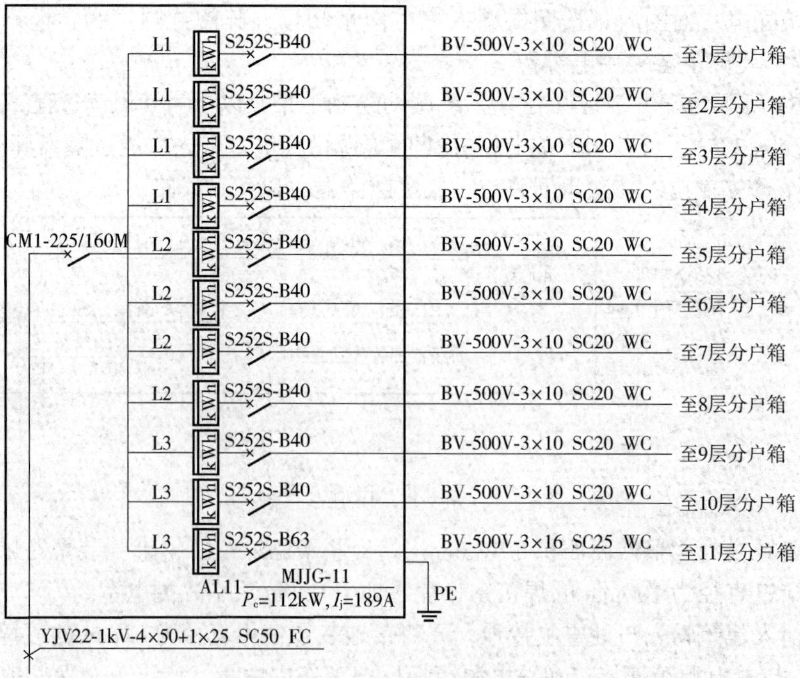

图 3-54　AL11 集中计量箱接线图

3. 认识用户分户箱

如图 3-55 所示为某住宅 10kW 分户箱系统接线图的绘制结果，以下介绍其识读方式。

通过阅读图 3-55 可以得知，进线回路导线采用 BV-500V-3×10SC20WC，即采用 3 根截面面积为 $10mm^2$ 耐压 500V 的聚氯乙烯绝缘铜线，穿过直径为 20mm 的钢管沿墙暗敷。分户箱必须做安全接地。

在分户箱内设置了两级断路器来保护，其中总回路断路器脱扣电流设定为 40A，每个输出回路的断路器脱扣电流设置为 16A。

图 3-55 表示照明、空调、卫生间和厨房插座回路共用一个剩余电流动作保护器，其型号为 DS252S-40/0.03，漏电电流为 30mA。

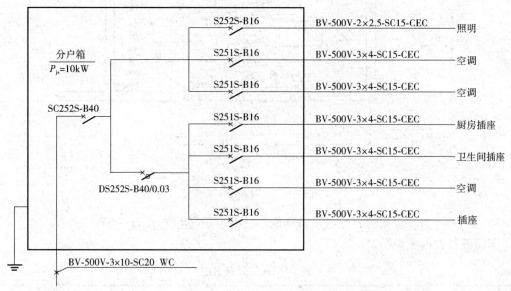

图 3-55　10kW 分户箱系统接线图

4. 动力平面图识读

如图 3-56 所示为车间动力平面图的绘制结果，以下介绍其识读步骤。

（1）动力配电箱位于平面图的右下角，即 A 轴与 3 轴的交点。

（2）配电箱电源进线由右侧引入，通过配电箱引出的线段以及线段上的标注文字可以得知该信息。

（3）连接设备与配电箱的动力管线的型号标注在导线的一侧，均为 BX-500-（4×2.5）-SC20-WE。

（4）各车床、磨床等机械的外形较为复杂，因此，在平面图上不需要详细表现其外形细节，仅绘制其外形轮廓即可。需要注意的是，设备的外形轮廓、位置与实际应相符合。

（5）在设备轮廓图中或者设备轮廓图一侧绘制设备型号标注文字，以方便对各类设备进行区分。

（6）设备型号标注文字解释如下：

1）1——表示设备的编号，如图中的设备编号为 1~10。

2）S350——表示设备的型号，如图中其他设备的型号还有 M612K、CA6140 等。

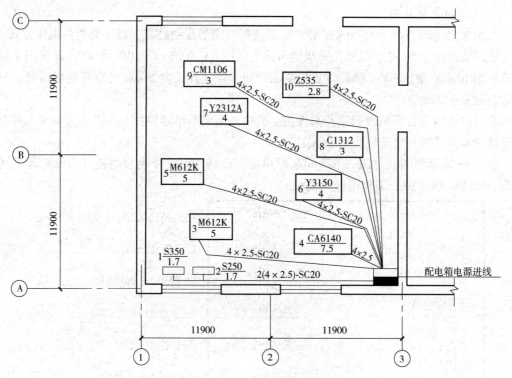

图 3-56　车间动力平面图

3）1.7——表示设备的容量，设备其他类型的容量还有 7.5、5、4 等。

车间设备数据见表 3-7。

表 3-7　车间设备数据

设备编号	负荷名称	负荷大小/kW	所在回路号
1	S350 螺纹加工机床	1.7	7
2	S250 螺纹加工机床	1.7	7
3	M612K 磨床	5	1
4	CA6140 车床	7.5	3
5	M612K 磨床	5	5
6	Y3150 滚齿床	4	8
7	Y2312A 滚齿床	4	4
8	C1312 车床	3	2
9	CM1106 车床	3	6
10	Z535 钻床	2.8	6

又如图 3-57 为某设施内动力平面图，表 3-8 为该设施内主要设备表。

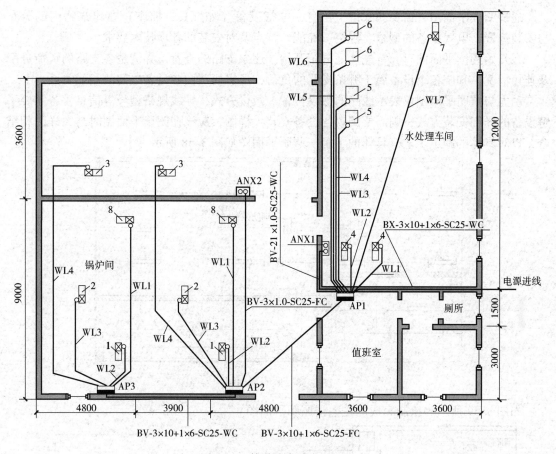

图 3-57 某设施内动力平面图

表 3-8 某设施内主要设备表

序号	名称	容量/kW	序号	名称	容量/kW
1	上煤机	1.5	5	软化水泵	1.5
2	引风机	7.5	6	给水泵	1.5
3	散风机	3.0	7	盐水泵	1.5
4	循环水泵	1.5	8	出渣机	1.5

图 3-58 中电源进线在图的右侧，沿厕所、值班室墙引至主配电箱 AP1。从主配电箱左侧下引至配电箱 AP2，从配电箱 AP2 经墙引至配电箱 AP3。配电箱 AP1 有 7 条引出线WL1～WL7 分别接到水处理间的 7 台水泵，按钮箱 ANX1 安装在墙上，按钮箱控制线经墙暗敷。图中标号与设备表序号相对应。

四、照明平面图

设计说明以段落文字的方式介绍工程的概况，其中包括工程的一些基本信息，如地点、承建单位、工程等级等，此外也要仔细阅读主要描述工程情况的文字，包括工程所遵照的设计依据、施工工艺、所使用的材料等。电气图纸均由相关的图例符号来表示，因此，熟悉各类图形符号所表达的意思至关重要。

通过阅读平面图，需要获知以下信息，电气设备（如灯具、插座）在建筑物内的分布与安装位置，电气设备的型号、规格、性能、特点及对安装的各项技术要求。

在开始阅读平面图时，首先从配电箱开始，逐条支路的查看，弄清楚各支路的负荷分配及连接情况，知晓各个设备属于哪条支路的负荷，还需要明白各设备之间的相互关系。

动力与照明平面图仅表示线路的敷设位置、敷设方式、导线规格型号等信息，若需要了解设备的详细安装方式，则需要阅读各设备安装大样图。应该在阅读平面图时与大样图相结合，以对具体的施工工艺有具体的了解。照明平面图如图 3-58 所示。

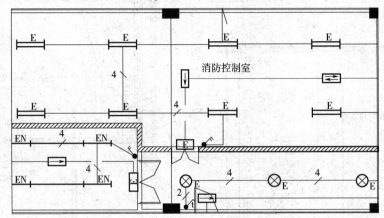

图 3-58　照明平面图

如图 3-59 所示为绘制完成的住宅楼照明平面图。

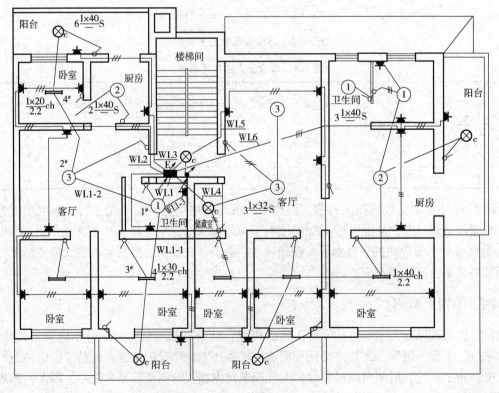

图 3-59　住宅楼照明平面图

（1）识读各支路。

1）认识配电箱 E。由图 3-59 可知，该建筑物电源由配电箱 E 供给。从配电箱 E 中一共引出 6 条支路，分别为 WL1～WL6，各支路所承担的负荷都不同。

2）WL1 支路。WL1 支路为照明支路，为左侧住户提供照明电源。该支路上一共有 8 盏灯，从左上角开始统计，阳台、卧室、厨房、客厅、卫生间和左下角的两个卧室以及一个阳台，分别使用"①""②""③""⊗$_c$""⊨"来表示不同类型的灯具。

3）WL2、WL3 支路。WL2、WL3 支路为插座提供电源。电源由配电箱 E 引出，经由 WL2、WL3 支路，为建筑物内的插座输送电源。在识读 WL2、WL3 支路时，可以以配电箱 E 为起点，循着支路来阅读。

4）WL4 支路。WL4 支路为照明支路，为右侧住户提供照明电源。在 WL4 线路上，分别使用"①""②""③""⊗$_c$""⊨"符号来表示各空间内的照明灯具，如阳台的吸顶灯、卧室的荧光灯等。

5）WL5、WL6 支路。WL5、WL6 支路为插座提供电源。

（2）了解标注文字的含义。在照明平面图中标注了若干文字，假如不了解这些文字所代表的意义，就读不懂图形所代表的意义。

1）在卧室、卫生间、客厅内标注有"1#""2#""3#""4#"的字样，这表示这些区域需要安装分线盒。

2）卫生间内的灯具均用"①"来表示，此外还标注了灯具的安装个数以及安装方式，即"$3\dfrac{1\times40}{-}S$"，含义为一共有 3 盏此种类型的灯，灯泡的功率为 40W，安装方式为吸顶安装。

3）厨房内的灯具使用"②"来表示，安装信息以"$2\dfrac{1\times40}{-}S$"表示，含义与上述相同，只不过此处只有 2 盏此种类型的灯。

4）客厅内的灯具使用"③"来表示，安装信息以"$3\dfrac{1\times32}{-}S$"表示，含义是灯的盏数为 3，功率为 32W，安装方式为吸顶安装。

5）卧室内的灯具使用"⊨"符号来表示，为双管荧光灯，安装方式为链吊安装，安装信息以"$4\dfrac{1\times30}{2.2}ch$"表示，含义是灯具的功率为 30W，盏数为 4 盏，安装高度为 2.2m。因为卧室灯具的功率不尽相同，如 20W、30W、40W 三种，因此安装信息的标注方式也有所差别，但是可以按照上述的讲解来识读。

（3）导线根数的识读。在导线上绘制斜线来表示导线的根数，如在导线上绘制 3 根短斜线，则表示管内导线有 3 根，以此类推。未在导线上绘制短斜线的则表示管内有 2 根导线穿过。

识读举例：某商业楼如图 3-60 和图 3-61 所示，分别为该楼一层照明平面图和二层照明平面图并附有施工说明。

施工说明：

（1）电源为三相四线 380/220V，进户导线采用 BLV-500-4×10mm²，自室外架空线路引来，室外埋设接地极引出接地线作为 PE 线随电源引入室内。

（2）化学试验、危险品仓库接爆炸性气体环境分区为 2 号，导线采用 BV-500-2.5mm²，

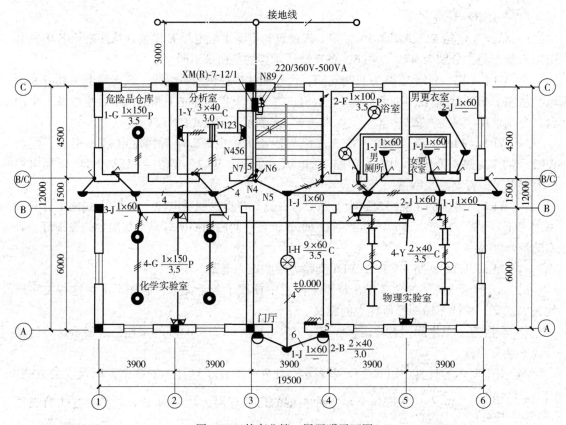

图 3-60 某商业楼一层照明平面图

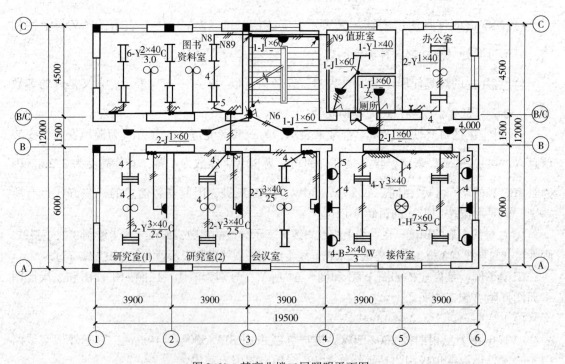

图 3-61 某商业楼二层照明平面图

（3）一层配线：三相插座电源导线采用 BV-500-4×2.5mm²，穿直径为 20mm 普通水煤气管暗敷；化学试验室和危险品仓库为普通水煤气管明敷；其余房间为 PVC 硬质塑料管暗敷设。导线采用 BV-500-2.5mm²。

二层配线：为 PVC 硬质塑料管暗敷，导线用 BV-500-2.5mm²。

楼梯：均采用 PVC 硬质塑料管暗敷。

（4）灯具代号说明：G——隔爆灯、J——半圆球吸顶灯、H——花灯、F——仿水防尘灯、B——壁灯、Y——荧光灯。

下面根据识读建筑电气照明平面图的一般规律，按电流入户方向依次阅读，即进户线→配电箱→支路→支路上的用电设备。

1. 进户线

从一层照明平面图和该工程进户点处于③轴线和 C 轴线交叉处，进户线采用 4 根截面面积为 16mm² 的铝芯聚氯乙烯绝缘导线穿钢管自室外低压架空线路引至室内照明配电箱 XM（R）-7-12/1。室外埋设垂直接地体 3 根，用扁钢连接引出接地线作为 PE 线随电源线引入室内照明配电箱。

2. 照明设备的分析

一层：物理实验室装有 1 盏双管荧光灯，每个灯管功率为 40W，采用链吊安装，安装高度为 3.5m，4 盏灯用 2 只暗装单极开关控制，另外有 2 只暗装三相插座，2 台吊扇。因化学试验室有防爆要求，故其装有 4 盏防爆灯，每盏装 1 只 150W 白炽灯泡，采用管吊式安装，安装高度为 3.5m，4 盏灯用 2 只防爆式单极开关控制；另外，还装有 2 个密闭防爆三相插座。危险品仓库亦有防爆要求，装有 1 盏隔爆灯，灯泡功率为 150W，采用管吊式安装，安装高度为 3.5m，由 1 只防爆单极开关控制。分析室要求光色较好，故装有 1 盏 3 管荧光灯，每只灯管功率为 40W，采用链吊式安装，安装高度为 3m，用 2 只暗装单极开关控制，另有暗装三相插座 2 个。由于浴室内水汽较多，较潮湿，所以装有 2 盏防水防尘灯，内装 100W 白炽灯泡，采用管吊式安装，安装高度为 3.5m，3 盏灯用 1 个单极开关控制。男厕所、男女更衣室、走廊及东西出口门外，都装有半圆球吸顶灯。一层门厅安装的灯具主要起装饰作用，厅内装有 1 盏花灯，装有 9 个 60W 白炽灯泡，采用链吊式安装，安装高度为 3.5m。进门雨篷下安装 1 盏半圆球吸顶灯，内装 1 个 60W 灯泡，吸顶安装。大门两侧分别装有 1 盏壁灯，内装 2 个 40W，白炽灯泡，安装高度为 3m。花灯、壁灯和吸顶灯的控制开关均装在大门右侧，共 4 个单极开关。

二层：接待室安装了 3 种灯具，花灯 1 盏，装有 7 个 60W 白炽灯泡，采用链吊式安装，安装高度为 3.5m；3 管荧光灯 4 盏，灯管功率为 40W，采用吸顶安装；壁灯 4 盏，每盏装有 40W 白炽灯泡 3 个，安装高度为 3m；单相带接地孔插座 2 个，暗装，总计 9 盏灯由 11 个单极开关控制。会议室装有双管荧光灯 2 盏，灯管功率为 40W，采用链吊式安装，安装高度为 2.5m，由 2 只单极开头控制；另外还装有吊扇 1 台，带接地插孔的单相插座 1 个。研究室（1）、（2）分别装有 3 管荧光灯 3 盏，灯管功率为 40W，采用链吊式安装，安装高度为 2.5m，均用 2 个单极开关控制；另有吊扇 1 台，单相带接地插座 1 个。图书资料室装有双管荧光灯 6 盏，灯管功率为 40W，采用链吊式安装，安装高度为 3m；吊扇 2 台；6 盏荧光灯由 6 个单极开关分别控制。办公室装有双管荧光灯 2 盏，灯管功率为 40W，吸顶安装，各用 1 个单极开关控制；还装有吊扇 1 台。值班室装有 1 盏单管 40W 荧光灯，吸顶安装；还装有

1 盏半圆球吸顶灯，内装 1 只 60W 白炽灯泡，2 盏灯各自用 1 个单极开关控制。女厕所、走廊和楼梯均安装半圆球吸顶灯，每盏 1 个 50W 的白炽灯泡，共 7 盏。楼梯灯采用两只双控开关，分别在二楼和一楼控制。

3. 各配电支路负荷分配

由一层照明平面图知道，照明配电箱型号为 XM（R）-7-12/1。查设备手册可知，该照明配电箱设有进线总开关，可引出 12 条单相回路，该照明工程使用 9 路（N1～N9），其中 N1、N2、N3 同时向一层三相插座供电；N4 向一层③轴线西部的室内照明灯具及走廊供电；N5 向一层③轴线东部的照明灯供电；N6 向二层走廊灯供电；N7 引向干式变压器（220/36V-500VA），变压器二次侧 36V 出线引下穿过楼板向地下室内照明灯具和地下室楼梯灯供电；N8、N9 支路引向二层，N8 为二层④轴线西部的会议室、研究室、图书资料室内的照明灯具、吊扇、插座供电。依此配电概况，可以画出该工程的照明配电系统图，如图 3-62 所示。

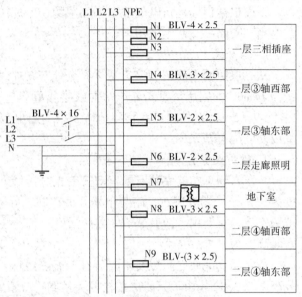

图 3-62 某商业楼照明配电系统图

考虑到三相负荷应均匀分配的原则，N1～N9 支路应分别接在 L1、L2、L3 三相上。因 N1、N2、N3 是向三相插座供电的，故必须分别接在 L1、L2、L3 三相上；N4、N5 和 N8、N9 各为同一层楼的照明线路，应尽量不要接在同一相上。因此，可以将 N1、N4、N8 接在 L1 相上；将 N2、N5、N7 接在 L2 相上；将 N3、N6、N9 接在 L3 相上，使得 L1、L2、L3 三相负荷比较接近。

4. 各配电支路连接情况

各条线路导线的根数及其走向是电气照明平面图的主要表现内容之一。然而，要真正认识每根导线根数的变化原因，是初学读图者的难点之一。为解决这一问题，在识别线路连接情况时，就应首先了解采用的接线方式，是在开关盒、灯头盒内共头接线，还是在线路上直接接线；其次是了解各照明灯的控制方式，特别应注意分清，哪些是采用 2 个甚至 3 个开关控制一盏灯的接线，然后再一条线路一条线路地查找，这样就不难搞清楚了。下面对各支路的连接情况逐一进行阅读。

（1）N1、N2、N3 支路组成一条三相回路，再加一根 PE 线，共 4 条线，引向一层的各个三相插座。导线在插座盒内作共头连接。

（2）N4 支路的走向和连接情况。N4、N5、N6 三根相线，共用一根零线，加上一根 PE 线（接防爆灯外壳）共 5 根线，由配电箱沿③轴线上引出。其中 N4 在③轴线和 B/C 轴线交叉处的开关盒处与 N5、N6 分开，转引向一层西部的走廊和房间，其连接情况如图 3-63 所示。

N4 相线在③轴线和 B/C 轴线交叉处接入 1 只暗装单极开关控制西部走廊内的 2 盏半圆球吸顶灯。同时往西引至西部走廊第 1 盏半圆球吸顶灯的灯头盒内，在此灯头盒内分成 3

路。第一路引至分析室门侧面的二联开
关盒内，与 2 只开关相接，用这 2 只开
关控制 3 管荧光灯 3 支灯管：即 1 只开
关控制 1 支灯管，1 只开关控制 2 支灯
管，以实现开 1 支、2 支或 3 支灯管的任
意选择。第二路引向化学试验室右门侧
面防爆开关的开关盒内，这只开关控制
化学试验室右边 2 盏隔爆灯。第三路向
西引至走廊内第 2 盏半圆球吸顶灯的灯
头盒内，在这个灯头盒内又分成三路，
一路引向西头门灯；一路引向危险品仓
库；一路引向化学试验室左侧门边防爆
开关盒。

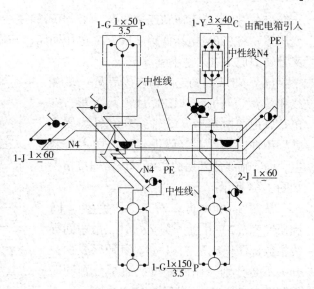

图 3-63　N4 支路连接情况示意图

　　零线③轴线和 B/C 轴线交叉处的开
关盒内分支，其一路和 N4 相线一起走，
同时还有一根 PE 线；并和 N4 相线同样在一层西部走廊 2 盏半圆球吸顶灯的灯头盒内分支，
另一路随 N5、N6 引向东侧和引向二层。

　　（3）N5 支路的走向和连接情况。N5 相线在③轴线和 B/C 轴线交叉处的开关盒内带一
根零线转向东南引至一层走廊正中的半圆球吸顶灯，在灯头盒内分成三路：第一路引至楼梯
口右侧开关盒，接开关；第二路引向门厅，直到大门右侧开关盒，作为门厅花灯及壁灯等的
电源；第三路沿走廊引至男厕所门前半圆球吸顶灯灯头盒，再分支引向物理实验室、浴室和
继续向东引至更衣室门前半圆球吸顶灯灯头盒，在此盒内分支引向物理实验室、更衣室及东
端门灯。其连接情况如图 3-64 所示。

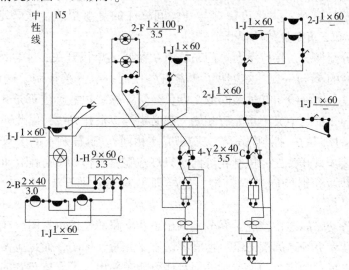

图 3-64　N5 支路连接情况示意图

　　（4）N6 支路的走向和连接情况。N6 相线在③轴线和 B/C 轴线交叉处的开关盒内带 1
根零线垂直引向二层相对应位置的开关盒，供二层走廊 5 盏半圆球吸顶灯。

（5）N7 支路走向和连接情况。N7 相线和零线从配电箱引出经 220/36V-500VA 的干式变压器，将 220V 电压回路变成 36V 电压回路，该回路③轴线向南引至③轴线和 B/C 轴线交叉处转引向下进入地下室。

（6）N8 支路的走向和连接情况。N8 相线和零线，再加 1 根 PE 线，共 3 根，穿 PVC 管由配电箱旁（③轴线和⑥轴线交叉处）引向二层，并穿墙进入西边图书资料室，向④轴线西部房间供电，线路连接情况如图 3-65 所示。

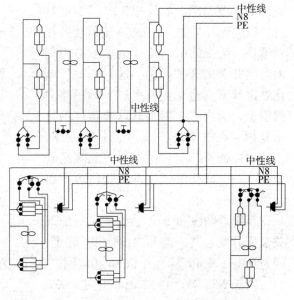

图 3-65　N8 支路连接情况示意图

从图 3-61 中可以看出，研究室（1）和研究室（2）中从开关至灯具、吊扇间导线根数标注依次是 4→4→3。其原因是两只开关不是分别控制两盏灯，而是分别同时控制两盏灯中的 1 支灯管和 2 支灯管。

（7）N9 支路的走向和连接情况。N9 相线、零线和 PE 线共 3 根线同 N8 支路 3 根线一样引上二层后沿轴线向东引至值班室门厅侧开关盒，然后再上至办公室、接待室。

前面几条支路分析的顺序都是从开关到灯具，反过来也可以从灯具到开关阅读。例如，图 3-61 接待室内标注着引向南边壁灯的是 2 根线，当然应该是开关线和零线。在暗装单相三孔插座至北边的 1 盏壁灯之间，线路上标注是 4 根线，因接插座必然有相线、零线、PE 线（三线接插座），另外一根则应是南边壁灯的开关线了。南边壁灯的零线则可从插座上的零线引一分支到壁灯就行了。北边壁灯与开关间标注的是 5 根线，这必定是相线、零线、PE 线（接插座）和 2 盏壁灯的两根开关线。

再看开关的分配情况。接待室西边门东侧有 7 只暗装单极开关，④轴线上有 2 盏壁灯，导线的根数是递减的 5→4→2，这说明了 2 盏灯各使用一只开关控制。这样还剩下 5 只开关，还有 3 盏灯具。④轴线与⑤轴线间的 2 盏荧光灯，导线根数标注都是 3 根，其中必有 1 根是零线，剩下的 2 根线中又不可能有相线，那必定是 2 根开关线，由此即可断定这 2 盏荧光灯是用 2 只开关控制的（控制方式与二层研究室相同）。这样剩下的 3 只开关必定都是控制花灯的了，那么 3 只开关如何控制花灯的 7 只灯泡呢？可作如下分配，即 1 只开关控制 1 只灯泡，另两只开关分别控制 3 只灯泡，这样即可实现分别开 1、3、4、6、7 只灯泡的方案。

以上分析了各支路的连接情况，并分别画出了各支路的连接示意图。在此给出连接示意图的目的是帮助读者更好地阅读图纸，但看图时不是先看连接图，而是应做到看了施工平面图，脑子里就能出现一个相应的连接图，而且还要能想象出一个立体布置的概貌，这样也就能基本上把图看懂了。

第四节　动力及照明施工图综合识读

如图3-66～图3-70所示为某三层建筑物动力及照明施工图。

1. 施工图说明

（1）该层层高为4m，净高为3.88m，楼面为预制混凝土板，墙体为一般砖结构，墙厚为24mm。

（2）导线及配线方式：电源引自第五层，总干线：BV-2×10-PVC25-WC。分干线（1～3）：BV-2×6-PVC20-WC。各分支线：BV-2×2.5-PVC15-WC。

（3）配电箱为XM1-16，并按系统图接线。

（4）本图采用的电气图形符号含义见《建筑电气制图标准》（GB/T 50104—2012），建筑图形符号见《建筑制图标准》（GB/T 50104—2010）。

2. 示例图阅读

阅读这一电气照明平面图，通常应先了解建筑物概况，然后逐一分析供电系统、灯具布置、线路走向等。

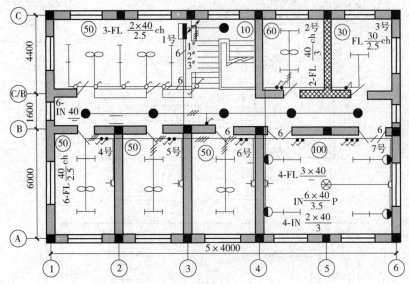

图 3-66　供电系统图

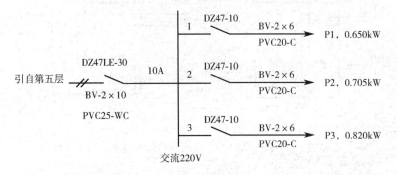

图 3-67　照明供电系统图

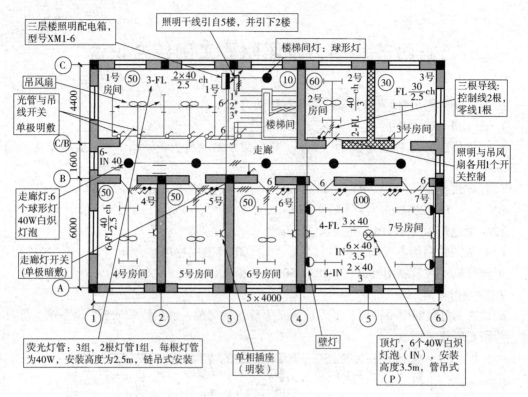

图 3-68　部分三层照明图

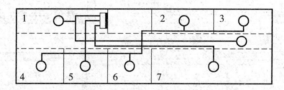

图 3-69　配电示意图

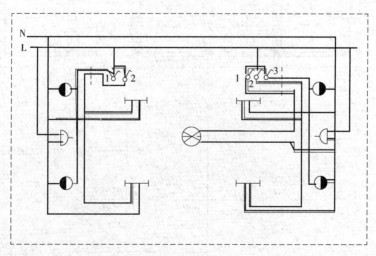

图 3-70　7 号房间照明配线图

（1）建筑物概况。每层共有 7 个房间（1～7 号），1 个楼梯间、1 个中间走廊。该建筑物长为 20m，宽为 12m，总面积为 240m²。

图中用中轴线表示出其中的尺寸关系。沿水平方向轴线编号为①～⑥，沿垂直方向用 A、B、C/B、C 轴线表示。

在图所附的"施工说明"中，交代了楼层的基本结构，如楼面为预制混凝土板结构，墙体为一般砖结构："24"墙。

（2）供电系统和电源配电箱。

1）电源进线。电源引自第五层、垂直引入，线路标号为"PG"（配电干线），导线型号为 BV，2 根铜芯塑料绝缘导线，截面面积为 10mm²，穿入电线管（PVC），管径为 25mm，沿墙暗敷（WC）。

2）电源配电箱。该层设一个照明配电箱，其型号为 XM1-6。配电箱内安装一带漏电保护的单相空气断路器，型号为 DZ47LE（额定电流为 30A）。三个单相断路器（DZ47-10、额定电流为 10A）分别控制三路出线，如图 3-67 所示。

（3）照明设备和其他用电设备。从平面图上可统计出该楼层照明设备与其他用电设备的数量：各种灯具共 27 个、电扇 6 个、插座 5 个、开关 21 个。

照明灯具有：荧光灯、吸顶灯、壁灯、花灯（6 管荧光灯）等。

灯具的安装方式有：链吊式（C）、管吊式（P）、吸顶式、壁式（W）嵌入式（R）等。

如 1 号房间：$3\text{-}YG2\text{-}2\dfrac{2\times40}{2.5}C$

该房间有 3 个荧光灯（YG2）

（每盏灯为 2 支 40W 灯管）

安装高度 2.5m，

链吊式（C）安装

如走廊及楼道：$6\text{-}J\dfrac{1\times40}{\quad}$

走廊与楼道共 6 盏灯

水晶底罩灯（J）

每盏灯 40W，吸顶安装

（4）照明线路。

导线种类及配线方式：

总干线：BV-2×10-PVC25-WC。

分干线（1～3）：BV-2×6-PVC20-WC。

各分支线：BV-2×2.5-PVC15-WC。

第四章　防雷接地系统施工图

第一节　防雷接地系统简介

一、接闪器

接闪器位于防雷装置的顶部，其作用是利用其高出被保护物的突出地位把雷电引向自身，承接直击雷放电。除了避雷针、避雷线、避雷网、避雷带可作为接闪器外，建筑物的金属屋面也可用作第一类防雷建筑物以外的建筑物的接闪器。

布置接闪器应优先采用避雷网、避雷带，或者采用避雷针，并应按表4-1中所规定的不同建筑防雷类别的滚球半径 h_r，采用滚球计算法计算接闪器的保护范围。

表 4-1　按防雷类别布置接闪器　　　　　　　　　（单位：m）

建筑物防雷类别	滚球半径 h_r	避雷网尺寸
第二类防雷建筑物	45	≤10×10 或 ≤12×8
第三类防雷建筑物	60	≤20×20 或 ≤24×16

滚球计算法是以 h_r 为半径的一个球体，沿需要防直击雷的部位滚动，当球体只触及接闪器（包括作为接闪器的金属物）或接闪器和地面（包括与大地接触能承受雷击的金属物），而不触及需要保护的部位时，则该部分就得到接闪器的保护。

接闪器所使用的材料应该能满足对机械强度、耐腐蚀和热稳定性的要求。

（1）不可利用安装在接收无线电视广播的共用天线的杆顶上的接闪器保护建筑物。

（2）建筑物防雷装置可采用避雷针、避雷带、避雷网、屋顶上的永久性金属物及金属屋面作为接闪器。

（3）避雷针采用圆钢或者焊接钢管制成，其直径应符合表4-2中的规定。

表 4-2　避雷针的直径　　　　　　　　　（单位：mm）

针长、部位	材料规格	
	圆钢直径	钢管直径
1m 以下	≥12	≥20
1~2m	≥16	≥25
烟囱顶上	≥20	≥40

（4）避雷网、避雷带及避雷环采用圆钢或扁钢，其尺寸应符合表4-3中的规定。

表 4-3 避雷网、避雷带及避雷环的尺寸

针长、部位	材料规格		
	圆钢直径/mm	扁钢截面面积/mm²	扁管厚度/mm
避雷网、避雷带	≥8	≥48	≥4
烟囱顶上的避雷环	≥12	≥100	≥4

（5）利用钢板、铜板、铝板等作屋面的建筑物，在符合下列要求时，宜利用其屋面作为接闪器。

1）金属板之间具有持久的贯通连接。

2）当金属板需要防雷击穿孔时，钢板厚度不应小于4mm，铜板厚度不应小于5mm，铝板厚度不应小于7mm。

3）当金属板下面无易燃物品时，铜板厚度不应小于0.5mm，铝板厚度不应小于0.65mm，锌板厚度不应小于0.7mm。

4）金属板无绝缘被覆层。

（6）屋顶上的永久性金属物宜作为接闪器，但其所有部件之间均应连成电气通路。并应符合下列规定。

1）旗杆、栏杆、装饰物等，其规格不小于标准接闪器所规定的尺寸。

2）壁厚不小于2.5mm的金属管、金属罐，且不会由于被雷击穿而发生危险，当钢管、钢罐一旦被雷击穿，其内的介质会对周围环境造成危险时，其壁厚不得小于4mm。

（7）接闪器应镀锌，焊接处应涂防腐漆，但利用混凝土构件内钢筋作接闪器除外。在腐蚀性较强的场所，还应该适当加大其截面或者采取其他防腐措施。

二、引下线

防雷装置的引下线应满足机械强度、耐腐蚀及热稳定的要求。

（1）建筑物防雷装置应利用建筑物钢筋混凝土中的钢筋和圆钢、扁钢作为引下线。

（2）引下线可采用圆钢或扁钢，在采用圆钢时，直径不应小于8mm；在采用扁钢时，截面面积不应小于48mm²，厚度不应小于4mm。装设在烟囱上的引下线，圆钢直径不应小于12mm，扁钢截面面积不应小于100mm²，厚度不应小于4mm。

（3）利用混凝土钢筋作引下线时，引下线应镀锌，焊接处应涂防腐漆。在腐蚀性较强的场所，还应适当加大截面或采取其他的防腐措施。

（4）专设引下线宜沿建筑物外墙壁敷设，并应以最短路径接地，对建筑艺术要求较高时可暗敷，但是截面应加大一级。

（5）建筑物的金属构件、金属烟囱、烟囱的金属爬梯等可作为引下线，但是其所有部件之间均应连成电气通路。

（6）采用多根专设引下线时，为了便于测量接地电阻及检查引下线、接地线的连接状况，宜在引下线距地面0.3~1.8m之间设置断接卡。当利用钢筋混凝土中的钢筋、钢柱作为引下线并同时利用基础钢筋作为接地装置时，可以不设置断接卡。

（7）利用建筑钢筋混凝土中的钢筋作为防雷引下线时，其上部（屋顶上）应与接闪器焊接，下部在室外地坪下0.8~1m处焊出一根直径为12mm或截面尺寸为40mm×4mm的镀锌导体，此导体伸向室外，距外墙皮的距离宜不小于1m，并应符合下列要求。

1）当钢筋直径为16mm及以上时，应利用2根钢筋（绑扎或者焊接）作为一组引下线。

2）当钢筋直径大于或等于10mm且小于16mm时，应利用4根钢筋（绑扎或者焊接）作为一组引下线。

（8）当建筑物、构筑物钢筋混凝土内的钢筋具有贯通性连接（绑扎或焊接），并符合规格要求时，竖向钢筋可作为引下线；横向钢筋与引下线有可靠连接（绑扎或焊接）时可作为均压环。

（9）在易受机械损坏的地方，地面上约1.7m至地面下0.3m的这一段引下线应加保护措施。

三、接地网

在民用建筑中，利用钢筋混凝土中的钢筋作为防雷接地网为最佳，假如条件不具备，则可采用圆钢、钢管、角钢或扁钢等金属体作为人工接地极。

垂直埋设的接地极，可采用圆钢、钢管、角钢等。水平埋设的接地极可采用角钢、圆钢等。垂直接地极的长度宜为2.5m，垂直接地极间的距离及水平接地极间的距离应为5m，受场所限制时可以减小。

接地极及其连接导体应镀锌，焊接处应涂防腐漆。在腐蚀性较强的土壤中，还应适当加大其截面面积或采取其他防腐措施。接地极埋设深度不应小于0.6m，接地极应远离由于高温影响使土壤电阻率升高的地方。

当防雷装置引下线为2根或更多时，每根引下线的冲击接地电阻均应满足对该建筑物所规定的防直击雷冲击接地电阻值。

为了降低跨步电压，防直击雷的人工接地装置距建筑物入口处及人行道不应小于3m，当小于3m时应采取下列措施之一。

（1）水平接地极局部深埋，深度不小于1m。

（2）水平接地极局部包以绝缘物，如50~80mm厚的沥青层。

（3）采用沥青碎石地面或在接地装置上面敷设50~80mm厚沥青层，其宽度应超过接地装置2m。

其中，在高土壤电阻率地区，应采用下列方式降低防直击雷接地装置的接地电阻。

1）可将接地极埋于较深的低电阻率土壤中，也可采用井式或深钻式接地极。

2）可采用降阻剂，降阻剂应符合环保要求。

3）可以更换土壤。

4）可采用其他有效的新型接地措施，如敷设水下接地网。

四、接地极

接地极是人为埋入地下与土壤直接接触的金属导体。按其敷设方式可以分为垂直接地极和水平接地极两种。

（1）垂直接地极。垂直接地极多使用镀锌角钢和镀锌钢管，一般应按设计所要求的数量及规格进行加工。一般镀锌角钢可选用40mm×40mm×5mm或50mm×50mm×5mm两种规格，其长度为2.5m。

一般镀锌钢管直径为 50mm，壁厚不小于 3.5mm。垂直接地体打入地下的部分应加工成尖形，顶部埋深 0.8～1m。

垂直接地极端部的处理方式如图 4-1 所示。

（2）水平接地极。水平接地极是将镀锌扁钢或镀锌圆钢水平敷设于土壤中，可采用截面尺寸为 40mm×4mm 的扁钢或直径为 16mm 的圆钢，埋深不小于 0.8m。一般水平接地极有三种形式，即水平接地极、绕建筑物四周的闭合环式接地极及延长外引接地极。

水平接地极的埋设方式如图 4-2 所示。

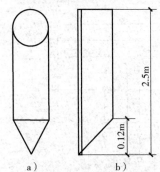

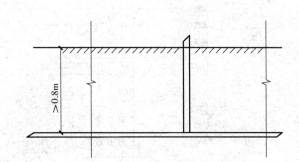

图 4-1　垂直接地极端部的处理方式　　　　图 4-2　水平接地极的埋设方式
a）钢管　b）角钢

五、接地线

接地线是连接接地极与引下线的金属导线，可分为自然接地线与人工接地线两种。

自然接地线可以利用建筑物的金属结构，如梁、柱、桩等混凝土结构内的钢筋等，使用时应保证全长管路有可靠的电气通路；利用电气配线钢管作接地线时管壁厚度应不小于 3.5mm；使用螺栓或铆钉连接的部位必须焊接跨接线；利用串联金属构件作接地线时，其构件之间应以截面面积不小于 $100mm^2$ 的钢材焊接；不得使用蛇皮管、管道保温层的金属外皮或金属网作为接地线。

人工接地线材料一般采用扁钢和圆钢，移动式电气设备采用钢质导线，在安装上有困难的电气设备可采用有色金属作为人工接地线，绝对禁止使用裸铝导线作接地线。

采用扁钢作为接地线时，其截面尺寸应不小于 25mm×4mm；采用圆钢作接地线时，其直径应不小于 10mm。人工接地线不仅要有一定的机械强度，而且接地线截面应满足热稳定的要求。

六、认识低压配电系统的接地形式

国际电工委员会规定低压电网有 5 种接地方式，分别为 TN（包括 TN-S、TN-C、TN-C-S）、TT、IT。

其中，第一个字母（"T"或者"I"）表示电源中性点的对地关系，第二个字母（"N"或"T"）表示装置的外露导电部分的对地关系，横线后的字母（"S""C"或"C-S"）表示保护线与中性线的结合情况。

T——通过，表示电力网的中性点（发电机、变压器的星形接线的中间结点）是直接接地系统。N——中性点，表示电气设备正常运行时不带电的金属外露部分与电力网的中性点采取直接的电气连接，亦即"保护接零"系统。

1. TN 系统概述

TN 系统又可分为 TN-S 系统、TN-C 系统、TN-C-S 系统三类，以下分别对其进行介绍。

（1）TN-S 系统。TN-S 系统就是三相五线系统，其中 3 根相线分别是 L1、L2、L3，一根中性线 N，一根保护线 PE，电力系统中性点接地，用电设备的外露可导电部分直接接到 PE 线上，如图 4-3 所示。

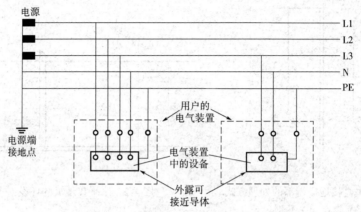

图 4-3　TN-S 系统的接地方式

TN-S 系统中的 PE 线在正常工作时没有电流，设备的外露可导电部分没有对地电压，用来保证操作人员的人身安全。当事故发生时，PE 线中有电流通过，使得保护装置迅速动作，以切断故障。通常情况下规定 PE 线不允许断线和进入开关。

N 线（即工作中性线）在接有单相负载时，可能有不平衡电流。PE 线和 N 线的区别就在于 PE 线平时无电流，而 N 线在三相负荷不平衡时有电流。PE 线是专用保护接地线，N 线是工作中性线。PE 线不得进入漏电开关，而 N 线可以。

TN-S 系统适合用于工业与民用建筑等低压供电系统，目前我国在低压系统中普遍采用这种接地方式。

（2）TN-C 系统。TN-C 系统即三相四线制系统，3 根相线 L1、L2、L3，1 根中性线与保护线合并的 PEN 线，用电设备的外露可导电部分接到 PEN 线上，如图 4-4 所示。

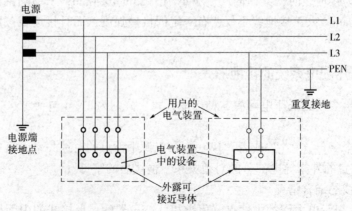

图 4-4　TN-C 系统的接地方式

在 TN-C 系统接线中存在三相负荷不平衡和有单相负荷时，PEN 线上呈现不平衡电流，设备的外露可导电部分有对地电压的存在。因为 N 线不得断线，所以在进入建筑物前，N 线或 PE 线应加做重复接地。

在三相负荷基本平衡的情况下适合使用 TN-C 系统，另外，有单相 220V 的便携式、移动式的用电设备也适合使用 TN-C 系统。

（3）TN-C-S 系统。TN-C-S 系统又称四线半系统，在 TN-C 系统的末端将 PEN 线分为 PE 线和 N 线，且分开后不允许再合并，如图 4-5 所示。

TN-C-S 系统的前半部分具有 TN-C 系统的特性，系统的后半部分却具有 TN-S 系统的特点。在一些民用建筑中，当电源入户后，就将 PEN 线分为 N 线与 PE 线。

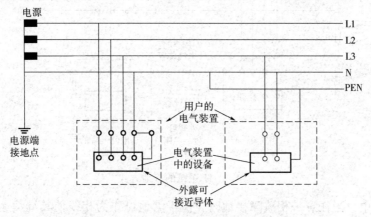

图 4-5　TN-C-S 系统的接地方式

工业企业和一般民用建筑适合使用 TN-C-S 系统。在负荷端装有漏电开关，干线末端装有接零保护时，也可将其用于新建的住宅小区。

2. TT 系统

在 TT 系统中，当电气设备的金属外壳带电，即相线碰壳或漏电时，接地保护可以减少触电的危险。但是低压断路器不一定跳闸，设备外壳的对地电压可能超过安全电压。当漏电电流较大时，需要加剩余电流保护器。如图 4-6 所示为 TT 系统的接地方式。

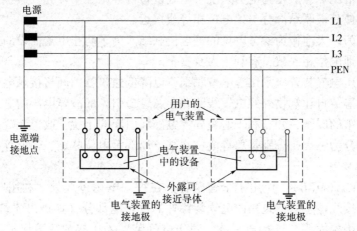

图 4-6　TT 系统的接地方式

小负荷的接地系统适合使用 TT 系统。接地装置的接地电阻应该满足单相接地发生故障时，在规定的时间内切断供电线路的要求，或者将接地电压限制在 50V 以下。

3. IT 系统

IT 系统即电力系统不接地或经过高阻抗接地，是三线制系统。其中，3 根相线分别为 L1、L2、L3，用电设备的外露部分采用各自的 PE 线接地。

IT 系统接地方式如图 4-7 所示。

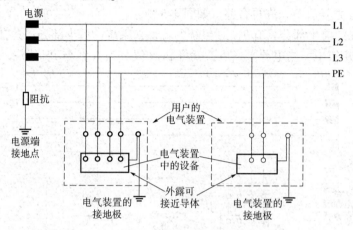

图 4-7　IT 系统的接地方式

在 IT 系统中，当任意一相故障接地时，由于大地可作为相线使其继续运行，因此在线路中需加单相接地检测装置，以便发生故障时报警。

IT 系统常用于矿井、游泳池等场所。

某变电所防雷接地平面图如图 4-8 所示。

七、等电位联结

等电位联结是将分开的设备和装置的外露可导电部分用等电位联结导体或电涌保护器联结起来，使其电位基本相等。

接地在通常情况下一般是指电力系统、电气设备可导电金属外壳及其金属构件，用导体与大地相连接，使其被联结部分与地电位相等或接近。

接地可以视为以大地作为参考电位的等电位联结。为了防止电击而设的等电位联结一般均作为接地，与地电位相一致，有利于人身安全。

建筑物的低压电气装置应采用等电位联结，以降低建筑物内间接接触电压和不同金属物体间的电位差，避免自建筑物外经电气线路和金属管道引入的故障电压的危害，减少保护电器动作不可靠带来的威胁，和有利于避免外界电磁场引起的干扰，改善装置的电磁兼容性。

等电位联结分为三类，分别是总等电位联结、局部等电位联结、辅助等电位联结。

1. 总等电位联结

总等电位联结（MEB），作用于全建筑物，在每一电源进线处，利用联结干线将保护线、接地线的总接线端子与建筑物内电气装置外的可导电部分（如进出建筑物的金属管道、建筑物的金属结构构件等）连接成一体。建筑电气装置采用接地故障保护时，建筑物内电气装置应采用总等电位联结。

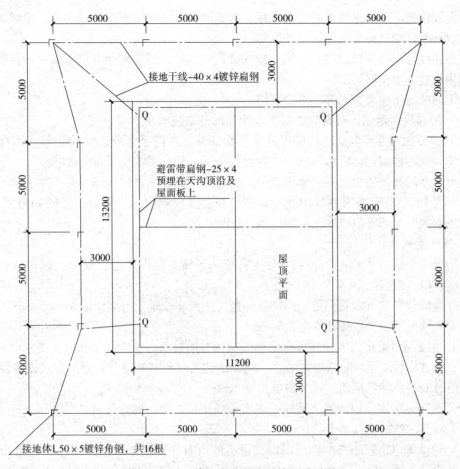

图 4-8　10kV 降压变电所防雷接地平面图

总等电位联结应该通过进线配电箱近端的接地母排（即总等电位联结端子板）将下列可导电部分互相连通。

（1）进线配电箱的 PE 母线（PEN）母排或端子。

（2）接往接地极的接地线。

（3）公用设施的金属管道，如上水管道、下水管道、热力管道。

（4）建筑物金属结构。

建筑物做总等电位联结后，可以防止 TN 系统电源线路中的 PE 线和 PEN 线传导引入故障电压导致电击事故，同时可减少电位差、电弧、电火花发生的概率，避免接地故障引起的电气火灾事故和人身电击事故，同时也是防雷安全所必需的。因此，在建筑物的每一电源进线处，一般都设有总等电位联结端子板，由总等电位联结端子板与进入建筑物的金属管道和金属结构构件进行连接。

2. 局部等电位联结

局部等电位联结（LEB），指在局部范围内设置的等电位联结。一般在 TN 系统中，当配电线路阻抗过大，保护动作时间超过规定允许值时，或者为了满足防电击的特殊要求时，需要做局部等电位联结。

局部等电位联结通常情况下应用于浴室、游泳池、医院手术室等场所，在这里发生电击事故的危险性较大，要求更低的接触电压。在这些局部范围需要多个辅助等电位联结才能达到要求，这种联结被称为局部等电位联结。

一般局部等电位联结也有一个端子板或者连成环形。即局部等电位联结可以看成是在局部范围内的总等电位联结。

在下列情况下需要做局部等电位联结。

（1）局部场所范围内有高防电击要求的辅助等电位联结。

（2）需要做局部等电位的场所：浴室、游泳池、医院手术室、农牧场等，因保护电器切断电源时间不能满足防电击要求，或为满足防雷和信息系统抗干扰的要求。

值得注意的是，假如浴室内原无 PE 线，浴室内局部等电位联结不得与浴室外的 PE 线相连。因为 PE 线有可能因别处的故障而带电位，反而能引入别处电位。假如浴室内有 PE 线，则浴室内的局部等电位联结必须与该 PE 线相连。

3. 辅助等电位联结

辅助等电位联结（SEB），可将两导电部分用导线直接做等电位联结，使得故障接触电压降至接触电压限值以下。

局部等电位联结可以看作是一局部场所范围内的多个辅助等电位联结。

在下列情况下需要做辅助等电位联结。

（1）电源网络阻抗过大，使得自动切断电源时间过长，不能满足防电击要求时。

（2）自 TN 系统同一配电箱供给固定式和移动式两种电气设备，而固定式设备保护电器切断电路时间不能满足移动式设备防电击要求时。

（3）为满足浴室、游泳池、医院手术室等场所对防电击的特殊要求时。

其中需要注意的要点如下：

（1）辅助等电位联结必须包括固定式设备的所有能同时触及的外露可导电部分和装置外可导电部分。等电位系统必须与所有设备的保护线（包括插座的保护线）联结。

（2）连接两个外露可导电部分的辅助等电位线，其截面面积不应小于接至该两个外露可导电部分的较小保护线的截面面积。

（3）连接外露可导电部分与装置外可导电部分的辅助等电位联结线截面面积不应小于相应保护线截面面积的 1/2。

如图 4-9 所示为住宅楼供电系统中的总等电位联结图，以下介绍其识读步骤。

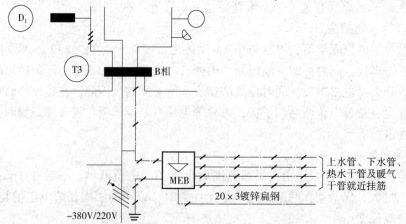

图 4-9　住宅楼供电系统中的总等电位联结图

（1）总等电位联结箱 MEB 位于工程图的下方，与电源进线相连接。

（2）在 MEB 箱附近有暖气干管、上水管、下水管、热水干管，就近与建筑物内钢筋连接。

（3）MEB 箱内安装了等电位联结端子板。

（4）使用接地母线将 MEB 箱、配电箱 T3 以及电气接地装置相连接。

第二节　建筑物防雷接地安装规定及安装工艺

一、建筑物防雷接地安装规定

1. 设置接地体和接地线

接地电阻值应该能满足工作接地和保护接地规定值的要求，应该能安全地通过正常泄漏电流和接地故障电流。选用的材质及其规格在其所在环境内应该具备一定的防机械损伤、腐蚀和其他有害影响的能力。

2. 利用自然接地体

要充分利用自然接地体（如水管、基础钢筋、电缆金属外皮等），但是应该注意的有几点。如选用的自然接地体应该满足热稳定的条件，应该保证接地装置的可靠性，不至于因为某些自然接地体的变动而受到影响，例如，使用自来水管作自然接地体时，应该与其主管部门协议，在检修水管时应事先通知电气人员做好跨接线，来保证接地接通有效。

3. 人工接地体

人工接地体可采用水平敷设或垂直敷设的角钢、钢管及圆钢，也可以采用金属接地板。值得注意的是，人工接地体宜优先采用水平敷设方式。

4. 接地母线或总接地端子

接地母线或者总接地端子作为一建筑物电气装置内的参考电位点，将其与电气装置的外露点部分与接地体相连接，并通过它将电气装置内的各总等电位联结、互相连通。

5. 地下等电位联结

地下等电位联结在敷设时要求地面上任意一点距接地体不超过 10m，即要求地面下有 20m × 20m 的金属网格。

6. 接地常用数据

弱电系统接地电阻值见表4-4。

表4-4　弱点系统接地电阻值

序号	名称	接地装置形式	规格	接地电阻值要求/Ω	备注
1	调度电话站	独立接地装置	直流供电	≤15	P_e 为交流单相负荷
			交流供电 $P_e \leqslant 0.5kW$	≤10	
			交流供电 $P_e > 0.5kW$	≤5	
		共用接地装置		≤1	

(续)

序号	名称	接地装置形式	规格	接地电阻值要求/Ω	备注
2	程控交换机房	独立接地装置		≤5	
		共用接地装置		≤1	
3	综合布线系统	独立接地装置		≤4	
		接地电位差		≤1V_{r.m.s}	
		共用接地装置		≤1	
4	天馈系统	独立接地装置		≤4	
		共用接地装置		≤1	
5	电气消防	独立接地装置		≤4	
		共用接地装置		≤1	
6	有线广播	独立接地装置		≤4	
		共用接地装置		≤1	
7	楼宇监控、扩声、安防、同声传译等系统	独立接地装置		≤4	
		共用接地装置		≤1	

人工接地装置规格见表4-5。

表4-5　人工接地装置规格

类型	材料	规格		接地体间距	埋设深度
垂直接地体	角钢	厚度≥4mm	一般长度不应该小于2.5m	间距及水平接地体间的间距宜为5m	其顶部距地面应在冻土层以下并应该大于0.6m
	钢管	壁厚≥3.5mm			
	圆钢	直径≥10mm			
水平接地体及接地线	扁钢	截面面积≥100mm²			
	圆钢	直径≥10mm			

钢接地体和接地线的最小规格见表4-6。

表4-6　钢接地体和接地线的最小规格

种类、规格及单位		地上		地下	
		室内	室外	交流电流回路	直流电流回路
圆钢直径/mm		6	8	10	12
扁钢	截面面积/mm²	60	100	100	100
	厚度/mm	3	4	4	6
角钢厚度/mm		2	2.5	4	6
钢管壁厚/mm		2.5	2.5	3.5	4.5

二类防雷建筑环形人工基础接地体规格见表4-7。

表 4-7 二类防雷建筑环形人工基础接地体规格

闭合条形基础的周长/m	扁钢/mm	圆钢（根数×直径/mm）
>60	—	2×10
>40 至 <60	4×50	4×10 或 3×12
<40	钢材表面积总和 >4.24mm²	

注：1. 当长度、截面面积相同时，应优先选用扁钢。

2. 在采用多根圆钢的情况下，其敷设净距不应小于直径的 2 倍。

3. 利用闭合条形基础内的钢筋作为接地体时可按本表校验，除了主筋外，可以将箍筋的表面积计入。

三类防雷建筑环形人工基础接地体规格见表 4-8。

表 4-8 三类防雷建筑环形人工基础接地体规格

闭合条形基础的周长/m	扁钢/mm	圆钢（根数×直径/mm）
>60	—	1×10
>40 至 <60	4×20	2×8
<40	钢材表面积总和 >1.89mm²	

注：1. 当长度、截面面积相同时，应优先选用扁钢。

2. 在采用多根圆钢的情况下，其敷设净距不应小于直径的 2 倍。

3. 利用闭合条形基础内的钢筋作为接地体时可按本表校验，除了主筋外，可以将箍筋的表面积计入。

二、建筑物防雷接地安装工艺

1. 均压环设置

工艺说明：

（1）民用建筑超过 45m 时设置均压环。

（2）每隔 6m 设一均压环，并且形成环路。

（3）利用圈梁内两条主筋焊接成闭合圈，此闭合圈必须与所有的引下线连接，并且所有焊口必须要双面搭接满焊。

（4）将 6m 高度内上下两层的金属门、窗与均压环连接。

2. 接地装置安装（人工接地安装）

工艺说明：

（1）接地体的加工。

1）根据设计要求的数量和材料规格进行加工，材料一般采用镀锌钢管和角钢切割，长度不应小于 2.5m。

2）如采用钢管打入地下，应根据土质加工成一定的形状。遇松软土壤时，可切成斜面形。为了避免打入时受力不均使管子歪斜，也可加工成扁尖形；遇土土质很硬时，可将尖端加工成锥形。如选用角钢时，应采用截面尺寸不小于 40mm×40mm×4mm 的角钢，切割长度不应小于 2.5m，角钢的一端应加工成尖头形状。

3）挖沟：根据设计图要求，对接地体的线路进行测量弹线，在此线路上挖掘深度为 0.8~1m，宽为 0.5m 的沟，沟上部稍宽，底部如有石子应清除。

（2）安装接地体。

1）沟挖好后，应立即安装接地体和敷设接地扁钢，防止土方坍塌。

2）先将接地体放在沟的中心线上，打入地中，一般采用手锤打入，一人扶着接地体，一人用大锤敲打接地体顶部。为了防止将接铜管或角钢打劈，可加一护管帽套入接地管端，角铜接地可采用短角铜（约10cm）焊在接地角铜一端即可。使用手锤敲打接地体时要平稳，锤击接地体正中，不得打偏，应与地面保持垂直，当接地体顶端距离地600mm时停止打入。

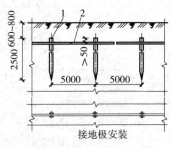

图4-10 接地装置安装

接地装置安装（人工接地安装）如图4-10所示。

3. 人工接地极接地（铜包钢）安装

工艺说明：

在熔接之前清洁连接表面，清理表面的水、油、污渍等；对有附着物的表面宜使用砂轮、粗目锉刀等工具清洁；散开的电缆线头会使模具合不拢，产生较大的缝隙，引起铜液渗漏；所以在切割电缆线时，要注意保证切口平整，可用铜丝或胶布固定切割处后再切割；如果在熔接具有张力的电缆线时，可使用线缆固定夹紧固；镀锌钢板熔接点表面需去除镀层后再熔接，如普通焊粉不能对铸铁表面熔接，就需使用特殊焊粉，严禁使用型号不对的焊粉。熔接完成后及时涂刷防腐漆。

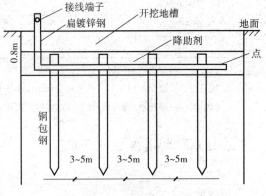

图4-11 人工接地极地安装

人工接地极接地安装如图4-11所示。

4. 自然接地安装

自然接地安装如图4-12所示。

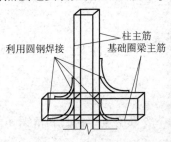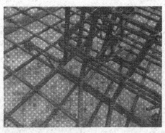

图4-12 自然接地安装

（1）利用无防水底板钢筋或深基础作接地体：按设计图尺寸位置要求，标好位置，将底板钢筋搭接焊好。再将柱主筋（不少于2根）底部与底板筋搭接焊好，并在室外地面以下焊好连接板，消除药皮，并将两根主筋用色漆做好标记，以便于引出和检查。应及时请质检部门进行隐检，同时做好隐检记录。

（2）利用柱形桩基及平台钢筋做好接地体，按设计图尺寸位置，找好桩基组数位置，把每组桩基四角钢筋搭接封焊。再与柱主筋（不少于2根）焊好，并在室外地面以下，将主筋预埋好接地连接板，清除药皮，并将两根主筋用色漆做好标记，便于引出和检查，并应及时请质检部门进行隐检，同时做好隐检记录。

5. 圆钢避雷带的推荐搭接

（1）圆钢规格根据设计要求选择，当在避雷支架敷设时避雷带尽量选择圆钢，明敷设时更易调直，保证美观。

（2）避雷带两边施焊，焊接长度不小于 6 倍的圆钢直径。

（3）两根圆钢连接，为了防止发生搭接处不易调直的问题，可以选择一节同直径的圆钢作为搭接体进行焊接，两面施焊。

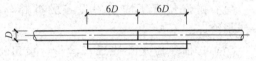

图 4-13　圆钢避雷带的推荐搭接

圆钢避雷带的推荐搭接如图 4-13 所示。

6. 避雷引下线断接卡安装

将调直的引下线运到安装地点，按设计要求随建筑物引上，挂好。及时将引下线的下端与接地体焊接好，或与断接卡连接好。随着建筑物的逐步增高。将引下线敷设于建筑物内至屋顶为止。如需接头则应进行焊接，焊接后应敲掉药皮并刷防锈漆（现浇混凝土除外），并请有关人员进行隐检验收，做好记录。利用主筋（直径不少于 16mm）作引下线时，按设计要求找出全部主筋位置，用油漆做好标记，距室外地坪 1.8m 处焊好测试点，随钢筋逐层串联焊接至顶层，焊接出一定长度的引下线，搭接长度不应小于 100mm，做完后请有关人员进行隐检，做好隐检记录。

避雷引下线断接卡安装如图 4-14 所示。

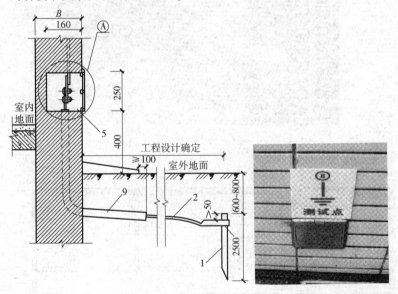

图 4-14　避雷引下线断接卡安装

7. 防雷引下线明敷设

引下线如为扁钢，可放在平板上用手锤调直；如为圆钢叶将圆钢放开。一端固定在牢固地锚的机具上，另一端固定在绞磨的夹具上进行冷拉直。将调直的引下线运到安装地点。将引下线用大绳提升到最高点，然后由上而下逐点固定，直至安装断接卡处。如需接头或安装断接卡，则应进行焊接。焊接后，清除药皮，局部调直，刷防锈漆。将接地线地面以上 2m

段，套上保护管，并卡固及刷红白油漆。用镀锌螺栓将断接卡与接地体连接牢固。土建装修完毕后，将引下线在地面上2m的一段套上保护管，并用卡子将其固定牢固，刷上油漆。

防雷引下线明敷设如图4-15所示。

8. 配电室及小间接地干线敷设

（1）敷设位置不应妨碍设备的拆卸与检修，并便于检查。

（2）接地线应水平或垂直敷设，也可沿建筑物倾斜结构平行在直线段上，不应有高低起伏及弯曲情况。

（3）接地线沿建筑物墙壁水平敷设时，离地面应保持250～300mm的距离，接地线与建筑物墙壁间隙应保持10～20mm。

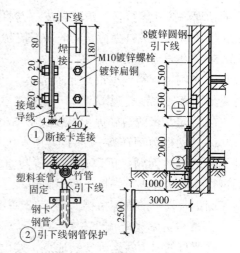

图4-15　防雷引下线明敷设

（4）明敷的接地干线全长度或区间段及每个连接部位附近的表面应涂以15～100mm宽度相等的绿色漆和黄色漆相间的条纹标识，预留供临时接地用的接线柱或接地螺栓处不应涂刷。

配电室及小间接地干线敷设如图4-16所示。

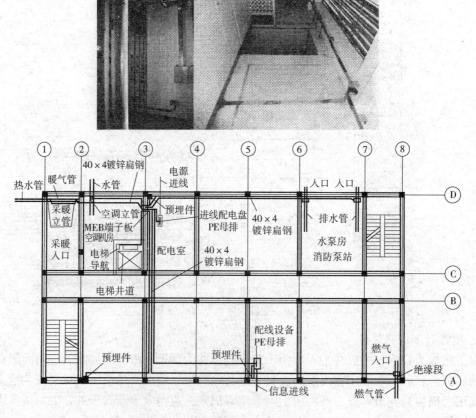

图4-16　配电室及小间接地干线敷设

9. 门窗接地安装

（1）铝制门窗与避雷装置连接。在加工订货铝制门窗时就应按要求凸出 30cm 的铝带或扁钢 2 处，如超过 3m 时，就需 3 处连接，以便进行压接或焊接。

（2）建筑物高于 30m 以上的部位，每隔 3 层沿建筑物四周敷设一道避雷带，并与各根引下线相焊接。避雷带可以暗敷设在建筑物表面的抹灰层内，或直接利用结构钢筋，并应与暗敷的避雷网或楼板的钢筋相焊接，所以避雷带实际上也就是均压环。利用结构圈梁里的主筋或腰筋与预先准备好的约 20cm 的连接钢筋头焊接成一体，并与柱筋中引下线焊成一个整体。

门窗接地安装如图 4-17 所示。

10. 利用屋面金属板作接闪器

（1）除一类防雷以外，金属屋面板的建筑物宜利用其屋面作接闪器。

（2）金属屋面板的厚度不小于 0.5mm。

利用屋面金属板作接闪器如图 4-18 所示。

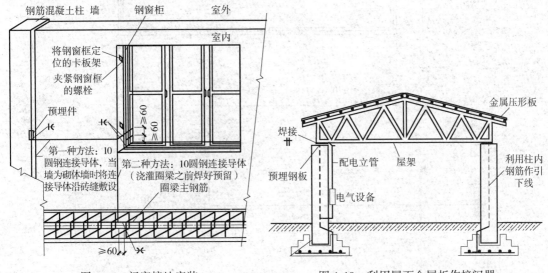

图 4-17　门窗接地安装　　　　　图 4-18　利用屋面金属板作接闪器

第三节　建筑防雷接地施工图识读方法

一、建筑防雷工程图的识读

建筑防雷工程图的识读方法可以分为以下三个步骤。

（1）明确建筑物的雷击类型、防雷等级、防雷的措施。

（2）在防雷采用的方式确定后，分析建筑物避雷带等装置的安装方式，引下线的路径及末端连接方式等。

（3）避雷装置采用的材料、尺寸及型号。

以某住宅建筑楼防雷设计图为例，分析建筑防雷工程图识图的基本方法。图 4-19 为某住宅建筑防雷接地工程图从图中可以看到该建筑防直击雷采用屋面女儿墙敷设避雷带，建筑物顶端突出部分也敷设避雷带，并与屋面上避雷带相连接。此工程采用截面尺寸为25mm×4mm镀锌扁钢作水平接地体，绕建筑物一周敷设，其接地电阻不大于10Ω。

从图4-19a、b分析，避雷带采用截面尺寸为25mm×4mm的镀锌扁钢，用敷设在女儿墙上的支持卡子固定，支持卡子的间距为1.1m，转角处为0.5m，避雷带与扁钢支架焊为一体，采用搭接焊接，其搭接长度为扁钢宽度的2倍。引下线设置于4个墙角处，采用截面尺寸为25mm×4mm镀锌扁钢，分别在西南和东面山墙上敷设，与接地体相连。引下线在距地面2m处设置引下线断接卡子，固定引下线支架间距为1.5m。

由图4-19b、c分析接地装置，接地装置由水平接地体和接地线组成，水平接地体沿建筑物一周敷设，距基础中心线为0.68m。

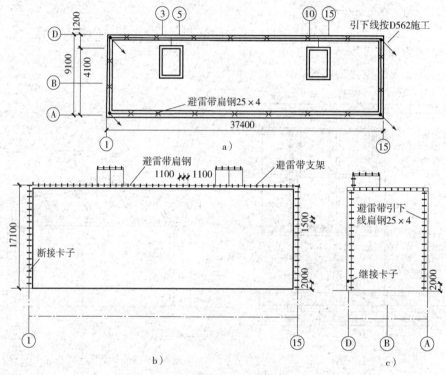

图4-19 某住宅建筑防雷接地工程图
a) 平面图 b) 北面图 c) 侧面图

从图4-20某住宅建筑接地平面图中看出，水平接地体沿建筑基础四周敷设，采用截面尺寸为25mm×4mm的镀锌扁钢，埋地深度为1.65m，距基础中心0.65m。

又如图4-21、图4-22所示，图中建筑物为一级防雷保护。在其顶层的水箱间，电梯机房及水箱间和女儿墙上均设有避雷带，并在屋面加装了避雷网格。

屋面上所有金属构件，如出气管、落水管等，均与接地系统进行可靠焊接。

引下线利用柱子内的2根主筋牢固焊接，并在外圈的作为引下线的柱子上设测试点，测试点距地面1.8m。

对整个建筑物，每3层就在建筑物的结构圈内设1条镀锌扁钢，作均压环。所有均压环均与引下线可靠焊接，自30m高度起，所有外墙上的栏杆、金属门窗等金属物，均直接或通过埋件与防雷装置可靠连接，以防侧击雷。

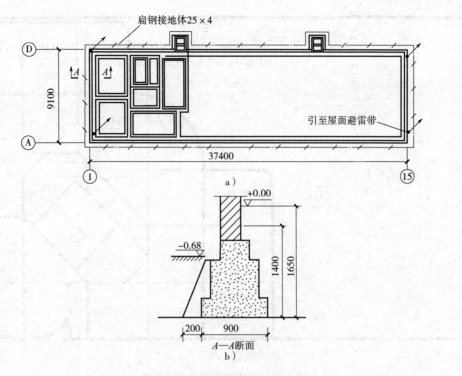

图 4-20 某住宅建筑接地平面图

a) 屋顶平面图 b) A—A 剖面图

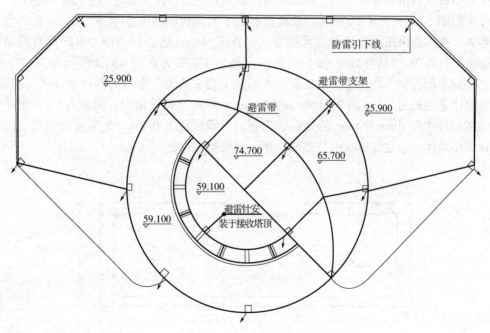

图 4-21 某大厦防雷施工图

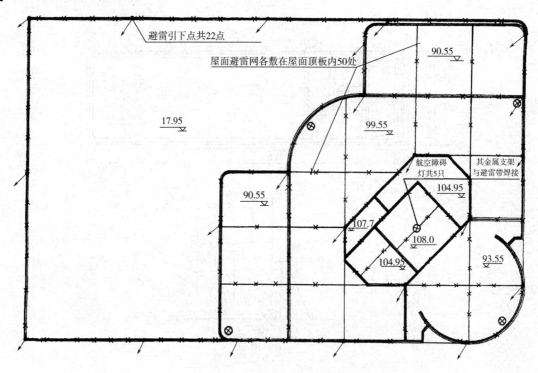

图 4-22 某大楼屋面防雷平面图

二、接地施工图的识读

以某项目防雷接地系统为例，该站设有一套接地装置，屋顶避雷带平面图和基础接地平面图分别如图 4-23 和图 4-24 所示。系统要求总工频接地电阻 R 小于等于 1Ω。泵站为三级防雷等级，接闪器采用屋顶装避雷带的方式，直径为 8cm 的镀锌圆钢沿泵房屋脊及屋檐安装。避雷带每隔 7m（转弯处 0.5m）设固定支架，支架高为 0.05m。分析图 4-24 中，泵房四角立柱的主筋为引下线，每柱取 2 根，主筋从上自下贯通。泵房的四周敷设人工接地体，垂直接地体采用长为 2.5m 的 L 形 50mm×50mm×5mm 热镀锌角钢，间距为 5m。水平接地体采用截面尺寸为 40mm×4mm 的热镀锌扁钢，敷设深度为 0.8m。泵房基础钢筋、供水钢管等自然接地体，通过焊接或绑扎连成一体，与接地体相连。

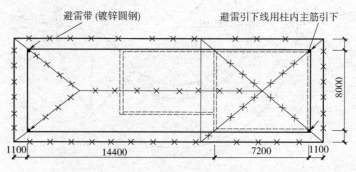

图 4-23 屋顶避雷带平面图

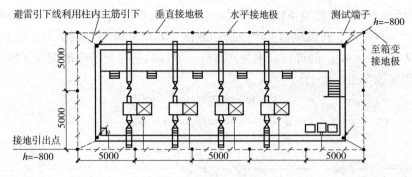

图 4-24　基础接地平面图

如图 4-24 所示，图中标出了在泵房周围有两处接地电阻测试点，一处接地线引出点，若实测电阻不能满足要求，可在下游侧加埋人工接地体。

接地装置分别引至箱式变压站、开关柜、操作台等基础槽钢及电动机等机电设备处，所有的设备外壳、屏柜的金属壳体、电缆的金属护套及电缆支架都要可靠接地，以确保安全运行。

图 4-25 为两台 10kV 变压器的变电所接地平面图。从图中可以看出接地系统的布置，沿墙的四周用截面尺寸为 25mm×4mm 的镀锌扁钢作为接地支线，截面尺寸为 40mm×4mm 的镀锌扁钢为接地线，接地体为两组，每组有 3 根 G50 的镀锌钢管，长度为 2.5m。变压器利用轨道接地，低压柜和高压柜的接地用 10# 槽钢支架。变电所电气接地其接地电阻不大于 4Ω。

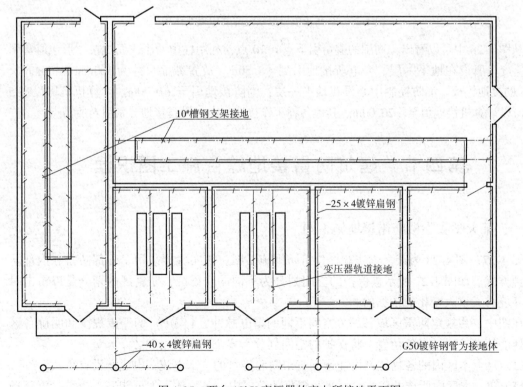

图 4-25　两台 10kV 变压器的变电所接地平面图

图 4-26 所示为某大楼接地系统的共用接地体。此工程的电力设备接地、各种工作接地、消防接地、计算机接地、防雷接地共用一套接地体，利用桩基和基础结构中钢筋作接地极，用截面尺寸为 40mm×4mm 的镀锌扁钢为接地线，通过扁钢与桩基中的钢筋焊接，形成环状接地网，要求接地电阻小于 1Ω。

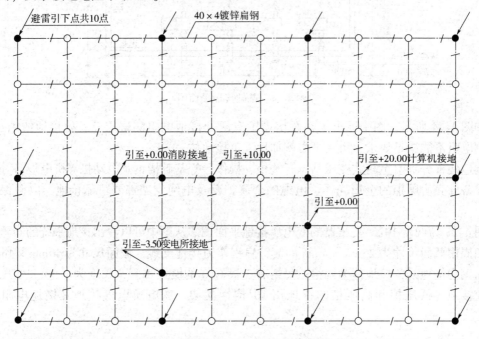

图 4-26　某商业楼接地系统的共用接地体

从图 4-26 中可以看出，周围的避雷引下点共 10 点，利用柱中两个主筋焊接，形成避雷引下线。变电所设在地下一层，变电所接地引到 -3.50m，放置截面尺寸为 100mm×100mm×10mm 的接地钢板。消防控制中心设在地上一层，消防接地引至 +0.00m。计算机机房设在 5 层，所以计算机接地引至 +20.00m。其他各种工作接地、电力设备接地分别引至所需点。

第四节　建筑防雷接地综合施工图识读

一、某大学实验楼防雷接地施工图

图 4-27、图 4-28 为某大学实验楼建筑防雷施工图，该实验楼采用了外部防雷和内部防雷两种方式。如图 4-27 所示被保护的空间划分为不同的防雷区，防雷区的划分是以雷击时电磁环境有无重大变化为依据的。

在图中，为规定防雷区域各部分空间不同的雷电脉冲（LEMP）的严重程度和明确各区交界处的等电位联结点的位置，将保护的空间划分为多个防雷区（LPZ）。

LPZOA：本区内的各物体都可能遭到直击雷和经过的全部电流，电磁场没有衰减。

LPZOB：本区内所选的防雷滚球半径包括的范围内，各物体不太可能遭直击雷，电磁场没有衰减。

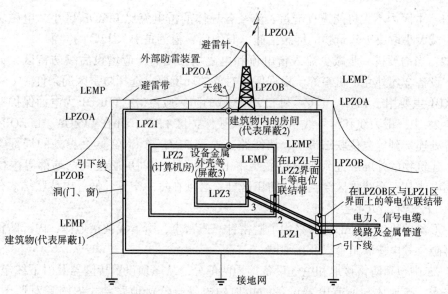

图 4-27 某大学实验楼电气系统防雷区域的划分（LPZ）

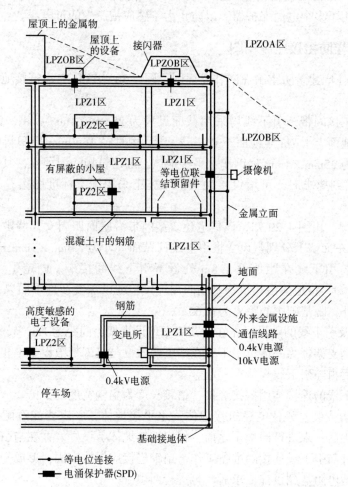

图 4-28 某大学实验楼电气系统防雷

LPZ1：本区内不太可能遭直击雷，流经各导体的雷电流比 LPZOB 区小，电磁场得到衰减，其衰减大小取决于建筑物的屏蔽措施。其中门、窗等是引入 LPZ 的"洞"。

LPZ2：当需要进一步减少流入雷电流和电磁场强度时，应增设后续防雷区，如带屏蔽的机房、设备金属外壳、机箱等。根据保护对象的环境要求选择防雷区的条件。

TDKU1 主要用于 LPZ1、LPZ2 和 LPZ3 区域的防感应雷击。TDKU1 为电涌保护器系列。

图 4-28 中，电力线和信号线从两点进入被保护区 LPZ1，并在 LPZOA、LPZOB 与 LPZ1 区的交界处连接到等电位联结带上，诸线路还连到 LPZ1 与 LPZ2 区交界处的局部等电位联结带上。建筑物的外屏蔽连到等电位联结带上，里面的房间屏蔽连到两局部等电位联接带上。在诸电缆从一个防雷区穿到另一防雷区处，必须在每一交界处做等电位联结。分雷电流不会导入 LPZ2 区，更不会穿过。

图中形象地绘出了外部防雷采用了避雷针、避雷带、引下线及接地体；内部防雷利用避雷器、屏蔽、等电位联结带以及接地网。

图 4-28 中包括防雷接地和电气设备接地两部分，从屋顶设置接闪器及引下线至接地体，防止直击雷，接地体与所有电器设备的接地构成等电位接地联结。识图者对照图 4-27 和图 4-28 分析对不同雷击采用的防雷设备和方法，防雷接地如何与设备接地形成的接地网。图中内部防雷使用了多个电涌保护器，以防止由于感应雷产生的过电压。

二、某住宅楼防雷接地施工图

图 4-29 为某住宅建筑防雷平面图和立面图，图 4-30 为该住宅建筑接地平面图，图纸附施工说明。

施工说明：①接闪带、引下线均采用截面尺寸为 25mm×4mm 扁钢，镀锌或作防腐处理。②引下线在地面上 1.7m 至地面下 0.3m 一段，用直径为 50mm 硬塑料管保护。③本工程采用截面尺寸为 25mm×4mm 扁钢作水平接地体，围建筑物一周埋设，其接地电阻不大于10Ω。施工后达不到要求时，可增设接地极。④施工采用国家标准图集，并应与土建密切配合。

（1）工程概况。由图 4-29 知，该住宅建筑接闪带沿屋面四周女儿墙敷设，支持卡间距为 1m。在西面和东面墙上分别敷设 2 根引下线（截面尺寸为 25mm×4mm 扁钢），与埋于地下的接地体连接，引下线在距地面 1.8m 处设置引下线断接卡。固定引下线支架间距为1.5m。由图 4-30 知，接地体沿建筑物基础四周埋设，埋设深度在地平面以下 1.65m 处，在 −0.68m 开始向外，距基础中心距离为 0.65m。

（2）接闪带及引下线的敷设。先在女儿墙上埋设支架，间距为 1m，转角处为 0.5m，然后将接闪带与扁钢支架焊为一体，引下线在墙上明敷设与接闪带敷设基本相同，也是在墙上埋好扁钢支架之后再与引下线焊接在一起。

接闪带及引下线的连接均用搭接焊接，搭接长度为扁钢宽度的 2 倍。

（3）接地装置安装。该住宅建筑接地体为水平接地体，一定要注意配合土建施工，在土建基础工程完工后，未进行回填土之前，将扁钢接地体敷设好。并在与引下线连接处，引出 1 根扁钢，做好与引下线连接的准备工作。扁钢连接应焊接牢固，形成一个环形闭合的电气通路，测量接地电阻达到设计要求后，再进行回填土。

（4）接闪带、引下线和接地装置的计算。接闪带、引下线和接地装置都是采用截面尺

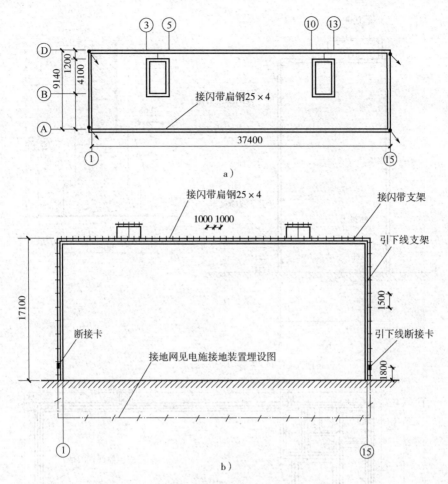

图 4-29　某住宅建筑防雷平面图和立面图
a）平面图　b）北立面图

寸为 25mm×4mm 的扁钢制成，它们所消耗的扁钢长度计算如下：

1）接闪带。接闪带由女儿墙上的接闪带和楼梯间屋面阁楼上的接闪带组成，女儿墙上避雷带的长度为（37.4m+9.14m）×2=93.08m。

楼梯间阁楼屋面上的接闪带沿其顶面敷设一周，并用截面尺寸为 25mm×4mm 的扁钢与屋面接闪带连接。因楼梯间阁楼屋面尺寸没有标注齐全，实际尺寸为宽 4.1m、长 2.6m、高 2.8m。屋面上的接闪带长度为（4.1m+2.6m）×2=13.4m，两具楼梯间阁楼的接闪带长度为 13.4m×2=26.8m。

因女儿墙的高度为 1m，阁楼上的接闪带要与女儿墙的接闪带连接，阁楼距女儿墙最近的距离为 1.2m。连接线长度为 1m+1.2m+2.8m=5m，两条连接线共 10m。

故，屋面上的接闪带总长度为 93.08m+26.8m+10m=129.88m。

2）引下线。引下线共 4 根，分别沿建筑物四周敷设，在地面以上 1.8m 处用断接卡与接地装置连接，引下线的长度为（17.1m+1m-1.8m）×4=65.2m。

3）接地装置。接地装置由水平接地体和接地线组成，水平接地体沿建筑物一周埋设，距基础中心线为 0.65m，其长度为 ［（37.4m+0.65m×2）+（9.14m+0.65m×2）］×2=

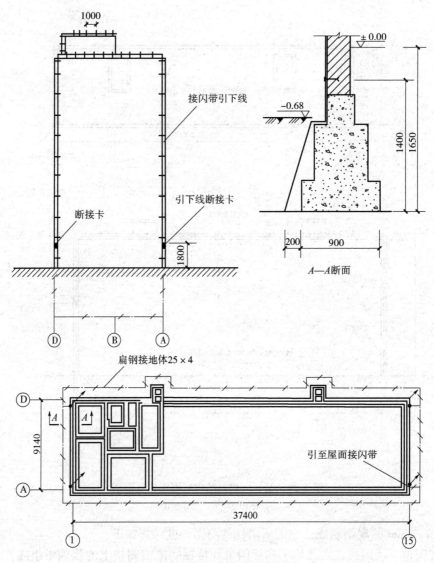

图 4-30　住宅建筑接地平面图

98.28m。因为该建筑物建有垃圾道，向外突出 1m，又增加 2×2×1m=4m，水平接地体的长度为 98.28m+4m=102.28m。

接地线是连接水平接地体和引下线的导体，不考虑地基基础的坡度时，其长度约为 (0.65m+1.65m+1.8m)×4=16.4m。考虑地基基础的坡度时，另计算，此处略。

4）引下线的保护管。引下线保护管采用硬塑料管制成，其长度为 (1.7+0.3)×4=8 (m)。

5）接闪带和引下线的支架。安装接闪带用支架的数量可根据接闪带的长度和支架间距按实际算出。引下线支架的数量计算也依同样方法，还有断接卡的制作等，所用截面尺寸为 25mm×4mm 的扁钢总长可以自行统计。

第五章　建筑弱电工程系统施工图

第一节　弱电导线竖井敷设图

（1）采用电气竖井时，应在每层楼板处留有孔洞，线路敷设完成后应用防火材料将孔洞封堵。

（2）每层设一个小门，门内井壁上装设分线箱，向各楼层分线。

图 5-1 所示为高层建筑弱电竖井一层交接间剖面图。

图 5-2 所示为每层弱电小间内分线箱的布置。

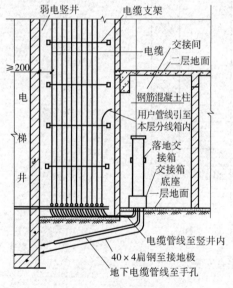

图 5-1　高层建筑弱电竖井
　　一层交接间剖面图

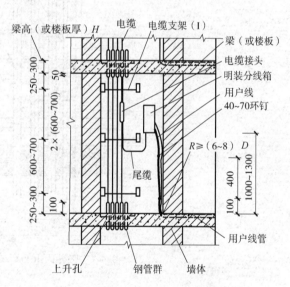

图 5-2　每层弱电小间内分线箱的布置

图 5-3 所示为竖井内电缆桥架垂直安装方法。

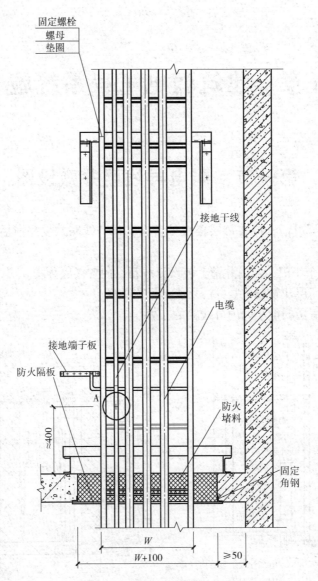

固定螺栓
螺母
垫圈

接地干线

电缆

接地端子板

防火隔板

A

≥400

防火堵料

固定角钢

W
W+100
≥50

图 5-3 竖井内电缆桥架垂直安装方法

第二节　消防系统施工图

一、消防系统的分类

1. 集中报警系统

（1）集中报警系统由集中报警控制器、区域报警控制器和火灾探测器等组成，一般有1 台集中火灾报警控制器和 2 台以上的区域报警控制器。

（2）集中报警系统中的集中火灾报警控制器接收来自区域火灾报警系统中报警信号，用声、光及数字显示火灾发生的区域和地址,它是整个报警系统的"指挥中心",同时控制消防联动设备。

(3)集中火灾报警控制器应装设在有人值班的房间或消防控制室。值班人员应经过当地公安消防部门的培训后,持证上岗。

图 5-4 所示为集中报警系统组成框图。图 5-5 所示为大型火灾报警系统组成框图。

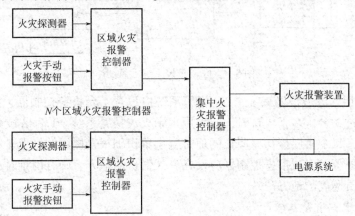

图 5-4　集中报警系统组成框图

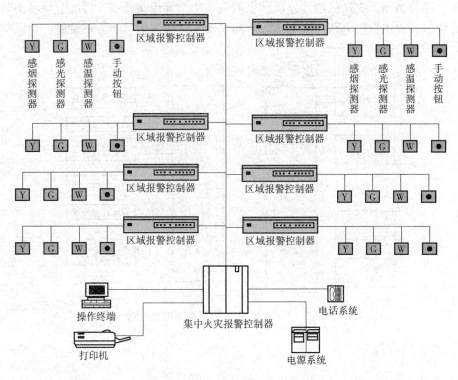

图 5-5　大型火灾报警系统组成框图

2. 区域报警系统

(1)区域报警系统一般由火灾探测器、火灾手动报警按钮、区域火灾报警控制器和火灾报警装置等组成。这种系统比较简单,应用广泛,可在某一区域范围内单独使用,也可应用在集中火灾报警控制系统中，它将各种报警信号输送至集中火灾报警控制器。图 5-6 所示为区域报警系统示意图。

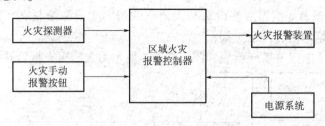

图 5-6　区域报警系统示意图

（2）单独使用的区域报警系统，1 个报警系统应设置 1 台报警控制器，必要时可设置 2 台，最多不能超过 3 台。多于 3 台时，应采用集中火灾报警系统。1 台区域火灾报警控制器监控多个楼层时，每个楼层楼梯口明显的地方应设置识别报警楼层的灯光显示装置，以便于火灾发生时迅速扑救。区域报警控制器应设在有人值班的地方，确有困难时，也应装设在经常有值班管理人员巡逻的地方。

3. 消防控制中心报警系统

消防控制中心报警系统由设置在消防控制室的消防控制设备、集中火灾报警控制器、区域火灾报警控制器和火灾探测器等组成，也就是集中报警控制系统，再加上联动消防设备如火灾报警装置、火灾报警电话、火灾事故广播、火灾事故照明、防排烟设施、通风空调设备和消防电梯等。

图 5-7 所示为消防控制中心报警系统组成框图。

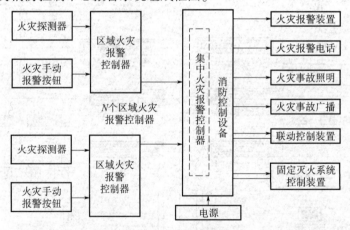

图 5-7　消防控制中心报警系统组成框图

二、消防系统简介

1. 火灾报警系统配线

火灾报警系统利用全总线计算机通信技术，既完成了总线报警，又实现了总线联动控制，彻底避免了控制输出与执行机构之间的长距离穿管布线，大大方便了系统布线设计和现场施工。

（1）系统总线。

1）回路总线指主机到各编址单元之间的联动总线。导线规格为 RVS-2×1.5mm^2 双色双绞多股塑料软线。要求回路电阻小于40Ω，回路电阻是指从机器到最远编址单元的环线电阻值（2根导线）。

2）电源总线指主机或从机对编址控制模块和显示器提供的 DC 24V 电源。电源总线采用双色多股塑料软线，型号为 RVS-2×1.5mm^2。接模块的电源线用 RVS-2×1.5mm^2。

3）通信总线指主机与从机之间的连接总线，或者主机—从机—显示器之间的连接总路线。通信总线采用双色多股塑料屏蔽导线，型号为 RVVP-2×1.5mm^2。

（2）系统配线。

1）布线要求。三种总线应单独穿入金属管中，严禁与动力、照明、交流线、视频线或广播线等穿入同一线管内。

总线在竖井或电缆沟中也应经金属线槽敷设，要求尽量远离动力、照明、强电及视频线，其平行间距应大于500mm。

当采用 RVVP 型双色绞屏蔽线时，如遇有断点，屏蔽层必须相互焊接成整体，最终接到机器外壳上。

导线在线管中应尽量避免有接头，若难以避免时，要求接头一定要焊接牢靠，并用套管套紧，防止线间及导线与管壁短路。

2）配线规格。在各总线回路中，如果需连接楼层显示器、编址控制盒、编址音响时，需要另加2根电源线，即电源总线。

电源总线的要求：选用普通多股铜芯塑料软线，导线的截面面积≥2.5mm^2。

其他用线的要求：用普通多股铜芯塑料软线即可，截面面积≥1.0mm^2。

在具有强电磁干扰的场所，如发电厂、变电站、通信楼等，对于回路总线、通信总线等，建议采用多股铜芯塑料屏蔽线，型号为 RVVP。

所用双股屏蔽线长度距离小于500m，选用 RVVP-2×1.0mm^2 型。如果长度距离小于750m，而大于500m时，需要用 RVVP-2×1.5mm^2 的双股屏蔽线。

长度距离指由报警器输出端子算起到最远的一个编址单元的布线距离。

3）导线的选用与接地要求。

①导线选型要求：报警系统需选用 RVS 双色双绞线；总线联动系统控制需选用 RVS 双色双绞线；多线联动（PLC）系统选用 KVV 电缆线；其余用 BVR 或 BV 线。

②导线必须穿管敷设，一般选用镀锌钢管。

③各探测器布置点与控制器之间可采用树枝式布线，也可采用环形布线。

④在各层楼面总线引出端或防火分区总线引出端应设置接线端子箱。

⑤报警系统总线、联动系统总线需单独穿管，不得与其他设备线、电源线同穿1根铁管。

⑥消防控制室接地电阻值应符合要求：工作接地电阻值小于4Ω；用联合接地时，接地电阻值应小于1Ω。

⑦在安装设备的现场（或中控室），建筑物一定要做专供该系统使用的"大地"，该"大地"的技术要求同一般计算机房的"大地"一样。

⑧该系统的走线金属管路或槽架要求有良好的接"地"。

2. 消防设备系统配线

建筑消防设备电气配线防火安全的关键，是按具体消防设备或自动消防系统确定其耐火、耐热配线。在建筑消防电气设计中，原则上从建筑变电所主电源低压母线或应急母线到具体消防设备最末级配电箱的所有配电线路都是耐火、耐热配线的考虑范围。

（1）火灾监控系统配线保护。火灾监控系统的传输线路应采用穿金属管、阻燃型硬质塑料管或封闭式线槽保护，消防控制、通信和警报线路在暗敷时最好采用阻燃型电线穿保护管敷设在不燃结构层内（保护层厚度不小于 30mm）。总线制系统的干线，需考虑更高的防火要求，如采用耐火电缆敷设在耐火电缆桥架内，有条件时可选用铜皮防火型电缆。

（2）消火栓泵、喷淋泵等配电线路。消火栓系统加压泵、水喷淋系统加压泵、水幕系统加压泵等消防水泵的配电线路包括消防电源干线和各水泵电动机配电支线两部分。一般水泵电动机配电线路可采用穿管暗敷，如选用阻燃型电线穿金属管并埋设在非燃烧体结构内；或采用电缆桥架架空敷设，如选用耐火电缆并最好配以耐火型电缆桥架或选用铜皮防火型电缆，以提高线路耐火、耐热性能。水泵房供电电源一般由建筑变电所低压总配电室直接提供；当变电所与水泵房贴邻或距离较近并属于同一防火分区时，供电电源干线可采用耐火电缆或耐火母线沿防火型电缆桥架明敷；当变电所与水泵房距离较远并穿越不同防火分区时，应尽可能采用铜皮防火型电缆。

（3）防排烟装置配电线路。防排烟装置包括送风机、排烟机、各类阀门、防火阀等，一般布置较分散，其配电线路防火既要考虑供电主回路线路，也要考虑联动控制线路。由于阻燃型电缆遇明火时，其电气绝缘性能会迅速降低，所以，防排烟装置配电线路明敷时应采用耐火型交联电缆或铜皮防火型电缆，暗敷时可采用一般耐火电缆；联动和控制线路应采用耐火电缆。此外，防排烟装置配电线路和相关控制线路在敷设时应尽量缩短线路长度，避免穿越不同的防火分区。

（4）防火卷帘门配电线路。防火卷帘门隔离火势的作用是建立在配电线路可靠供电使防火卷帘门有效动作基础上的。一般防火卷帘门电源引自建筑各楼层带双电源切换的配电箱，经防火卷帘门专用配电箱向控制箱供电，供电方式多采用放射式或环式。当防火卷帘门水平配电线路较长时，应采用耐火电缆并在吊顶内使用耐火电缆桥架明敷，以确保火灾时仍能可靠供电并使防火卷帘门有效动作，阻断火势蔓延。

（5）消防电梯配电线路。消防电梯一般由高层建筑底层的变电所敷设两路专线配电至位于顶层的电梯机房，线路较长且路由复杂。为提高供电可靠性，消防电梯配电线路应尽可能采用耐火电缆；当有供电可靠性特殊要求时，两路配电专线中一路可选用铜皮防火型电缆；垂直敷设的配电线路应尽量设在电气竖井内。

（6）火灾应急照明线路。火灾应急照明包括一般疏散指示照明、火灾事故照明和备用照明。一般疏散指示照明采用长明普通灯具，火灾事故照明采用带镍镉电池的应急照明灯或可强行启点的普通照明灯具，备用照明则利用双电源切换来实现。所以，火灾应急照明线路一般采用阻燃型电线穿金属管保护并暗敷于不燃结构内，且保护层厚度不小于 30mm。在装饰装修工程中，当土建结构工程已经完工，应急照明线路不能暗敷而只能明敷于吊顶内，这时应采用耐热型或耐火型电线。

（7）消防广播通信等配电线路。在条件允许时，火灾事故广播、消防电话、火灾警铃等设备的电气配线，可优先采用阻燃型电线穿保护管单独暗敷，当必须采用明敷线路时，应对线路做耐火处理。

　　建筑消防设备电气配线直接关系到建筑的防火安全性，必须结合工程实际考虑耐火、耐热配线原则，并选择合适的电气配线，以确保消防设备供电的可靠性和耐火性。当前，建筑消防设备电气配线应具有一定的超前性并向国际标准靠拢，如配线时可较多地采用耐火型或阻燃型电线电缆、铜皮防火型电缆等产品，以提高工程设计质量和消防设备电气配线的防火性能。

三、按线制分类

　　火灾自动报警与灭火系统的线制，是指火灾探测器和火灾报警控制器之间的传输线的线数，线制是系统运行机制的体现。

　　1. 多线制连接方式

　　多线制连接方式就是各个火灾探测器与火灾报警控制器的选通线（ST）要单独连线，而电源线（V）、信号线（S）、自诊断线（T）和地线（G）等为共用线。即每个火灾探测器采用2条或更多的导线与火灾报警控制器连接，以确保从每个火灾探测点发出火灾报警信号。其接线方式即线制可表示为（$an+b$）。其中，n是火灾探测器的数量或火灾探测的地址编码个数。a和b是系数，一般取$a=1$、2，$b=1$、2、4，如$n+4$，$2n$，$n+2$线制等。

　　多线制系统结构中最少线制是$n+1$，因设计、施工与维护较复杂，现已逐步被淘汰。

　　如图5-8所示为多线制连接方式。

　　2. 总线制连接方式

　　（1）总线制连接方式与多线制连接方式相比较，大大减少了系统线制，用线量明显减少，工程布线更加灵活，设计、施工更加方便，并形成了支状和环状两种布线方式，目前应用广泛。但如果总线发生短路，整个系统都不能正常运行，所以，总线中必须分段加入短路隔离器。

　　（2）总线制连接方式中，所有火灾探测器与火灾报警控制器全部并联在2条或4条导线构成的回路上，火灾探测器设有独立的导线。

　　总线制连接方式的线制可表示为（$an+b$）。其中，n是火灾探测的地址编码个数，$a=0$，$b=2$、3、4。

　　图5-9所示为二总线制连接方式。二总线制连接方式是目前应用最多的连接方式，适用于二线制火灾探测器，其中，G是公共地线，P是电源、地址、信号和自诊断共用线。

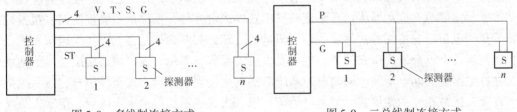

図 5-8　多线制连接方式　　　　　图 5-9　二总线制连接方式

　　图5-10所示为环形接线（二总线制）。系统中输出的2根总线再返回报警控制器另2个端子，形成环形。若环中的部分线路出现问题，可从闭环的另一方传输信号，不会影响其他部分火灾探测器的工作，提高了系统的可靠性。

图 5-11 所示为树枝形接线（二总线制）。总线制树枝形接线应用广泛，当某个接线发生断线时，能报出断线故障点，但断线点之后的火灾探测器不能工作。

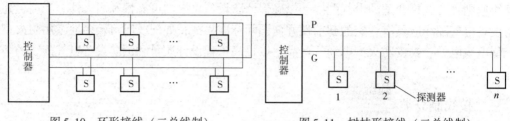

图 5-10　环形接线（二总线制）　　　　图 5-11　树枝形接线（二总线制）

图 5-12 所示为总线制链式连接方式。总线制链式连接方式系统中的电源、地址、信号和自诊断共用线 P 对各个探测器是串联的。

图 5-13 所示为四总线制连接方式。四总线制连接方式适用于四线制火灾探测器，4 条线分别是电源线的地址编码线共用线 P、信号线 S、自诊断线 T 和地线 G。

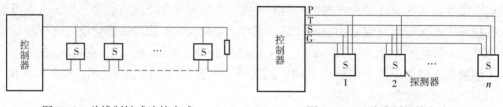

图 5-12　总线制链式连接方式　　　　图 5-13　四总线制连接方式

四、消防控制原理

消防控制系统是智能建筑必须设置的系统之一。消防控制是一项综合性消防技术，是现代电子工程和计算机技术在消防中的应用，也是消防系统的重要组成部分和新兴技术学科。

消防控制系统原理：通过布置在现场的火灾探测器自动监测火灾发生时产生的烟雾或火光、热气等火灾信号，联动有关消防设备，实现监测报警、控制灭火的自动化。火灾自动报警及联动控制的主要内容是：火灾参数的检测系统，火灾信息的处理与自动报警系统，消防设备联动与协调控制系统，消防系统的计算机管理等。

在这个系统中，火灾报警控制器是火灾报警系统的心脏，是分析、判断、记录和显示火灾的部件，它通过火灾探测器（感烟、感温）不断向监视现场发出巡测信号，监视现场的烟雾浓度、温度等。探测器将烟雾浓度或温度转换成电信号，反馈给报警控制器，报警控制器将收到的电信号与控制器内存储的整定值进行比较，判断确认是否火灾。当确认发生火灾时，在控制器上就会发出声光报警，现场发出火灾报警，显示火灾区域或楼层房号的地址编码，并打印报警时间、地址。同时通过消防广播向火灾现场发出火灾报警信号，指示疏散路线，在火灾区域相邻的楼层或区域通过消防广播、火灾显示盘显示火灾区域，指示人员朝安全的区域避难。

火灾自动报警及消防控制系统框图如图 5-14 所示。

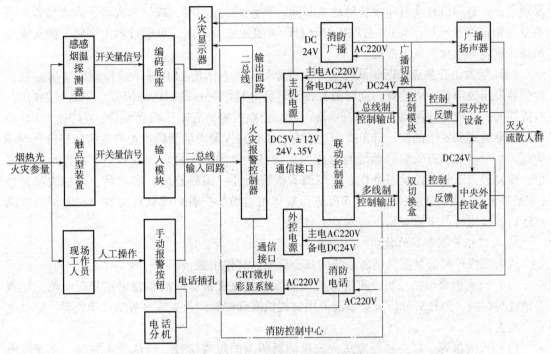

图 5-14　火灾自动报警及消防控制系统框图

第三节　消防施工图识读

一、火灾报警控制器组成

火灾报警控制器是建筑消防系统的核心部分。火灾报警控制器是整个系统的心脏，它是具有分析、判断、记录和显示火灾情况的智能化设备。

1. 火灾报警控制器的原理接线图

图 5-15 所示为 1501 系列火灾报警控制器原理接线图。

本系列控制器为二总线通用型火灾报警控制器，采用 80C31 单片机 CMOS 电路组成自动报警系统，其特点是监控电流小，可现场编程，使用方便。

本系列控制器的功能有：

（1）能直接接收来自火灾探测器的火灾报警信号。左四位 LED 显示第一报警地址（层房号），右四位 LED 显示后续报警地址（房屋号），多点报警时，右四位交替显示报警地址。预警灯亮，

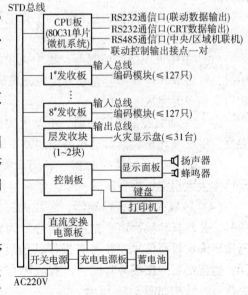

图 5-15　1501 系列火灾报警控制器原理接线图

发预警音。打印机自动打印预警地址及时间。预警30s延时时，确认为火警，发火警音，可消音（但消音指示灯不亮）。打印机自动打印火警地址及时间。可通过输出回路上的火灾显示盘，重复显示火警发生部位。

（2）能发出探测点的断线故障信号。故障灯亮。右四位 LED 显示故障地址（房屋号）。蜂鸣器发出故障音，可消音，同时消音指示灯亮。打印机自动打印故障发生的地址及时间。故障期间，非故障探测点有火警信号输入时，仍能报警。有本机自检功能：右四位 LED 能显示故障类别和发生部位。键盘操作功能有：①可对探测点的编码地址与对应的层房号现场编程。②可对探测点的编码地址与对应的火灾显示盘的灯序号现场编程。③可进行系统复位，重复进入正常监控状态操作。④可调看报警地址（编码地址）和时间、断线故障地址（编码地址）、调整日期和时间。⑤可进行打印机自检、查看内部软件时钟、对各回路探测点运行状态进行单步检查和声、光显示自检。

2. 火灾报警控制器的作用

火灾报警控制器是建筑消防系统的核心部分，其作用是：

（1）火灾报警记忆。当火灾报警控制器接收到火灾报警的故障报警信号时，能记忆报警地址与时间，为日后分析火灾事故原因时提供准确资料。火灾或事故信号消失后，记忆也不会消失。

（2）火灾报警。接受和处理从火灾探测器传来的报警信号，确认是火灾时，立即发出声、光报警信号，并指示报警部位、时间等，经过适当的延时，起动自动灭火设备。

（3）故障报警。火灾报警控制器能对火灾探测器及系统的重要线路和器件的工作状态进行自动监测，以保障系统能安全可靠地长期连续运行。出现故障时，控制器能及时发出故障报警的声、光信号，并指示故障部位。故障报警信号能区别于火灾报警信号，以便采取不同的措施。如火灾报警信号采用红色信号灯，故障报警信号采用黄色信号灯。在有故障报警时，若接收到火灾报警信号，系统能自动切换到火灾报警状态，即火灾报警优先于故障报警。

（4）为火灾探测器提供稳定的工作电源。

3. 火灾报警控制器的类别

（1）集中火灾报警控制器。集中火灾报警控制器接收区域火灾报警控制器发来的报警信号，并将其转换成声、光信号由荧光数码管以数字形式显示火灾发生区域。火灾区域的确定由巡检单元完成。

（2）手动火灾报警控制器。手动火灾报警控制器适合于人流较大的通道、仓库及风速、温度、湿度变化很大而自动报警控制器不适合的场合，有壁挂式和嵌入式两种。

（3）通用火灾报警控制器。通用火灾报警控制器可与探测器组成小范围的独立系统，也可作为大型集中报警区的一个区域报警控制器，适合于各种小型建筑工程。

（4）区域火灾报警控制器。区域火灾报警控制器接收火灾探测器或中继器发来的报警信号，并将其转换为声、光报警信号。为探测器提供24V 直流稳压电源，向集中报警控制器输出火灾报警信号，并备有操作其他设备的输出接点。区域报警控制器上还设有计时单元，能记忆第一次报警时间；设有故障自动监测电路，有故障发生时，能发出"故障"报警信号，结构如图5-16所示。

区域火灾报警控制器有壁挂式、台式、柜式三种。

图 5-16 所示的区域（中央）火灾报警联动系统类型的技术数据及功能如下：

（1）1 台 JB-JG（JT）-DF1501 中央机通过 RS485 通信接口可连接 8 台 1501 区域机。

（2）中央机只能与区域机通信，但没有输入总线和输出总线，不能直接连接探测器编码模块和火灾显示盘。

（3）中央机可通过 RS232 通信接口（Ⅰ）与联动控制器连接通信，通过 RS232 通信接口（Ⅱ）与 CRT 微机彩显系统连接。

（4）中央机柜（台）式机机箱内可配装 HJ-1756 消防电话、HJ-1757 消防广播和外控电源（即 HJ-1752 集中供电电源）。

（5）区域机柜（台）机箱内自备主机电源。

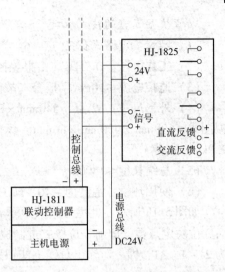

图 5-16 区域（中央）火灾报警联动系统图

二、火灾显示盘原理及接线图

1. 火灾显示盘外形图

通常，火灾显示盘设置在每个楼层或消防分区内，用以显示本区域内各探测点的报警和故障情况。在火灾发生时，指示人员疏散方向，火灾所处位置、范围等。

这里以 JB-BL-32/64 火灾显示盘为例介绍火灾显示盘的显示原理及控制接线图。JB-BL-32/64 火灾显示盘（重复显示屏）是 1501 系列火灾报警控制器的配套产品。

2. 火灾显示盘原理图

图 5-17 为火灾显示盘的外形，图 5-18 为火灾显示盘的显示原理图。

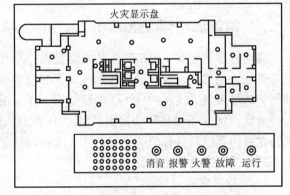

图 5-17 JB-BL-64 火灾显示盘的外形

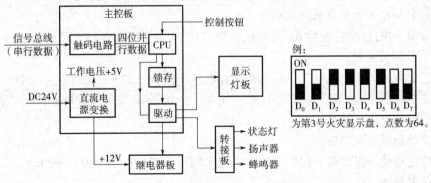

图 5-18 火灾显示盘的显示原理图

3. 火灾显示盘的技术参数

（1）容量：表格式有 32 点、64 点；模拟图式 ≤96 点。

（2）工作电压：DC24V（由报警控制器主机电源供给）。

（3）监控电流 ≤10mA；报警（故障）显示状态工作电流 ≤250mA。

（4）外形尺寸：32 点，540mm × 360mm × 80mm；64 点，600mm × 400mm × 80mm；模拟图式，600mm × 400mm × 80mm。颜色：乳白色箱形，黑色面膜。重量：8.0kg（32 点）、9.0kg（64 点）。

（5）总线长度 ≤1500m。

（6）使用环境：温度为 −10 ~ 50℃ 之间；相对湿度 ≤95%（40℃ ±2℃）。

如图 5-18 所示，此型号火灾显示盘的机号、点数设置：前 5 位（$D_0 \sim D_4$）设置机号，后 3 位决定点数。即前 5 位按二进制拨码计数（ON 方向为 0，反向为 2^{n-1}）。机号最大容量为 $2^5 - 1 = 31$，即一对输出总线上能识别 31 台火灾显示盘；后 3 位由下表所示：

6 位	7 位	8 位	总数
OFF	OFF	OFF	32
ON	OFF	OFF	64
ON	ON	OFF	96

三、消防联动控制器原理图

联动控制器是基于微机的消防联动设备总线控制器。其经逻辑处理后自动（或经手动，或经确认）通过总线控制联动控制模块发出命令去动作相关的联动设备。联动设备动作后，其回答信号再经总线返回总线联动控制器，显示设备工作状态。

通常，1811 可编程联动控制器与 1501 系列火灾报警控制器配合，可联动控制各种外控消防设备，其控制点有两类：128 只总线控制模块，用于控制屋外控设备；16 组多线制输出，用于控制中央外控设备。

1. 工作原理图

此联动装置是以控制模块取代远程控制器，取消返回信号总线，实现真正的总线制（控制，返回集中在一对总线上）；增加 16 组多线制可编程输出；增加"二次编程逻辑"，把被控制对象的起停状态也称为特殊的报警数据处理，其原理如图 5-19 所示。

2. 消防联动控制器原理图技术数据

（1）容量。1811/64：配接 64 只控制模块，16 只双切换盒；1811/128：配接 128 只控制模块，16 只双切换盒。

（2）工作电压。由主机电源供给所需工作电压 +5V、±12V、+35V、+24V。

（3）主机电源供电方式。交流电源（主机）：$AC220V^{+10\%}_{-15\%}$，50Hz ±1Hz；直流备电：DC24V 全密封蓄电池，20Ah。

（4）监控功率：≤20W。

（5）使用环境。温度在 −10℃ ~ 50℃ 之间；相对湿度 ≤95%（40℃ ±2℃）。

3. 系统配线图

图 5-20 为 HJ-1811 联动控制器系统配线图。

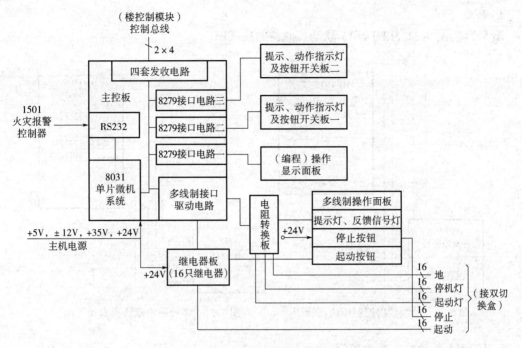

图 5-19 联动控制器原理图

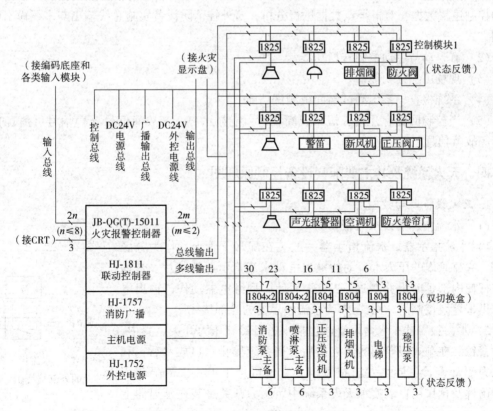

图 5-20 HJ-1811 联动控制器系统配线图

4. 接线

图 5-21、图 5-22 为 HJ-1811 联动控制器的接线图。

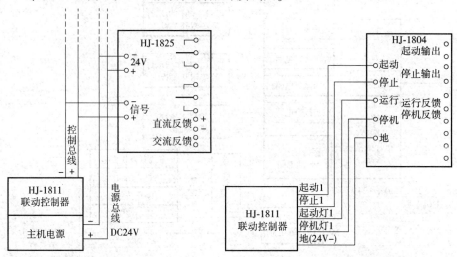

图 5-21　总线输出控制模块接线图　　　　图 5-22　多线输出双切换盒接线图

5. HJ-1811 联动控制器的功能

（1）可通过 RS232 通信接口接收来自 1501 火灾报警控制器的报警点数据，再根据已编入的控制逻辑数据，对报警点数据进行分析，对外控消防设备实施总线输出与多线输出两类控制方式。

（2）有自动与手动控制转换功能。

（3）现场可编程功能。

（4）系统检查、系统测试与面板测试功能。

（5）当控制回路有开路、短路或断线时，能显示声、光故障信号（声信号可消音）数码管等故障信息。

四、灭火系统及其主要配套设备控制原理图

1. 灭火设备联动控制

（1）水流指示器及水力报警器。

1）水流指示器。水流指示器一般装在配水干管上，作为分区报警，它靠管内的压力水流动的推力推动水流指示器的桨片，带动操作杆使内部延时电路接通，2～3s 后使微型继电器动作，输出电信号供报警及控制用。图 5-23 为水流指示器的外部接线图。

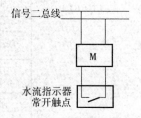

图 5-23　水流指示器
的外部接线图

2）水力报警器。水力报警器包括水力警铃和压力开关。其中，水力警铃装在湿式报警阀的延迟器后，当系统侧排水口放水后，利用水力驱动警铃，使之发出报警声。它也可用于干式、干湿两用式、雨淋及预作用自动喷水灭火系统中。压力开关是装在延迟器上部的水-电转换器，其功能是将管网水压力信号转变成电信号，以实现自动报警及起动消火栓泵的功能。

（2）消火栓按钮及手动报警按钮。

1）消火栓按钮。消火栓按钮是消火栓灭火系统中的主要报警元件。按钮内部有一组常开触点、一组常闭触点及一只指示灯，按钮表面为薄玻璃或半硬塑料片。火灾时打碎按钮表面玻璃或用力压下塑料面，按钮即可动作。

消火栓按钮在电气控制线路中的联结形式有串联、并联及通过模块与总线相连 3 种，如图 5-24 所示。

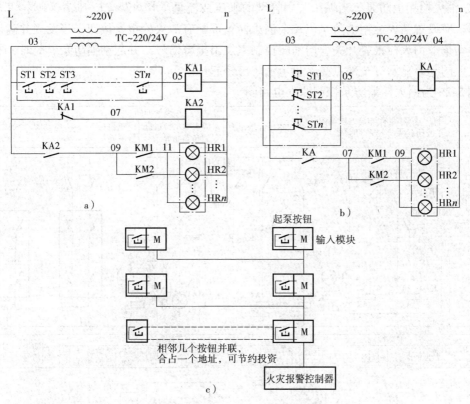

图 5-24　消火栓按钮控制电路图

a）串联　b）并联　c）通过模块与总线相连

图 5-24a 中消火栓按钮的常开触头在正常监控时均为闭合状态。中间继电器 KA1 正常时通电，当任一消火栓按钮动作时，KA1 线圈失电，中间继电器 KA2 线圈得电，其常开触点闭合，起动消火栓泵，所有消火栓按钮上的指示灯燃亮。

图 5-24b 为消火栓按钮并联电路，图中消火栓按钮的常闭触点在正常监控时是断开的，中间继电器 KA 不得电，火灾发生时，当任一消火栓按钮动作时，KA 即通电，起动消火栓泵，当消火栓泵运行时，其运行接触器常开触点 KM1（或 KM2）闭合，有消火栓按钮上的指示灯燃亮，显示消火栓泵已起动。

这种系统接线简单、灵活（输入模块的确认灯可作为间接的消火栓泵起动反馈信号）。但火灾报警控制器一定要保证常年正常运行且常置于自动联锁状态，否则会影响起泵。

2）手动报警按钮。它是与自动报警控制器相连，用手动方式产生火灾报警信号，起动火灾自动报警系统的器件，其接线电路图如图 5-25 所示。

（3）消防泵、喷淋泵及增压泵的控制。消防泵、喷淋泵分别为消火栓系统及水喷淋系统的主要供水设备。增压泵是为防止充水管网泄漏等原因导致水压下降而设的增压装置。消防泵、喷淋泵在火灾报警后自动或手动起动，增压泵则在管网水压下降到一定位时由压力继电器自动起动及停止。

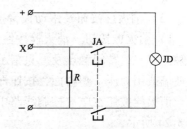

图 5-25　手动报警按钮接线电路图

1）消火栓用消防泵。当城市公用管网的水压或流量不够时，应设置消火栓用消防泵。每个消火栓箱都配有消火栓报警按钮。当发现并确认火灾后，手动按下消火栓报警开关，向消防控制室发出报警信号，并起动消防泵。此时，所有消火栓按钮的起泵显示灯全部点亮，显示消防已经起动。

图 5-26 为消火栓消防泵控制原理电路图。

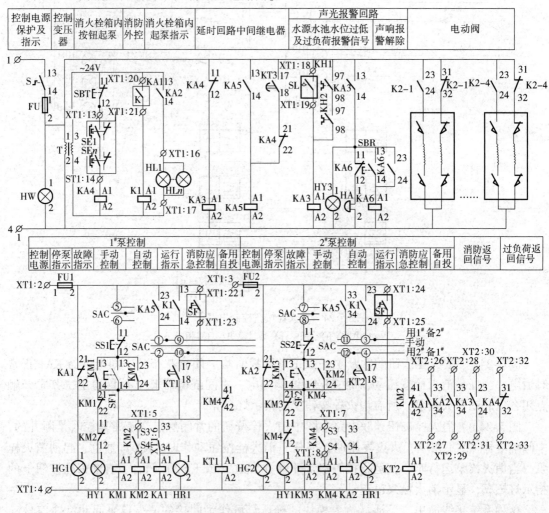

图 5-26　消火栓消防泵控制原理电路图

图 5-26 中，SE1、…、SEn 为设在消火栓箱内的消防泵专用控制按钮，按钮上带有水泵运行指示灯。

火灾发生时，击碎消火栓箱内消防专用按钮的玻璃，使该按钮的常开触点复位到断开位置，中间继电器 KA4 的线圈断电，常闭触点闭合，中间继电器 KA3 的线圈通电，经延时后，延时闭合的常开触点闭合，使中间继电器 KA5 的线圈通电吸合，并自动保持。

同时，若选择开关 SAC 置于 1# 泵工作、2# 泵备用的位置时，1# 泵的接触器 KM1 线圈通电，KM1 常开触点闭合，1# 泵经软起动器起动后，软起动器上的 S3、S4 端点闭合，KM2 线圈通电，旁路常开触点 KM2 闭合，1# 泵运行，如果 1# 泵发生故障，接触器 KM1、KM2 跳闸，时间继电器 KT2 线圈通电，KT2 常开触点延时闭合，接触器 KM3 线圈通电吸合，作为备用的 2# 泵起动。

当选择开关 SAC 置于 2# 泵工作、1# 泵备用的位置时，2# 泵先工作，1# 泵备用，其动作过程与选择 1# 泵工作类似。

当 1# 泵、2# 泵均发生过负荷时，热继电器 KH1、KH2 闭合，中间继电器 KA3 通电，发出声、光报警信号。如果水源水池无水时，安装在水源水池内的液位计 SL 接通，使中间继电器 KA3 通电吸合，其常开触点闭合，发出声、光报警信号。可通过复位按钮 SBR 关闭警铃。

2) 自动喷淋用消防泵。自动喷淋用消防泵工作原理。当火灾发生时，随着火灾部位温度的升高，自动喷淋系统喷头上的玻璃球破碎（或易熔合金喷头上的易熔合金片脱落），而喷头开启喷水，水管内的水流推动水流指示器的浆片，使其电触点闭合，接触电路，输出电信号至消防控制室。与此同时，设在主干水管上的报警水阀被水流冲开，向洒水喷头供水，经过报警阀流入延迟器，经延迟后，再流入压力开关使压力继电器动作接通，喷淋用消防泵起动。而压力继电器动作的同时，起动水力警铃，发出报警信号。

图 5-27 为湿式自动喷水消防泵工作原理图。

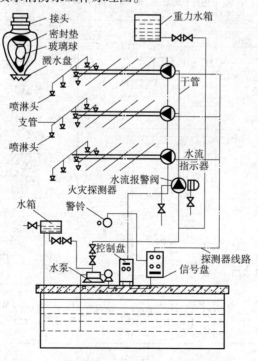

图 5-27　湿式自动喷水消防泵工作原理图

3) 自动喷淋消防泵控制原理图。自动喷淋消防泵一般设计为两台泵，一用一备。互为备用，当工作泵故障时，备用泵自动延时投入运行。

图 5-28 为自动喷淋消防泵控制原理电路图。

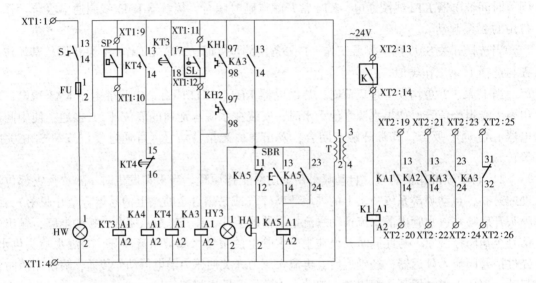

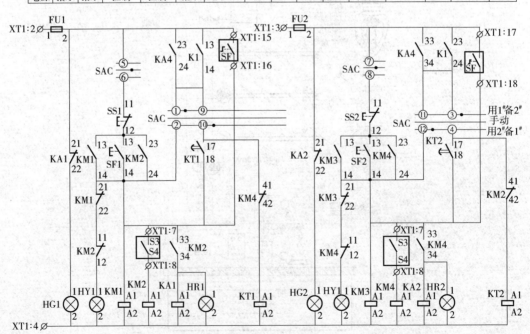

图 5-28　自动喷淋消防泵控制原理电路图

图5-28的消防泵控制原理电路中，没有水泵工作状态选择开关SAC，可使2台泵分别处于1#泵用2#泵备、2#泵用1#泵备，或2台泵均为手动的工作状态。

发生火灾时，喷淋系统的喷淋头自动喷水，设在主立管或水平干管的水流继电器SP接通，时间继电器KT3线圈通电，共延时常开触点经延时后闭合，中间继电器KA4通电吸合，时间继电器KT4通电。

这时，若选开关SAC置于1#泵用2#泵备的位置，则1#泵的接触器KM1通电吸合，经软起动器，1#泵起动，当1#泵起动后达到稳定状态，软起动器上的S3、S4触点闭合，旁路接触器KM2通电，1#泵正常运行，向系统供水。若此时1#泵发生故障，接触器KM2跳闸，使2#泵控制回路中的时间继电器KT2通电，经延时吸合，使接触器KM3通电吸合，2#泵作为备用泵起动向自动喷淋系统供水。根据消防规范的规定，火灾时喷淋泵起动后运转时间为1h，即1h后自动停泵。因此，时间继电器KT4延时时间整定为1h，当KT4通电1h后吸合，其延时常闭触点打开，中间继电器KA4断电释放，使正在运行的喷淋泵控制回路断电，水泵自动停止运行。

通常，在2台泵的自动控制回路中，动合触点K的引出线接在消防控制模块上，由消防控制室集中控制水泵的起停。起动按钮SF引出线为水泵硬接线，引至消防控制室，作为消防应急控制。

2. 消防排烟设备控制

防烟设备的作用是防止烟气侵入疏散通道，而排烟设备的作用是消除烟气大量积累并防止烟气扩散到疏散通道。

图5-29为防排烟系统控制图。

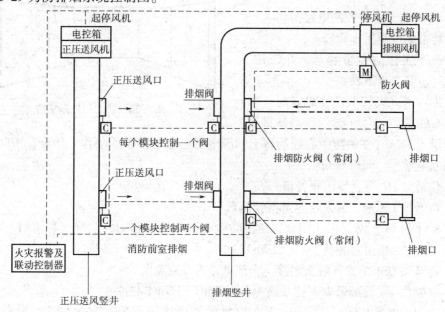

图5-29 防排烟系统控制图

在排烟系统中，风机的控制应按防排烟系统的组成进行设计，其控制系统通常可由消防控制室、排烟口及就地控制等装置组成。就地控制是将转换开关打到手动位置，通过按钮起动或停止排烟风机，用以检修。

排烟风机可由消防联动模块控制或就地控制。

联动模拟控制时，通过联锁触点起动排烟风机。当排烟风道内温度超过280℃时，防火阀自动关闭，通过联锁接点，使排烟风机自动停止。

3. 防火门及防火卷帘的控制

防火门及防火卷帘都是防火分隔物，有隔火、阻火、防止火热蔓延的作用。在消防工程应用中，防火门及防火卷帘的动作通常都是与火灾监控系统联锁的。

通常，防火门的控制可用手动控制或电动控制（即现场感烟、感温火灾探测器控制，或由消防控制中心控制）。当采用电动控制时，需要在防火门上配有相应的闭门器及释放开关。

防火门有以下两种工作方式：

（1）平时通电、火灾时断电关闭方式。即防火门释放开关平时通电吸合，使防火门处于开启状态，火灾时通过联动装置自动控制加手动控制切断电源，装在防火门上的闭门器使之关闭。

（2）平时不通电、火灾时通电关闭方式。即通常将电磁铁、油压泵和弹簧制成一个整体装置，平时不通电，防火门被固定销扣住呈现开启状态，火灾时受联锁信号控制，电磁铁通电将销子拔出，防火门靠油压泵的压力或弹簧力作用而慢慢关闭。

防火门外形结构如图5-30所示。

防火卷帘门是设置在建筑物中防火分区通道口处的可形成门帘或防火分隔的消防设备。

图5-31为防火卷帘控制电路图。

防火卷帘的控制工作原理：

通常，不工作时卷帘卷起，并锁住。发生火灾时，分两步下放：

第一步：当火灾初期产生烟雾时，来自消防中心的联动信号（感烟探测器报警

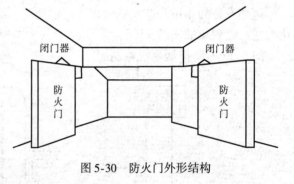

图5-30　防火门外形结构

所致）使触点1KA（在消防中心控制器上的继电器因感烟报警而动作）闭合，中间继电器KA1线圈通电动作，同时联动：

（1）信号灯HL亮，发出报警信号。

（2）电警笛HA响，并发出声音报警信息。

（3）KA1的11、12号触头闭合，给消防中心一个卷帘起动的信号（即KA1的11、12号触头与消防中心信号灯相接）。

（4）将开关QS1的常开触头短接，全部电路通以直流电。

（5）电磁铁YA线圈通电，打开锁头，为卷帘门下降作准备。

（6）中间继电器KA5线圈通电，同时将接触器KM2线圈接通，KM2触头动作，门电机反转卷帘下降，当卷帘下降到距地1.2～1.8m定点时，位置开关SQ2受碰撞而动作，使KA5线圈失电，KM2线圈失电，门电机停，卷帘停止下放（现场中常称中停），从而隔断火灾初期的烟雾，方便人员逃生和灭火。

第二步：

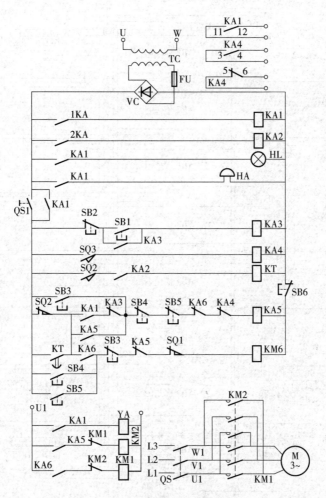

图 5-31　防火卷帘控制电路图

（1）如果火势逐渐增大、湿度上升，消防中心的联动信号接点 2KA（安全消防中心控制器上，且与感温探测器联动）闭合，中间继电器 KA2 线圈通电，触头动作，时间继电器 KT 线圈通电。经延时（30s）后触点闭合，使 KA5 线圈通电，KM2 又重新通电，门电机又反转，卷帘继续下放。

（2）当卷帘落地时，碰撞位置开关 SQ3 使其触点动作，中间继电器 KA4 线圈通电，常闭触点断开，使 KA5 失电释放，又使 KM2 线圈失电，门电机停止。同时 KA4 的 3、4 号、KA4 的 5、6 号触头将卷帘门完全关闭信号（或称落地信号）反馈给消防中心。

当火被扑灭后，按下消防中心的帘卷起按钮 SB4 或现场就地卷起按钮 SB5，均可使中间继电器 KA6 线圈通电，使接触器 KM1 线圈通电，门电机正转，卷帘上升，当上升到顶端时，碰撞位置开关 SQ1 使之动作，使 KA6 失电释放，KM1 失电，门电机停止，上升结束。

五、某建筑综合楼火灾自动报警及消防联动控制施工图识读范例

图 5-32、图 5-33 分别为某 8 层商务楼火灾自动报警及消防联动控制系统图及其首层火灾自动报警及消防联动控制平面图，其他层控制平面图略去。

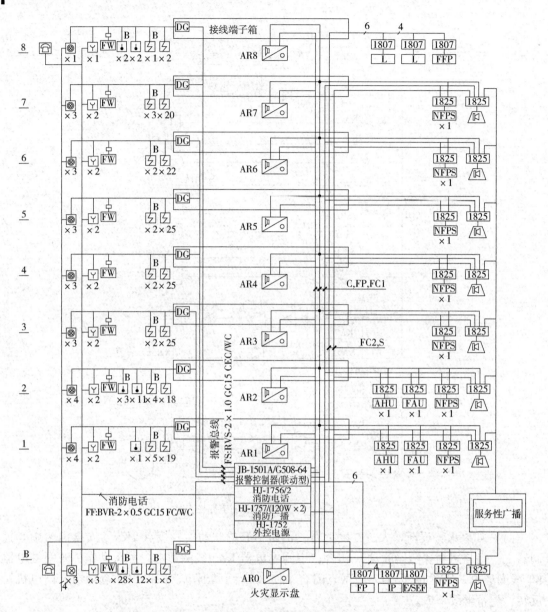

图 5-32 某 8 层商务楼火灾自动报警及消防联动控制系统图

从系统图 5-32 上可看出此系统的报警控制器型号为 JB-1501A/G508-64,"JB"为国家标准中的火灾报警控制器,经过相关的强制性认证,其他为该产品开发商的产品系列编号;消防电话总机型号为 HJ-1756/2;消防广播主机型号为 HJ-1757（120W×2）;系统主电源型号为 HJ-1752,这些设备都是产品开发商配套的系列产品。

从图 5-32 上看出此系统共有 4 条报警回路总线由控制器引出,分别标号为 JN1～JN4,JN1 引至地下层,JN2 引至 1～3 层,JN3 引至 4～6 层,JN4 引至 7～8 层。报警总线采用星型接法。

从图 5-32 上看到系统的配线情况为:

（1）报警总线 FS:RVS-2×1.0GC15 CEC/WC。标注中的"RVS-2×1.0"表示软导线

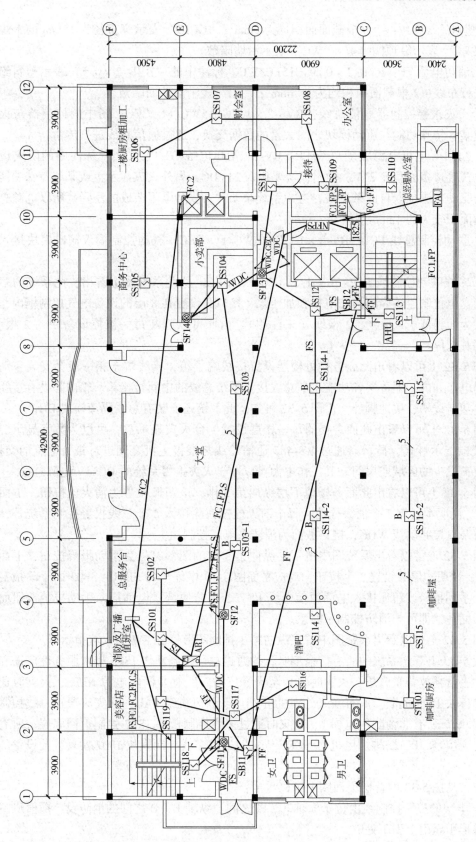

图5-33　某8层商务楼首层自动报警及消防联动控制平面

（多股）塑料绝缘双绞线，2 根截面面积均为 1mm^2；"GC15"表示穿直径为 15mm 的水煤气钢管；"CEC"表示沿顶棚暗敷，"WC"表示沿墙暗敷。

（2）消防电话 FF：BVR-2×0.5GC15FC/WC。标注中的"BVR-2×0.5"表示塑料绝缘软导线进行布线，2 根截面面积均为 0.5mm^2；"FC"表示沿地面暗敷。

（3）火灾报警控制器通信总线：RVS-2×1.0GC15WC/FC/CEC。图中的控制器与火灾显示盘或某些特殊功能与驱动模块之间大量的数据交换，通过通信总线进行传输。

（4）24VDC 主机电源联动总线 FP：BV-2×4.0GC15WC/FC/CEC，标注中的防灾设备的联动电气接口多为直流 24V，输出模块要接入 24VDC，另外火灾显示盘或某些特殊功能驱动模块的驱动电源也取自此条总线。考虑系统联动时，线路电阻造成的压降，所以电源总线选用截面面积较大的 4mm^2 规格。

（5）联动控制总线 FC1：BV-2×1.0GC15WC/FC/CEC。联动控制输入输出模块接入此条总线。

（6）多线联动控制线 FC2：BV-1.5GC20/FC/CEC。从此系统图上看出，此系统的多线联动控制盘也控制建筑内的消防电梯和加压泵，接口为设置在 8 层的设备电气控制柜内，而标注依次为 6 根线、4 根线、2 根线（未注明），由此可以判断每一被控设备引入 2 根线，用以控制其起停。

从图 5-32 上可以看出此商务楼每楼层设置接线端子箱，接线端子箱一般会安装在消防专用或弱电竖井内，即楼层各功能水平总线接入系统总线的中间转接箱。箱内除设有接线用端子排、塑料线槽、接地脚外，由图 5-32 可知，此系统还安装有总线隔离模块 DG。

从图 5-32 上可以看出此商务楼的每一楼层设置 1 台火灾显示盘，可以为数字显示屏式或楼层模拟指示灯式，显示盘通过 RS-485 通信总线与报警主机之间进行报警信息的交换，并显示火灾发生的区域或房间。其工作电源可以取自火灾报警系统的 DC24V 电源总线。

从图 5-32 上可以看出此商务楼地下层纵向第 2 排，该图形符号为消火栓按钮，下面标注"×3"说明本层有 3 个消火栓箱，每个消火栓按钮除接入 2 个总线报警控制系统外，还另接消防泵直接起动线 WDC，接口截面为消防泵电气控制箱。

从图 5-32 上可以看出系统图中地下层纵向第 3 排的图形符号为手动报警按钮，下面标注"×3"说明本层共设置 3 个按钮，对应平面图 5-33 中编号为 SB01～SB03 的手动报警按钮。每个手动报警按钮还接入电话通信总线 FF，若消防便携式电话插入手动报警按钮面板上的电话插孔，即可与消防控制室联系。

从图 5-32 上可以看出系统图中首层纵向第 3 排的图形符号 FW 为水流指示器。

从图 5-33 上获悉系统的所有广播喇叭，均通过总线控制模块 1825 接入服务性广播和火灾广播，平常播放背景音乐，火灾时强切至火警广播。所有非消防电源 NFPS，火灾时通过总线控制模块 1825 关断。所有空气处理机组 AHU、新风机组 PAU，火灾时通过总线控制模块 1825 关断。所有非消防用电梯 L，火灾时通过多线控制模块 1807 强制返回底层。所有消防泵 FP、喷淋泵 IP、防排烟风机 E/SEF，火灾时通过多线控制模块 1807 实现被控设备的起停操作。

另外，从图 5-33 的首层平面图上可以看出：

（1）本层的报警控制线由位于横轴③、④之间，纵轴 E、D 之间的消防及广播值班室引出，呈星形引至引上引下处。

（2）本层引上线共有以下 5 处：在 2/D 附近继续上引 WDC；在 2/D 附近新引 FF；在 4/D 附近新引 FS、FC1/FC2、FP、C、S；9/D 附近移位，继续上引 WDC；9/C 附近继续上引 FF。

（3）本层联动设备共有以下 4 台：空气处理机 AHU1 台，在 9/C 附近；新风机 FAU1 台，在 10/A 附近；非消防电源箱 NFPS1 个，在 10/D 和 10/C 之间；消防值班室的火灾显示盘及楼层广播 AR1。

（4）本层检测、报警设施有：探测器，除咖啡厨房用感温型，其他为感烟型；消防栓按钮及手动报警按钮，分别为 4 点、2 点。

第四节　建筑弱电综合布线施工图

一、综合布线系统部件

综合布线系统部件是指在系统施工中采用和可能采用的功能部件，主要有以下九种：

（1）建筑群配线架（CD）。

（2）建筑群干线电缆、建筑群干线光缆。

（3）建筑物配线架（BD）。

（4）建筑物干线电缆、建筑物干线光缆。

（5）楼层配线架（FD）。

（6）水平电缆、水平光缆。

（7）转接点（选用）（TP）。

（8）信息插座（IO）。

（9）通信引出端（TO）。

二、综合布线系统线缆及连接件

1. 光缆

（1）光缆类别。

1）按纤芯直径分类。

按纤芯直径分有 $62.5\,\mu\mathrm{m}$ 渐变增强型多模光纤和 $50\,\mu\mathrm{m}$ 渐变增强型多模光纤，如图 5-34 所示。

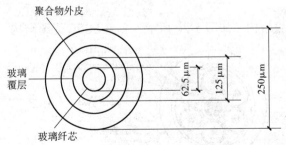

图 5-34　$62.5/125\,\mu\mathrm{m}$ 渐变增强型多模光纤

8.3μm 突变型单模光纤，如图 5-35 所示。光纤的包层直径均为 125μm，外面包有增强机械和柔韧性的保护层。

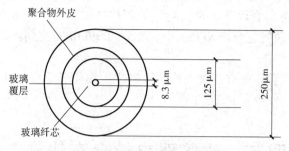

图 5-35　8.3/125μm 突变型单模光纤

单模光纤纤芯直径很小，在给定的工作波长上只能以单一模式传输，传输频带宽、容量大，光信号可以沿光纤的轴向传输，损耗、离散均很小，传输距离远。多模光纤在给定工作波长上能以多个模式同时传输。单模光纤和多模光纤的特性比较见表 5-1。

表 5-1　单模光纤和多模光纤的特性比较

单模光纤	多模光纤
用于高速度、长距离传输	用于低速度、短距离传输
成本高	成本低
窄芯线，需要激光源	宽芯线，聚光好
耗散极小，高效	耗散大，低效

2）按波长分类。光缆按波长分有 0.85μm 波长区（0.8 ~ 0.9μm）、1.30μm 波长区（1.25 ~ 1.35μm）、1.55μm 波长区（1.50 ~ 1.60μm）。

不同的波长范围光纤损耗也不相同。其中，0.85μm 和 1.30μm 波长为多模光纤通信方式，1.30μm 和 1.55μm 波长为单模光纤通信方式。综合布线常用 0.85μm 和 1.30μm 两个波长。

3）按应用环境分类。光缆按应用环境分为室内光缆和室外光缆。室内光缆又分为干线、水平线和光纤软线（互连接光缆）。光纤软线由单根或两根光纤构成，可将光学互连点或交连点快速地与设备端接起来。

室外光缆适用于架空、直埋、管道、下水等各种场合，有松套管层绞式铠装式和中心束管式铠装式等，并有多种护套选项。

（2）常用光缆。

1）多束 LGBC 光缆结构。如图 5-36 所示为多束 LGBC 光缆结构。

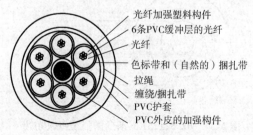

图 5-36　多束 LGBC 光缆结构

2）LGBC-4A 光缆。如图 5-37 所示为 LGBC-4A 光缆结构。

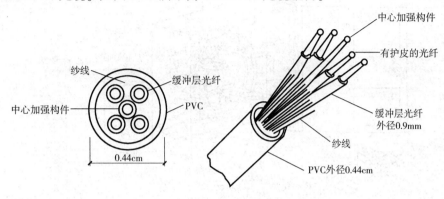

图 5-37　LGBC-4A 光缆结构

3）光纤软线。如图 5-38 所示为光纤软线结构。

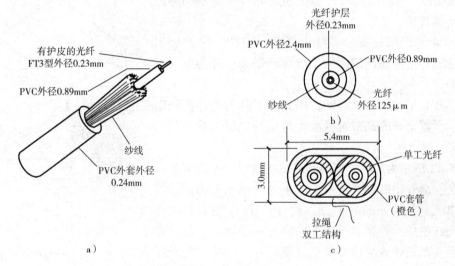

图 5-38　光纤软线结构
a）光纤软线　b）单工结构　c）双工结构

4）混合电缆。如图 5-39 所示为综合布线常用，由两条 8 芯双绞电缆和两条缓冲层为 62.5/125μm 多模光纤构成的混合电缆。

提示：

混合电缆由两个及两个以上不同型号或不同类别的电缆、光纤单元构成，外包一层总护套，总护套内还可以有一层总屏蔽。其中，只由电缆单元构成的称为综合电缆；只由光纤单元构成的称为综合光缆；由电缆单元和光缆单元构成的称为混合电缆。

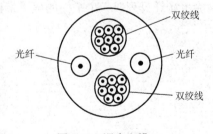

图 5-39　混合电缆

（3）光纤互连装置。箱体（盒）式光纤互连装置（LIU）用来连接光纤，还直接支持带状光缆和束管式光缆的跨接线。图 5-40 所示为 100A3 光纤连接盒。

（4）光缆信息插座。图 5-41 所示为典型的 100mm×100mm 两芯光缆信息插座，内含有

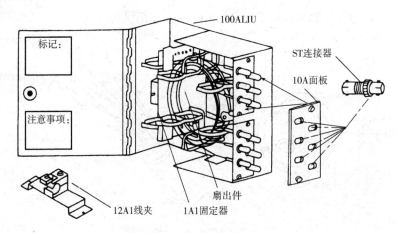

图 5-40 100A3 光纤连接盒

568SC 连接器。光纤盘线架可提供固定光纤所要求的弯曲半径和裕量长度。

（5）光缆的结构图。光纤由纤芯、包层、保护层组成。纤芯和包层由超高纯度的二氧化硅制成，分为单模型和多模型。

纤芯和包层是不可分离的，用光纤工具剥去外皮和塑料膜后，暴露出来的是带有橡胶涂覆层的包层，看不到真正的光纤。

图 5-42 所示为两种类型的缆芯结构截面。中心束管式光缆由装在套管中的 1 束或最多 8 束光纤单元束构成。每束光纤单元是绞在一起的 4、6、8、10、12（最多）根一次涂覆光纤组成，并在单元束外松绕有一条纱线。每根光纤的涂层及每条纱线都标有颜色以便区分。缆芯中的光纤数最少 4 根，最多 96 根，塑料套管内皆充有专用油膏。集

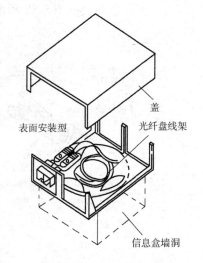

图 5-41 光缆信息插座

合带式光缆由装在塑料套管中的 1 条或最多 18 条集合单元构成。每条集合单元由 12 根一次涂覆光纤排列成一个平面的扁平带构成。塑料套中充有专用油膏。

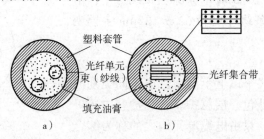

图 5-42 两种类型的缆芯结构截面
a）中心束管式 b）集合带式

（6）光缆的传输特性。

1）衰减。光纤的衰减是指光信号的能量从发送端经光纤传输后至接收端的损耗，它直

接关系到综合布线的传输距离。光纤的损耗与所传输光波的波长有关。

2）色散。光脉冲经光纤传输后，幅度会因衰减而减小，波形也会出现失真，形成脉冲展宽的现象称为色散。

3）带宽。两个有一定距离的光脉冲经光纤传输后产生部分重叠，为避免重叠的发生，输入脉冲有最高速率的限制。两个相邻脉冲有重叠但仍能区别开时的最高脉冲速率所对应的频率范围为该光纤的最大可用带宽。

2. 电缆

（1）同轴电缆。同轴电缆的特性阻抗是用来描述电缆信号传输特性的指标，其数值取决于同轴线路内外导体的半径、绝缘介质和信号频率。

常用的同轴电缆有两种基本类型：基带同轴电缆和宽带同轴电缆。目前常用的基带同轴电缆的屏蔽线是用铜做成网状的，特性阻抗为50Ω，如RG-8、RG-58等，常用于基带或数字传输。常用的宽带电缆的屏蔽层是用铝冲压成的，特性阻抗为75Ω，如RG-59等，既可以传输模拟信号，也可以传输数字信号。

为保持同轴电缆的电气特性，电缆的屏蔽层必须接地，电缆末端必须安装终端匹配器来吸收剩余能量，削弱信号反射作用。

同轴电缆的衰减一般指500m长的电缆段的信号传输衰减值。

（2）双绞电缆。

1）双绞电缆类别。双绞电缆中一般包含4个双绞线对：橙1/橙白2、蓝4/蓝白5、绿6/绿白3、棕8/棕白7。计算机网络使用1-2、3-6两组对线来发送和接收数据。双绞线接头为国际标准的RJ-45插头和插座。

双绞电缆种类如图5-43所示，按其包裹的是否有金属层，分为非屏蔽双绞电缆（UTP）和屏蔽双绞电缆（STP）。

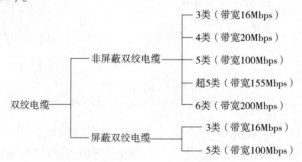

图5-43 双绞电缆种类

①屏蔽双绞电缆。屏蔽双绞电缆的电缆芯是铜双绞线，护套层是绝缘塑橡皮，在护套层内增加了金属层。按金属屏蔽层数量和绕包方式的不同又分为铝箔屏蔽双绞电缆（FTP）、铝箔/金属网双层屏蔽双绞电缆（SFTP）和独立双层屏蔽双绞电缆（STP）三种。

a. 屏蔽双绞电缆的结构。如图5-44b所示的FTP是由绞合的线对和在多对双绞线外纵包铝箔构成，屏蔽层外是电缆护套层。如图5-44c所示的SFTP是由绞合的线对和在每对双绞线外纵包铝箔后，再加铜编织网构成，其电磁屏蔽性能优于FTP。

如图5-44d所示的STP是由绞合的线对和在每对双绞线外纵包铝箔后再将纵包铝箔的多对双绞线加铜编织网构成，这种结构既减少了电磁干扰，又有效抑制了线对之间的综合串扰。

b. 屏蔽双胶电缆的特点及适用范围。屏蔽双绞电缆因外面包有较厚的屏蔽层，所以，抗干扰能力强，防自身信号外辐射，适用于保密要求高、对信号质量要求高的场合。

图5-44中，非屏蔽双绞电缆和屏蔽双绞电缆都有一根拉绳用来撕开电缆保护套。屏蔽双绞电缆在铝箔屏蔽层和内层聚酯包皮之间还有一根漏电线，将它连接到接地装置上，可泄放金属屏蔽层的电荷，解除线对之间的干扰。屏蔽双绞电缆系统中的缆线和连接硬件都应是屏蔽的，且必须做好良好的接触。

②非屏蔽双绞电缆。非屏蔽双绞电缆如图5-44a所示，由多对双绞线外包一层绝缘塑料护套组成，由于无屏蔽层，所以，非屏蔽双绞电缆容易安装，较细小，节省空间，价格便宜，适用于网络流量不大的场合。

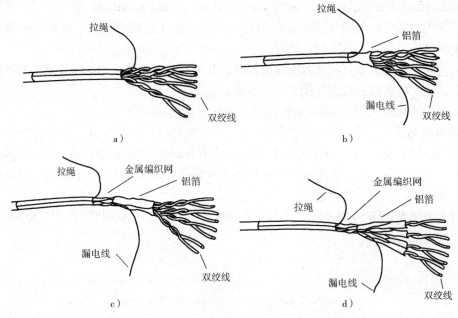

图 5-44 双绞电缆

a) UTP b) FTP c) SFTP d) STP

2) 常用双绞电缆。国际电气工业协会（EIA）为双绞线定义了5种不同质量的型号，综合布线使用的是3、4、5类。其中，第3类双绞电缆的传输特性最高规格为16MHz，用于语音传输及最高传输速率为10Mbps的数据传输；第4类电缆的传输特性最高规格为20MHz，用于语音传输及最高传输速率为16Mbps的数据传输；第5类电缆增加了绕线密度，传输特性最高规格为100MHz，用于语音传输及最高传输速率为100Mbps的数据传输。

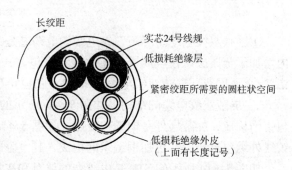

图5-45 超5类双绞线物理结构截面

图5-45所示为超5类双绞电缆物理结构截面。超5类双绞电缆的特点是能满足

大多数应用的要求，有足够的性能余量，安装方便，为高速传输提供方案，满足低综合近端串扰的要求。

（3）110C 连接场。110C 连接场如图 5-46 所示，它是 110C 连接场的核心，有 3 对线、4 对线、5 对线三种规格。

（4）电缆配线架。电缆配线架主要有 110 系列配线架和模块化配线架。110 系列配线架又分为夹接式（110A 型）、接插式（110P 型）等。

1）110A 型配线架。图 5-47 所示为 110A 型 100 对线和 300 对线的接线块组装件。

110A 型配线架一般安装在二级交接间、配线间或设备间，接线块后面有走线的空间。

2）110P 型配线架。图 5-48 所示为 110P 型 300 对线接线块组装件。110P 型配线架用插拔快接跳线代替了跨接线，为管理提供了方便，因其无支撑腿，所以不能安装在墙上。

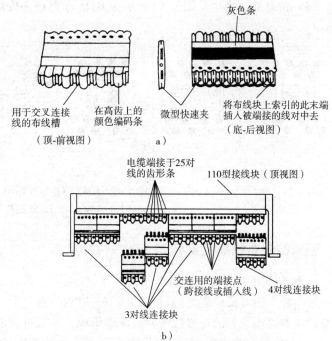

图 5-46　110C 连接场
a）110C 连接块　b）110C 连接块的组装

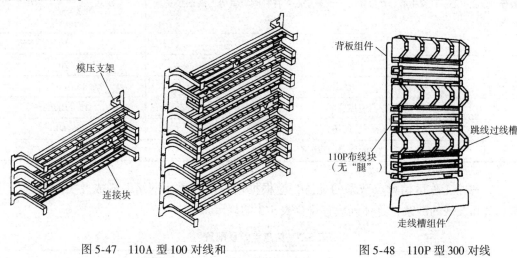

图 5-47　110A 型 100 对线和
300 对线的接线块组装件

图 5-48　110P 型 300 对线
接线块组装件

3）模块化可翻转配线架。模块化可翻转配线架的面板可翻转，后部封装。面板上还装有 8 位插针的模块插座连接到标准的 110 配线架。

（5）接插线。接插线就是装有连接器的跨接线，将插头插至所需位置即可完成连接，有 1、2、3、4 对线四种。

（6）信息插座模块。图 5-49 所示为 RJ45 信息插座模块，有 PCB 和 DCM 两种。

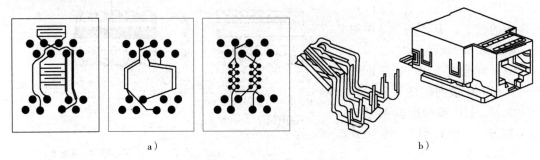

a）　　　　　　　　　　　　　　　　　　　　　b）

图 5-49　RJ45 信息插座模块

a）PCB 结构　b）DCM 结构

三、综合布线施工要求

1. 综合布线工作区划分要求

一个独立的需要设置终端设备的区域，应划分为一个工作区。工作区应由配线子系统的信息插座到终端设备的连接线缆及适配器组成，并应符合下列规定：

（1）工作区面积的划分，应根据不同建筑物的功能和应用，并作具体分析后确定。当终端设备需求不明确时，工作区面积宜符合表 5-2 的规定。

表 5-2　工作区面积

建筑物类型及功能	工作区面积/m²
银行、金融中心、证交中心、调度中心、计算中心、特种阅览室等，终端设备较为密集的场地	3 ~ 5
办公区	4 ~ 10
会议室	5 ~ 20
住宅	15 ~ 60
展览区	15 ~ 100
商场	20 ~ 60
候机厅、体育场馆	20 ~ 100

（2）每个工作区信息点数量的配置，应根据用户的性质、网络的构成及实际需求，并考虑冗余和发展的因素，具体配置宜符合表 5-3 的规定。

表 5-3　信息点数量配置

建筑物功能区	每一个工作区信息点数量/个			备　注
	语音	数据	光纤（双工端口）	
办公区（一般）	1	1	—	—
办公区（重要）	2	2	1	—

（续）

建筑物功能区	每一个工作区信息点数量/个			备　注
	语音	数据	光纤（双工端口）	
出租或大客户区域	≥2	≥2	≥1	—
政务办公区	2 ~ 5	≥2	≥1	分内、外网络

（3）设备安装。

1）壁挂式配线设备底部离地面的高度应不小于 300mm。

2）设备间、电信间及设备均应做等电位联结。

3）机架或机柜的安装，其前面净空应不小于 800mm，后面的净空应不小于 600mm。

（4）工作区信息插座。

1）安装在墙上或柱上的信息插座和多用户信息插座盒体的底部距地面的高度宜为 0.3m。

2）安装在地面上的插座，应采用防水和抗压接线盒。

3）每个工作区至少配置 1 个 220V、10A 带保护接地的单相交流电源插座。

4）安装在墙上或柱子上的集合点配线箱体，底部距地面高度宜为 1.0 ~ 1.5m。

（5）综合布线采用屏蔽布线时对接地的要求。

1）屏蔽系统中所用的信息插座，对绞电缆、连接器件、跳线等所组成的布线系统线路应具有良好的屏蔽及导通特性。

2）采用屏蔽布线系统时，屏蔽层的配线设备 FD 或 BD 端必须良好接地。

3）保护接地的电阻值，当采用单独接地体时，不应大于 4Ω；采用共用接地体时，不应大于 1Ω。

4）当采用屏蔽布线时，各个布线线路的屏蔽层应保持连续性。

（6）电缆的敷设方式及要求。

1）管内穿大对数电缆时，直线管路的管径利用率为 50% ~ 60%。弯管管路的管径利用率应为 40% ~ 50%。管内穿放 4 对对绞电缆时，截面利用率为 25% ~ 30%。线槽的截面利用率不应超过 50%。

2）配线子系统电缆宜穿管或沿金属电缆桥架敷设，当电缆在地板下布置时，应根据环境条件选用地板下线槽布线、网络地板布线、高架地板布线、地板下管道布线等敷设方式。

3）干线子系统垂直通道有电缆孔、管道、电缆竖井这三种方式可供选择，宜采用电缆竖井方式。水平通道可选择预埋暗管或电缆桥架方式。

2. 综合布线系统施工应注意事项

（1）应根据产品说明书的要求，按编号进行查线，并将标注清楚的导线按编号、回路安装牢固，相同回路的颜色应一致。

（2）端子箱应固定牢固，安装与墙面平正，外观完整。如达不到标准应进行修复，损坏的要进行更换。

（3）导线压接应牢固，绝缘电阻值应符合规范要求；如达不到应找出原因，否则不准投入使用。

（4）管道内或地面线槽阻塞或进水，会影响布线。疏通管槽，清除水污后布线。

（5）信息插座损坏，接触不良，应检查修复。

（6）柜（盘）、箱的安装应符合规范要求，如超出允许偏差，应及时纠正。

（7）柜（盘）、箱的接地应可靠，接地电阻值应符合设计要求，接地导线截面应符合规范规定。

（8）光纤连接器极性接反，信号无输出时，将光纤连接器极性调整正确。

（9）缆线长度过长，信号衰减严重时，按设计图进行检查，缆线长度应符合设计要求，调整信号频率，使其衰减符合设计和规范规定。

（10）设备间子系统接线错误，造成控制设备不能正常工作时，检查色标按设计图修正接线错误。

（11）光缆传输系统衰减严重时，检查陶瓷头或塑料头的连接器，每个连接点的衰减值是否大于规定值。

（12）光缆数字传输系统的数字系列比特率不符合规范规定时，检查数字接口是否符合设计规定。

（13）有信号干扰时，检查消除干扰源，检查缆线的屏蔽导线是否接地，线槽内并排的导线是否加隔板屏蔽，电缆和光缆是否进行隔离处理，室内防静电地板是否良好接地等。

（14）双绞电缆连接件。双绞电缆连接件主要有配线架和信息插座等。它是用于端接和管理缆线用的连接件。配线架的类型有 110 系列和模块化系列。110 系列又分夹接式（110A）和插接式（110P），如图 5-50 所示。连接件的产品型号很多，并且不断有新产品推出。

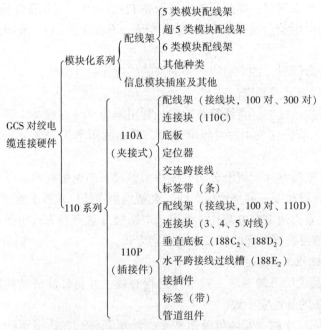

图 5-50　对绞电缆连接硬件的种类和组成

（15）信息插座。模块化信息插座分为单孔、双孔和多孔，每孔都有一个 8 位插脚。这种插座的高性能、小尺寸及模块化特性，为设计综合布线提供了灵活性，保证了快速、准确地安装。

四、综合布线系统组成及布线方式

1. 综合布线系统

通常综合布线由六个子系统组成，即工作区子系统、水平子系统、垂直干线子系统、设备间子系统、管理子系统和建筑群子系统。综合布线系统大多采用标准化部件和模块化组合方式，把语音、数据、图像和控制信号用统一的传输媒体进行综合，形成了一套标准、实用、灵活、开放的布线系统，提升了弱电系统平台的支撑。

建筑的综合布线系统是将各种不同部分构成一个有机的整体，而不是像传统的布线那样自成体系，互不相干。

综合布线系统的结构组成如图 5-51 所示。智能大厦综合布线结构组成如图 5-52 所示。其中，工作区子系统由终端设备连接到信息插座的跳线组成。工作区子系统位于建筑物内水平范围个人办公的区域内。

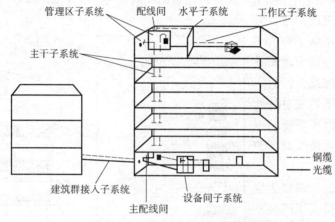

图 5-51　综合布线系统结构组成

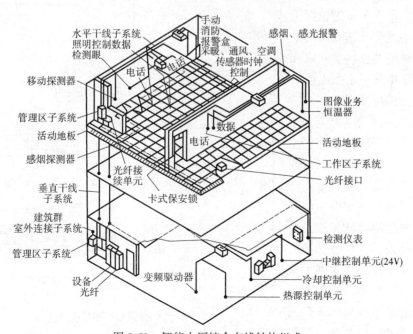

图 5-52　智能大厦综合布线结构组成

工作区子系统将用户终端（电话、传真机、计算机、打印机等）连接到结构化布线系统的信息插座上。它包括信息插头、信息模块、网卡、连接所需的跳线，以及在终端设备和输入/输出（I/O）之间搭接，相当于电话配线系统中连接话机的用户线及话机终端部分。

工作区子系统的终端设备可以是电话、微机和数据终端，也可以是仪器、仪表、传感器的探测器。

工作区子系统的硬件主要有信息插座（通信接线盒）、组合跳线。其中，信息插座是终端设备（工作站）与水平子系统连接的接口，它是工作区子系统与水平子系统之间的分界点，也是连接点、管理点，也称为 I/O 口，或通信线盒。

工作区线缆是连接插座与终端设备之间的电缆，也称组合跳线，它是在非屏蔽双绞线（UTP）的两端安装上模块化插头（RJ45 型水晶头）制成。

工作区的墙面暗装信息出口，面板的下沿距地面应为 300mm；信息出口与强电插座的距离不能小于 200mm。信息插座与计算机设备的距离保持在 5m 范围内。

工作区子系统组成如图 5-53 所示。

水平子系统是指从工作区子系统的信息出发，连接管理子系统的通信中间交叉配线设备的线缆部分。水平布线子系统总是处在一个楼层水平布线子系统的一部分，它将干线子系统线路延伸到用户工作区。

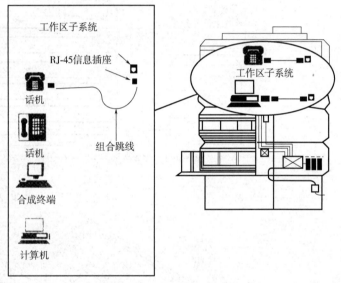

图 5-53　工作区子系统组成

水平布线子系统一端接于信息插座上，另一端接在干线接线间、卫星接线间或设备机房的管理配线架上。水平子系统包括水平电缆、水平光缆及其在楼层配线架上的机械终端、接插软线和跳接线。水平电缆或水平光缆一般直接连接至信息插座。

图 5-54 为水平子系统组成。

垂直干线子系统是由连接主设备间 MDF 与各管理子系统 IDF 之间的干线光缆及大对数电缆构成，指提供建筑物主干电缆的路由，实现主配线架（MDF）与分配线架的连接及计算机、交换机（PBX）、控制中心与各管理子系统间的连接。

垂直干线子系统的任务是通过建筑物内部的传输电缆，把各

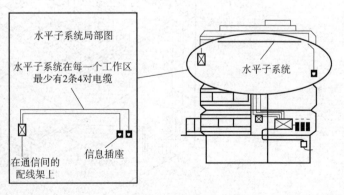

图 5-54　水平子系统组成

个接线间的信号传送到设备间，直至传送到最终接口，再通往外部网络。它既要满足当前的需要，又要适应今后的发展。垂直干线子系统由供各干线接线间电缆走线用的竖向或横向通道与主设备间的电缆组成。

图 5-55 为垂直干线子系统组成。

设备间子系统是安装公用设备（如电话交换机、计算机主机、进出线设备、网络主交换机、综合布线系统的有关硬件和设备）的场所。

设备间供电电源为 50Hz、380V/220V，采取三相五线制或单相三线制。通常应考虑备用电源。可采用直接供电和不间断供电相结合的方式。噪声、温度、湿度应满足相应要求，安全和防火应符合相应规范。

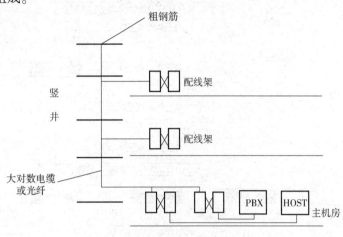

图 5-55　垂直干线子系统组成

管理子系统是提供与其他子系统连接的手段，是使整个综合布线系统及其所连接的设备、器件等构成一个完整的有机体的软系统。通过对管理子系统交接的调整，可以安排或重新安装系统线路的路由，使传输线路能延伸到建筑物内部的各工作区。

管理子系统由交连、互连以及 I/O 组成。管理应对设备间、交接间和工作区的配线设备、线缆、信息插座等设施，按一定的模式进行标识和记录。

建筑群子系统是连接各建筑物之间的传输介质和各种支持设备（硬件）而组成的布线系统。

2. 综合布线方式

（1）基本型综合布线系统。基本型综合布线系统是一个经济有效的布线方案。它支持语音或综合型语音数据产品，并能够全面过渡到数据的异步传输或综合型布线系统。

配置：

1）每一个工作区有 1 个信息插座。

2）每个工作区的配线为 1 条 4 对对绞电缆。

3）完全采用 110A 交叉连接硬件，并与未来的附加设备兼容。

4）每个工作区的干线电缆至少有 2 对双绞线。

（2）增强型综合布线系统。增强型综合布线系统不仅支持语音和数据的应用，还支持图像、影像、影视、视频会议等。它具有为增加功能提供发展的余地，并能够利用接线板进行管理。

配置：

1）每个工作区有 2 个以上信息插座。

2）每个工作区的配线为 2 条 4 对对绞电缆。

3）具有 110A 交叉连接硬件。

4）每个工作区的地平线电缆至少有 3 对双绞线。

图 5-56 为某住宅楼电话通信控制系统图。

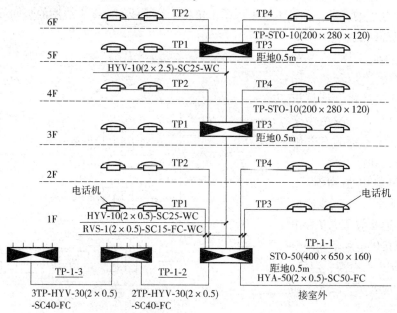

图 5-56　某住宅楼电话通信控制系统图

从图 5-56 上可以看出此通信系统的进户用的是 HYA 型电缆 HYA-50（2×0.5）-SC50-FC］，电缆用的是 50 对线，每条线有 2 根截面面积为 0.5mm² 的线，穿直径为 50mm 的焊接钢管埋地敷设。

可以看出此系统的电话组线箱 TP-1-1 为 1 只 50 对线电话组线箱（STO-50），箱体尺寸为 400mm×650mm×160mm，安装高度距地 0.5m。

可以看出此系统的进线电缆在箱内与本单元分户线和分户电缆及到下一单元的干线电缆连接。下一单元的干线电缆为 HYV 型 30 对线电缆 HYV-30（2×0.5）-SC40-FC，穿直径为 40mm 的焊接钢管埋地敷设。

可以看到此住宅楼的一、二层用户线从电话组线箱 TP-1-1 引出，各用户线使用 RVS 型双绞线 RVS-1（2×0.5）-SC15-FC-WC，每条线含有 2 根截面面积为 0.5mm² 的线，穿直径为 15 的焊接钢管埋地并沿墙暗敷设。

可以看出从组线箱 TP-1-1 到三层电话组线箱用了一根 10 对线电缆 HYV-10（2×0.5）-SC25-WC，穿直径为 25mm 的焊接钢管沿墙暗敷设。

这可以看出在三层和五层各设 1 个电话组线箱 STO-10（200mm×280mm×120mm），2 只电话组线箱均为 10 对线电话组线箱，箱体尺寸为 200mm×280mm×120mm，安装高度距地 0.5m。

可以看出三层到五层也为一根 10 对线电缆。三层和五层电话组线箱连接上、下层四户的用户电话出线口，均使用 RVS 型（每条线含 2 根截面面积为 0.5mm² 的线）双绞线且每户有两个电话出线口。

从此电话通信控制系统图上可以看出从一层组线箱 TP-1-1 箱引出一层 B 户电话线 TP3 向下到起居室电话出线口，隔墙是卧室的电话出线口。

从图上还可以看出一层 A 户电话线 TP1 向右下到起居室电话出线口，隔墙是主卧室的电话出线口。一层每户的两个电话出线口为并联关系，两只电话机并接在 1 条电话线上。

可以看出二层用户电话线从组线箱 TP-1-1 箱直接引入二层户内，位置与一层对应。一层线路沿一层地面内敷设，二层线路沿一层顶板内敷设。

可以看出单元干线电缆 TP 从 TP-1-1 箱向右下到楼梯对面墙，干线电缆沿墙从一楼向上到五楼，三层和五层装有电话组线箱，各层的电话组线箱引出本层和上一层的用户电话线。

（3）综合型布线系统。综合型布线系统是将光缆、双绞电缆或混合电缆纳入建筑物布线的系统。其配置需在基本型和增强型综合布线基础上增设光缆及相关接件。

五、综合布线系统施工图识读

图 5-57 及图 5-58 为某住宅楼综合布线控制系统图及其首层综合布线平面图。

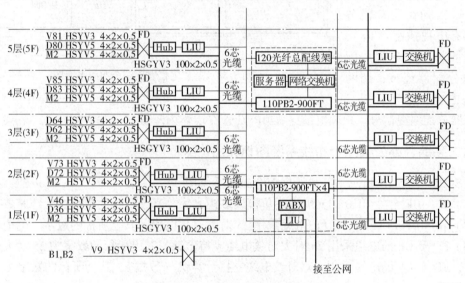

图 5-57 某住宅楼综合布线控系统图

从图 5-57 上可以看出图中的电话线由户外公用引入，接至主配线间或用户交换机房，机房内有 4 台 110PB2-900FT 型配线架和 1 台用户交换机（PABX）。

可以看出主机房中有服务器、网络交换机、1 台配线架等。

图 5-57 中的电话与信息输出线，在每个楼层各使用 1 根 100 对干线 3 类大对数电缆（HSGYV3 100×2×0.5），此外每个楼层还使用 1 根 6 芯光缆。

可以看出每个楼层设楼层配线架（FD），大多数电缆要接入配线架，用户使用 3、5 类 8芯电缆（HSYV5 4×2×0.5）。

从图 5-57 上还可以看出光缆先接入光纤配线架（LIU），转换成电信号后，再经集线器（Hub）或交换机分路，接入楼层配线架（FD）。

图 5-57 左侧 2 层的右边，"V73" 表示本层有 73 个语音出线口，"D72" 表示本层有 72个数据出线口，"M2" 表示本层有 2 个视像监控口。

从此住宅楼平面图（图 3-58）上可以看出信息线由楼道内配电箱引入室内，使用 4 根 5类 4 对非屏蔽双绞线电缆（UTP）和 2 根同轴电缆，穿 φ30 PVC 管在墙体内暗敷设。

从图 5-58 上可以看出首层每户室内有一只家居配线箱，配线箱内有双绞线电缆分接端子和电视分配器，本用户为三分配器。

可以获悉该层户内每个房间都有电话插座（TP）、起居室和书房有数据信息插座（TO），每个插座用 1 根 5 类 UTP 电缆与家居配线箱连接。

可以得知该层户内各居室都有电视插座（TV），用 3 根同轴电缆与家居配线箱内分配器连接，墙两侧安装的电视插座，用二分支配器分配电视信号。户内电缆穿 φ20PVC 管在墙体内暗敷。

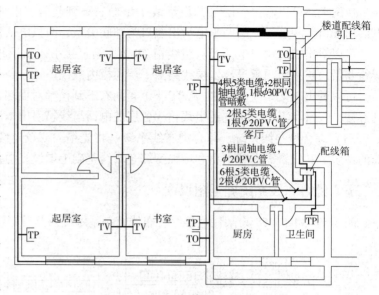

图 5-58 某住宅楼首层综合布线平面图

六、某综合办公楼综合布线系统图识读

图 5-59 ~ 图 5-61 所示为某科研楼综合布线系统图。

（1）由 ODF 至各 HUB 的光缆采用单模或多模光缆，其上所标的数字为光纤芯数。

（2）由 MDF 到 1FD—5FD 的电缆采用 25 对大对数电缆，其上所标的数字为电缆根数。

（3）FD 至 CP 的电缆采用 25 对大对数电缆支持电话，其上所标的数字为 25 对大对数电缆根数；FD 至 CP 的电缆采用 4 对对绞电缆支持计算机（数据），其上所标的数字为 4 对对绞电缆根数。

（4）MDF 采用 IDC 配线架支持电话，光纤配线架 ODF 用于支持计算机。FD 采用 RJ45 模块配线架用于支持计算机（数据），采用 IDC 配线架用于支持电话。

（5）集线器 HUB1（或交换机）的端口数为 24，集线器 HUB2（或交换机）的端口数为 48。

由图 5-59 可知，信息中心设备间设在三层，其中的设备有总配线架 MDF、用户程控交换机 PABX、网络交换机、光纤配线架 ODF 等。市话电缆引至本建筑交接设备间，再引至总配线架和用户程控交换机，引至各楼层配线架。网络交换机引至光纤配线架，再引至各楼层配线架。总配线架 MDF 引出 7 条线路至三楼楼层配线架。光纤配线架 ODF 至三楼集线器采用 8 芯光缆。

由图 5-60 和图 5-61 可知，总配线架 MDF 引出 4 条线路至一楼楼层配线架，引出 6 条线路至二楼楼层配线架，引出 7 条线路至四楼楼层配线架，引出 5 条线路至五楼楼层配线架。光纤配线架 ODF 至一楼集线器采用 4 芯光缆，至二楼集线器采用 8 芯光缆，至四楼集线器采用 8 芯光缆，至五楼集线器采用 4 芯光缆。

各层中 CP 的数量及其所支持的电话插座和计算机插座的数量如图 5-60 和图 5-61 中所示。

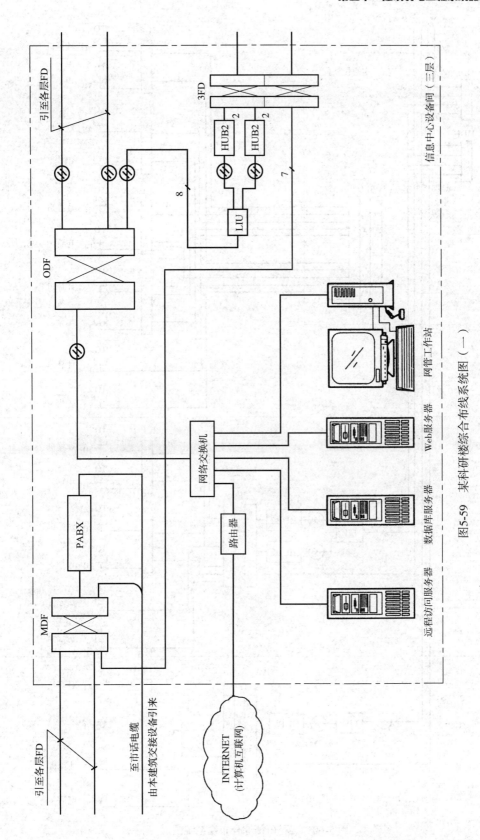

图5-59 某科研楼综合布线系统图（一）

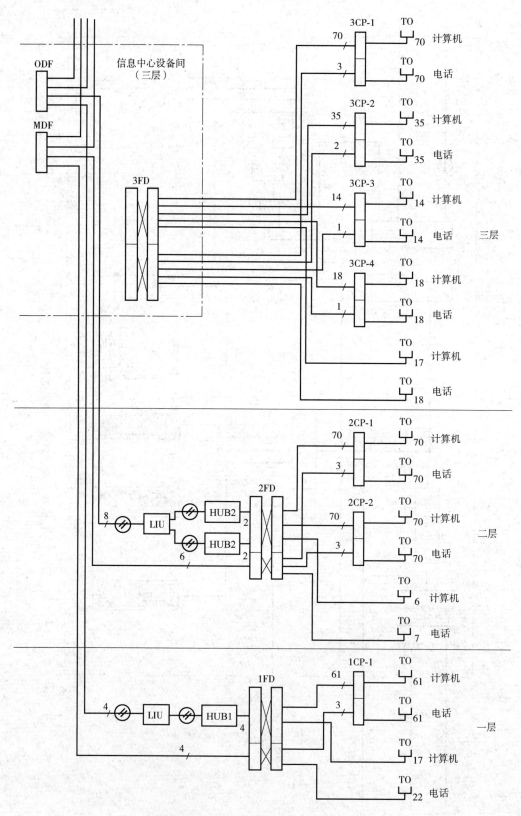

图 5-60　某科研楼综合布线系统图（二）

读图说明：

（1）"_____"表示为 2 根 4 对对绞电缆穿 SC 20 钢管暗敷在墙内或顶棚内。

——¹表示为 1 根 4 对对绞电缆穿 SC 15 钢管暗敷在墙内或顶棚内。

——⁴⁽⁶⁾表示为 4（6）根 4 对对绞电缆穿 SC 25 钢管暗敷在墙内或顶棚内。

（2）一个工作区的服务面积为 10m²，为每个工作区提供 2 个信息插座，其中一个信息插座提供语音（电话）服务，另一个信息插座提供计算机（数据）服务。

（3）办公室内采用桌面安装的信息插座，电缆由地面线槽引至桌面的信息插座。

各楼层 FD 装设于弱电竖井内。各楼层所使用的信息插座有单孔、双孔、四孔三种。

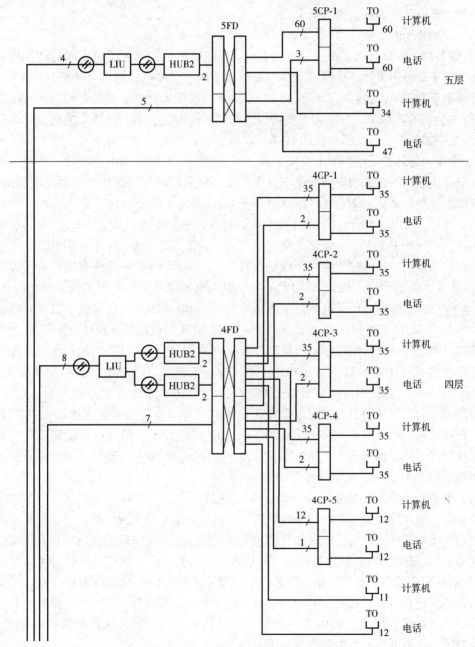

图 5-61　某科研楼综合布线系统图（三）

七、某商场综合布线施工图

1. 工程概况

某商场建筑总面积约为 1.3 万 m^2，楼层数为 6 层，楼面最大长度为 82m，宽度为 26m，建筑物在楼梯两端分别设有电气竖井。一至五楼为商业用房，六楼为管理人员办公室和商品库房。

2. 综合布线工程图分析

（1）工程图基本情况。图 5-62 为综合布线工程系统图，图 5-63 为一层综合布线平面图，图 5-64 为二至五层综合布线平面图，图 5-65 为六层综合布线平面图。从系统图分析可看出，该大楼设计的信息点为 124 个。

（2）工程图分析。

1）设备间子系统。从系统图中可以看出，设备间是设在第 6 层楼中间的计算机及电话机房内，主要设备包括计算机网络系统的服务器、网络交换机、用户交换机（PABX）和计算机管理服务器等。设备间的总配线架 BD（MDF）采用 1 台 900 线的配线架（500 对）和 1 台 120 芯光纤总配线架，分别用来支持语音和数据的配线交换。网络交换机的总端口数为 750（各楼层即管理子系统所连接的 HUB（集线器）的数量，不包括冗余）。

2）设备间的地板采用防静电高架地板，设置烟感、温感自动报警装置，使用气体灭火系统，安装应急照明设备和不间断供电电源，使用防火防盗门，按标准单独安装接地系统，确保布线系统和计算机网络系统接地电阻小于 1Ω，接地电压小于 1V。

（3）干线子系统。由于主干线（设在电气竖井）中的距离不长（共 6 层楼高），系统布线又从两个电气井中上下，另外用户终端信息接口数量不多，共 124 个，因此，在工程设计施工选用大对数，对绞电缆作为主干线的连接方式。从图 5-62 系统图看出，从机房设备间的 BD（MDF）分别列出 1 根 25 对的大对数电源到电气竖井里，分别接到 2 层楼的 2-1FD、2-2FD 配线箱内，作为语音（电话）的连接线缆。从 BD（MDF）分别引 1 根 4 对对绞电缆接入 1-2FD、2-2FD 前端的 HUB（集线器）中，该 HUB 经过信号转换后可支持 24 个计算机通信接口。同理也可分析出设在 4 层楼电气竖井内的 4-1FD、4-2FD 的设备。而设在 6 层楼电气竖井内的 6-1FD，从机房 BD（MDF）引出的是 1 根 4 对对绞线，接入 HUB（集线器）中，可输出 24 个计算机接口，引出 2 根 25 对大对数电缆，支持语音信号。

考虑用户购物刷卡消费的习惯以及监控设备的需要，该主干系统应选用 5 类 UTP 以上标准。在设计施工时，不光是主干线选用 5 类 UTP 线缆，还应包括连接硬件、配线架中的跳线连接线等器件，都应选用 5 类标准，这样才能保证该系统的完整性。语音、数据线缆分别用阻燃型的 PVC 管明敷在电气竖井中。

（4）管理区子系统。从系统图分析，本工程共设有 5 个管理区子系统，分别设在第 2 层、第 4 层、第 6 层的电气竖井的配线间内，通过管理子系统实现对配线子系统和干线子系统中的语音线和数据线的终接收容和管理。它是连接上述两个系统的中枢，也是各楼层信息点的管理中心。配线架 DF 管理采用表格对应方式，根据大楼各信息点的楼层单元，例如 2-1FD、2-2FD 分别管理 1 至 2 层楼的信息点。记录下连接线路，线缆线路的位置，并做好标记，以方便维护人员的管理和识别。尽量采用标准配置的配线箱（柜），一般来讲 IDC 配线架支持语音（电话）配线，RJ45 型的配线架支持数据配线。管理区的配线间由 UPS 供电，每个管理区为一组电源线并加装空气开关。

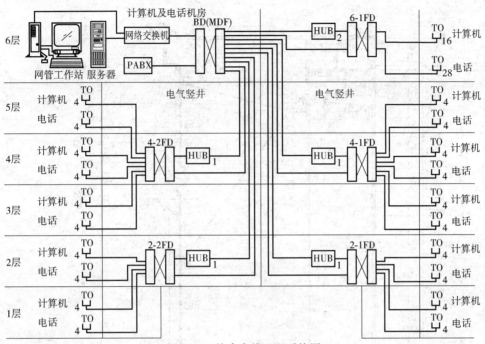

图 5-62 综合布线工程系统图

（5）配线（水平）子系统。从平面图 5-63 和图 5-64 可以看出，配线子系统从二层或四层的配线间引至信息插座的语音和数据配线电缆以及工作区用的信息插座所组成，按照收款台能实现100Mb/s 的要求，水平布线子系统中统一采用 5 类 UTP，线缆长度应满足设计规范要求，应小于90m。从图 5-63 中看出，在 F 轴和⑬轴电气竖井中设有配线箱，它采用星形网络拓扑结构，即放射式配线方式，引出 4 条回路，每条回路为 2 根 4 对对绞电缆穿SC20 钢管暗敷在墙内或楼板内。为每个收款台提供 1 个电话插座，1 个计算机插座。在 F轴和㉑轴线处的配线箱向左引出 4 条回路，每条回路也是 2 根 4 对对绞电缆穿 SC20 钢管暗敷。从图 5-63 中可看出，一层电气竖井内未设置的线箱，它是从设在二层楼的配线箱（FD）引下来的，采用放射式配线，每条回路也是 2 根 4 对对绞线电缆，穿 SC20 钢管在楼板内或墙内暗敷。从商场平面图分析，由于每层商场的收款台数量不多，所以线路分析也较简单。而在图 5-65 中的办公区就显得复杂一些，因为它的信息点较多，以财务室为例：左面墙上设计了 2 组信息插座，所以它用了 4 对对绞电缆，每组插座用 2 对对绞电缆，1 对为电话，1 对为计算机插座接口。右墙只设计 1 组信息插座，所以它只用了 2 对对绞电缆。在办公室的左面墙上虽然也是 2 组插座，但它少了一个接口，所以只向它提供了 3 对对绞电缆。但是房间内的电话和计算机接口可进行自由组合，但总数不能超过 5 个。由于办公区信息点多，而且所有线路都是放射式配线，所以线缆宜穿钢管沿墙沿吊顶内暗敷。

（6）工作区子系统。工作区子系统由终端设备（计算机、电话机）连接到信息插座的连线组成，在图 5-63 中，它的布线方案中 1 个工作区按 180m 左右划分，即设置 1 个收款台，配置信息插座 2 个。每个信息插座通过适配器联结可支持电话机、数据终端、计算机设备等。所有信息插座都使用统一的插座和插头，信息插座 I/O 引针（脚）接线按 TIA/EIA568A 标准，如图 5-66 所示。所有工作区内插座按照 TIA/EIA568 标准嵌入和表面安装来固定在墙或地上。住处模块选用带防尘和防潮弹簧门的模块，如图 5-67 所示。

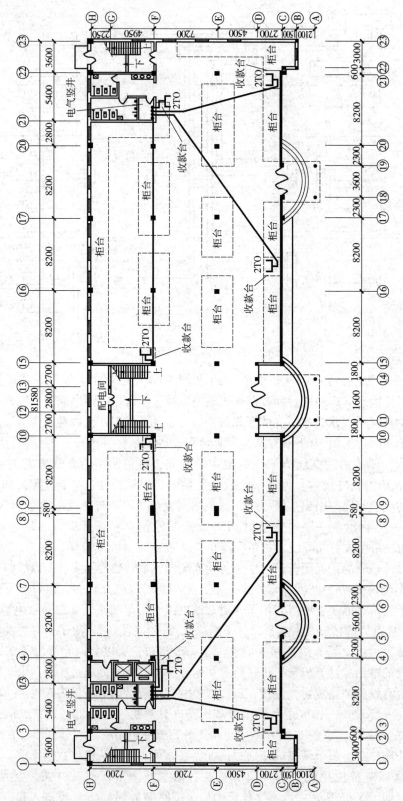

图5-63 一层综合布线平面图

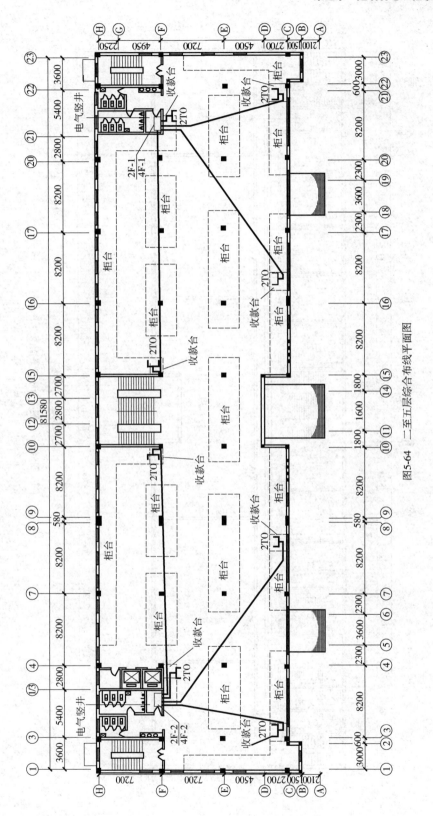

图5-64　二至五层综合布线平面图

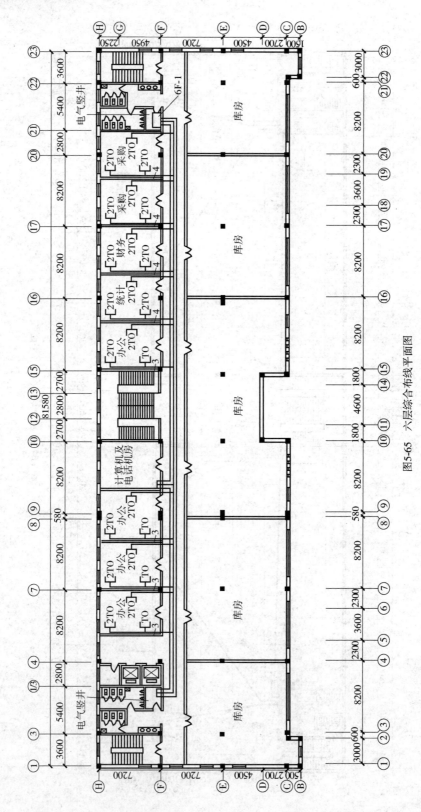

图5-65 六层综合布线平面图

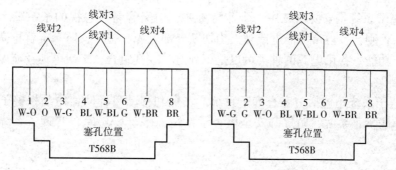

图 5-66　信息插座接线图

注：G—绿、BL—蓝、BR—棕、W—白、O—橙。

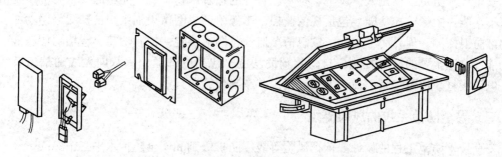

图 5-67　信息插座在墙体上、地面上安装示意图

第五节　建筑安全防范系统简介

一、安全防范系统的构成

安全防范系统（简称安防系统）的基本构成包括如下子系统：入侵报警子系统、电视监控子系统、出入口控制子系统、保安巡更子系统、通信和指挥子系统、供电子系统以及其他子系统。

（1）入侵报警子系统、电视监控子系统、出入口控制子系统和保安巡更子系统是最常见的子系统。

通信和指挥子系统在整个安全防范系统中起着重要的作用，主要表现在如下四个方面：

1）可以使控制中心与各有关防范区域及时地互通信息，了解各防范区域的有关安全情况。

2）可以对各有关防范区域进行声音监听，对产生报警的防范区域进行声音复核。

3）可以及时调度、指挥保安人员和其他保卫力量相互配合，统一协调地处置突发事件。

4）一旦出现紧急情况和重大安全事件，可以与外界（派出所、110、单位保卫部门等）及时取得联系并报告有关情况，争取增援。

（2）通信和指挥系统一般要求多路、多信道，采用有线或无线方式。其主要设备有手持式对讲机、固定式对讲机、手机、固定电话，重要防范区域安装声音监听视音头。

（3）供电子系统是安防系统中一个非常重要，但又容易被忽视的子系统。系统必须具有备用电源，否则，一旦市电停电或被人为切断外部电源，整个安防系统就将完全瘫痪，不具有任何防范功能。备用电源的种类可以是下列之一或其组合：二次电池及充电器；UPS 电源；发电机。

（4）其他子系统还包括访客查询子系统、车辆和移动目标防盗防劫报警子系统、专用的高安全实体防护子系统、防爆和安全检查子系统、停车场（库）管理子系统、安全信息广播子系统等。

二、安全防范系统的功能

安全技术防范工程是人、设备、技术、管理的综合产物。一个完整的安全防范系统应具备以下功能：图像监控功能，包括视像监控、影像验证、图像识别系统；探测报警功能，包括内部防卫探测、周界防卫探测、危急情况监控、图形鉴定；控制功能，包括图像功能、识别功能、响应报警的联动控制；自动化辅助功能，包括内部通信、双向无线通信、有线广播、电话拨打、巡更管理、员工考勤、资源共享与设施预订。

三、安全防范系统的风险等级

安全技术防范工程的设计要依据风险等级、防护级别和安全防护水平三个标准。

（1）风险等级。指存在于人和财产（被保护对象）周围的、对他（它）们构成严重威胁的程度。一般分为三级：一级风险为最高风险，二级风险为高风险，三级风险为一般风险。

（2）防护级别。指对人和财产安全所采取的防范措施（技术的和组织的）的水平。一般分为三级，一级防护为最高安全防护，二级防护为高安全防护，三级防护为一般安全防护。

（3）安全防护水平。指风险等级被防护级别所覆盖的程度，即达到或实现安全的程度。

（4）风险等级和防护级别的关系。一般来说，风险等级与防护级别的划分应有一定的对应关系，各风险的对象需采取高级别的防护措施，才能获得高水平的安全防护。

四、门禁控制系统图

1. 门禁控制系统

（1）按设计原理分类。

1）控制器与读卡器（识别仪）分体。这类系统控制器安装在室内，只有读卡器输入线露在室外，其他所有控制线均在室内，而读卡器传递的是数字信号，因此，若无有效卡片或密码任何人都无法进门。这类系统应是用户的首选。

2）控制器自带读卡器（识别仪）。这种设计的缺陷是控制器需安装在门外，因此部分控制线必须露在门外，内行人无须卡片或密码即可轻松开门。

（2）按与微机通信方式分类。

1）网络型。这类产品的技术含量高，目前还不多见，只有少数几个公司的产品成型。它的通信方式采用的是网络常用的 TCP/IP 协议。这类系统的优点是控制器与管理中心通过局域网传递数据，管理中心位置可以随时变更，不需重新布线，很容易实现网络控制或异地控制。这类系统适用于大系统或安装位置分散的单位，缺点是系统通信部分的稳定取决于局域网的稳定性。

2）单机控制型。这类产品是最常见的，适用于小系统或安装位置集中的单位。通常采用 RS-485 通信方式。它的优点是投资小，通信线路专用。缺点是一旦安装好就不能随便地更换管理中心的位置，不易实现网络控制和异地控制。

（3）按进出识别方式分类。

1）卡片识别。卡片识别就是通过读卡或读卡加密码来识别进出权限的识别方式，按卡片种类又分为磁卡和射频卡。

①磁卡的优点是成本较低，一人一卡（＋密码），安全性一般，可联微机，有开门记录。缺点是卡片、设备易磨损，使用寿命较短，卡片容易复制，不易双向控制，卡片信息容易因外界磁场丢失，使卡片无效。

②射频卡的优点是卡片、设备无接触，开门方便安全；寿命长，理论寿命至少十年；安全性高，可联微机，有开门记录，可以实现双向控制，卡片很难被复制。缺点是成本较高。

2）密码识别。密码识别即通过检验输入密码是否正确来识别进出权限。这类产品又分两类：一类是普通型；一类是乱序键盘型。

①普通型的优点是操作方便，无需携带卡片，成本低。缺点是只能同时容纳 3 组密码，容易泄露，安全性很差，无进出记录，只能单向控制。

②乱序键盘型的数字不固定，不定期自动变化，其优点是操作方便，无需携带卡片。缺点是密码容易泄露，安全性不是很高，无进出记录，只能单向控制，成本高。

3）人像识别。人像识别是通过检验人员生物特征等方式来识别进出的识别方式，有指纹型、虹膜型、面部识别型等。

人像识别的优点是安全性很好，无需携带卡片。缺点是成本很高，识别率不高，对环境要求高，对使用者要求高（如指纹不能划伤，眼不能红肿出血，脸上不能有伤，或胡子的浓密等），使用不方便（如虹膜型的和面部识别型的，安装高度位置是一定的，但使用者的身高却各不相同）。

提示：

一般人们都认为生物识别的门禁系统很安全，其实这是误解。门禁系统的安全不仅仅是识别方式的安全性，还包括控制系统的安全、软件系统的安全、通信系统的安全、电源系统的安全等。也就是说，整个系统是一个整体，若有一个方面不合格，整个系统都不安全。如有的指纹门禁系统，它的控制器和指纹识别仪是一体的，安装时要装在室外，这样一来控制锁开关的线就露在室外，很容易被人打开。

2. 门禁系统设备组成

（1）门禁控制器。门禁控制器是门禁系统的核心部分，是整个门禁系统工程的大脑，其作用是接收、分析、处理、储存和控制整个系统输入、输出的信息等。门禁控制器的稳定性和性能关系到整个系统的安全级别和先进管理的可实现性。

（2）读卡器（识别仪）。读卡器的作用是读取卡片中的数据（生物特征信息），其发展方向是能够具有生物辨识功能、高保密性、可远距离读卡功能等。读卡器是系统的重要组成部分，关系着整个系统的稳定。

（3）电控锁。电控锁是门禁系统中锁门的执行部件，根据门的材料、出门要求等需求的不同而各异，主要有以下三种类型：

1）阳极锁。阳极锁是断电开门型，符合消防要求，它安装在门框的上部。与电磁锁不同的是，阳极锁适用于双向的木门、玻璃门、防火门，而且它本身带有门磁检测器，可随时检测门的安全状态。

2）阴极锁。阴极锁一般为通电开门型，适用于单向木门。因其停电时是锁门的，所以安装时一定要配备 UPS 电源。

3）电磁锁。电磁锁是断电开门型，符合消防的要求，同时配备有多种安装架以供顾客使用。这种锁具适用于单向的木门、玻璃门、防火门和对开的电动门。

（4）门禁管理系统软件。通过门禁管理系统软件可以实现实时对进、出人员进行监控，对各门区进行编辑，对系统进行编程，对各突发事件进行查询及人员进出资料实时查询等，还可完成视频、消防、报警、巡更、电梯控制等联动功能，以及考勤、消费、停车场等多种关联功能。

（5）卡片。卡片就是开门的钥匙，可以在卡片上打印持卡人的个人照片，将开门卡和胸卡合二为一。

非接触智能卡方便实用、识别速度快、安全性高，所以目前应用最为广泛。常用的非接触卡有 Mifari 卡、ID 卡、EM 卡等。

（6）电源。电源是整个系统的供电设备，分为普通和后备式（带蓄电池的）两种。

（7）遥控开关。遥控开关是在紧急情况下进出门时使用。

（8）玻璃破碎报警器。玻璃破碎报警器作为意外情况下开门使用。

（9）出门按钮。按一下出门按钮则门打开，适用于对出门无限制的情况。

（10）门磁。门磁用于检测门的安全、开关状态等。

某建筑物出入口控制系统设备布置图如图5-68所示。

3. 门禁控制系统的组成

门禁控制系统一般由目标识别子系统、信息管理子系统和控制执行机构三部分组成，如图5-69所示。系统的主要设备有门禁控制器、读卡器、电控锁、电源、射频卡、出门按钮及其他选用设备（如门铃、报警器、遥控器、自动拨号器、门禁管理软件、门窗磁感应开关）等。

（1）系统的前端设备为各种出入口目标的识别装置和门锁启闭装置，包括识别

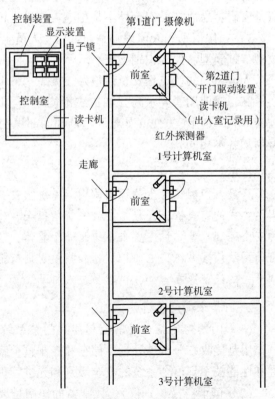

图 5-68　某建筑物出入口控制系统设备布置图

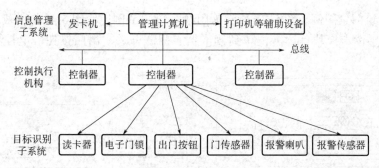

图 5-69 门禁控制系统的组成

卡、读卡器、控制器、出门按钮、钥匙、指示灯和警号等。主要用来接受人员输入的信息，再转换成电信号送到控制器，同时根据来自控制器的信号，完成开锁、闭锁、报警等工作。

（2）控制器接收底层设备发来的相关信息，同存储的信息相比较并作出判断，然后发出处理信息。单个控制器可以组成一个简单的门禁控制系统用来管理一个或多个门。多个控制器通过通信网络同计算机连接起来就组成了可集中监控的门禁控制系统。

（3）整个系统的传输方式一般采用专线或网络传输。

（4）目标识别子系统可分为对人的识别和对物的识别。以对人的识别为例，可分为生物特征识别系统和编码识别系统两类。生物特征识别（由目标自身特性决定）系统如指纹识别、掌纹识别、眼纹识别、面部特征识别、语音特征识别等。

4. 门禁控制系统图

（1）门禁系统图示意图。门禁系统图外形示意图如图 5-70 所示。

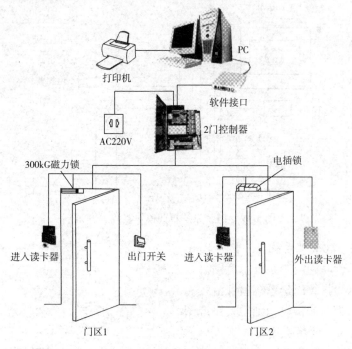

图 5-70 门禁系统外形示意图

注：1 号门区为进入读卡、外出按钮型。2 号门区为进出均需读卡型。

（2）某建筑门禁图例。图 5-71 所示为门禁系统图示例。使用 5 类非屏蔽双绞线将主控模块连接到各层读卡模块，读卡模块到读卡器、门磁开关、出门按钮、电控锁所用导线如图 5-72 所示。

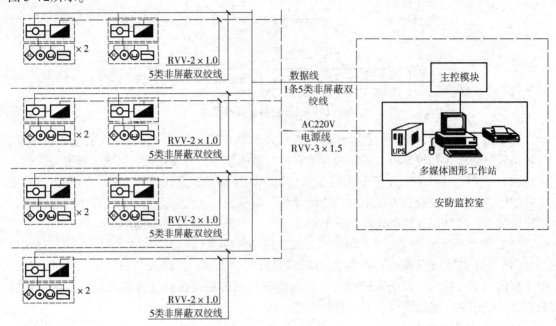

图 5-71　门禁系统图示例

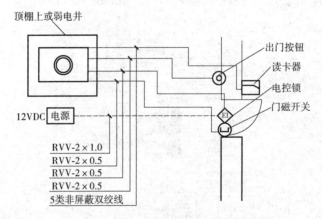

图 5-72　门禁系统单门模块接线示意图

5. 门禁控制系统管理系统

图 5-73 所示为联网门禁系统示意图。

图 5-74 所示为指纹门禁系统验证流程。

图 5-75 所示为活体指纹识别门禁系统图。

6. 某建筑出入口控制系统图识读

某建筑出入口管理系统示意图如图 5-76 所示，系统由出入口控制管理主机、读卡器、电控锁、出入口数据控制器等部分组成。各出入口管理控制器电源由 UPS 电源通过 BV-3 × 2.5 线统一提供，电源线穿 φ15mm 的 SC 管暗敷设。出入口控制管理主机和出入口数据控制

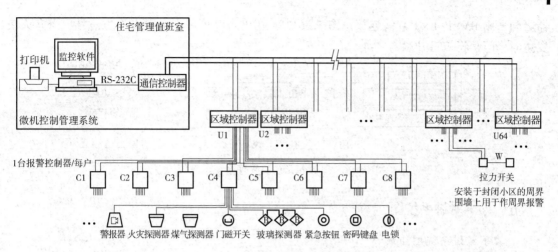

图 5-73 联网门禁系统示意图

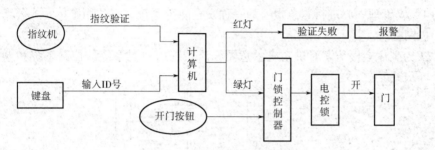

图 5-74 指纹门禁系统验证流程

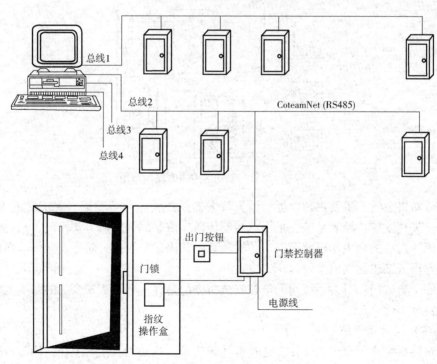

图 5-75 活体指纹识别门禁系统图

器之间采用 RVVP-4×1.0 线连接。图 5-76 中，在出入口管理主机引入消防信号，当有火灾发生时，门禁将被打开。

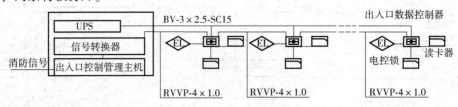

图 5-76　某建筑出入口管理系统示意图

五、楼宇对讲系统图

1. 楼宇对讲系统图组成

楼宇对讲系统是指来访客人与住户之间提供双向通话或可视通话，并由住户遥控防盗门的开关及向保安管理中心进行紧急报警的一种安全防范系统。它适用于单元式公寓、高层住宅楼和居住小区等。

图 5-77 为某住宅楼访客对讲系统示意图，该系统由对讲系统、控制系统和电控防盗安全门组成。

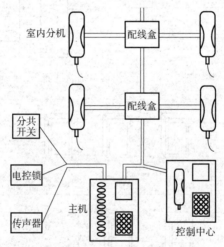

图 5-77　某住宅楼访客对讲系统示意图

其中，对讲系统：主要由传声器、语言放大器及振铃电路等组成，要求对讲语言清晰、信噪比高、失真度低。控制系统：采用总线制传输、数字编码解码方式控制，只要访客按下户主的代码，对应的户主摘机就可以与访客通话，并决定是否打开防盗安全门；而户主可以凭电磁钥匙出入该单元大门。

电控安全防盗门：对讲系统用的电控安全防盗门是在一般防盗安全门的基础上加上电控锁、闭门器等构件。

2. 楼宇可视对讲系统

可视对讲系统除了对讲功能外，还具有视频信号传输功能，使户主在通话时可同时观察到来访者的情况。因此，系统增加了一部微型摄像机，安装在大门入口处附近，用户终端设一部监视器。可视对讲系统如图 5-78 所示。

可视对讲系统主要功能：

（1）通过观察监视器上来访者的图像，可以将不希望的来访者拒之门外。

（2）按下呼出键，即使没人拿起听筒，屋里的人也可以听到来客的声音。

（3）按下"电子门锁打开按钮"，门锁可以自动打开。

（4）按下"监视按钮"，即使不拿起听筒，也可以监听和监看来访者长达30s，而来访者却听不到屋里的任何声音；再按一次，解除监视状态。

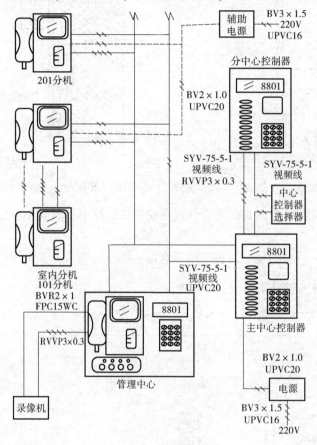

图5-78 可视对讲系统图

3. 楼宇对讲系统安装施工图

（1）门口主机的安装。门口主机通常镶嵌在防盗门或墙体主机预埋盒内，主机底边距地不宜高于1.5m，操作面板应面向访客且便于操作。安装应牢固可靠，并应保证摄像镜头的有效视角范围。

室外对讲门口主机安装时，主机与墙之间为防止雨水进入，要用玻璃胶堵住缝隙，主机安装高度为摄像头距地面1.5m。

图5-79所示为楼宇对讲系统对讲门口主机安装图。

（2）室内机安装。室内机一般安装在室内的门口内墙上，安装高度中心距地面1.3～1.5m，安装应牢固可靠，平直不倾斜。图5-80所示为楼宇对讲系统室内对讲机安装方法。

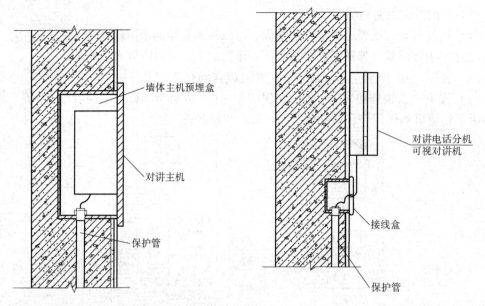

图 5-79　楼宇对讲系统对讲门口主机安装图　　图 5-80　楼宇对讲系统室内对讲机安装方法

（3）联网型（可视）对讲系统的管理机宜安装在监控中心内或小区出入口的值班室内，安装应牢固可靠。

图 5-81 所示为联网型的楼宇对讲系统示意图。

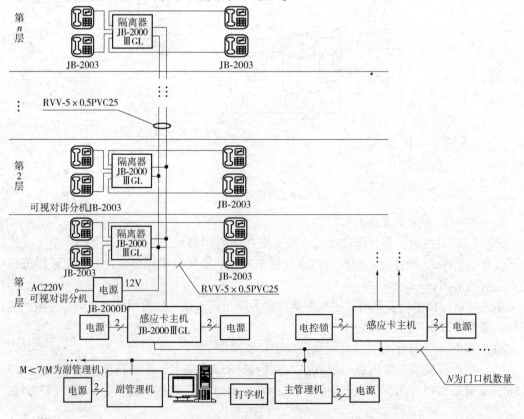

图 5-81　联网型的楼宇对讲系统示意图

1）联网型的楼宇对讲系统由管理中心的主管理机和分控中心的副管理机、住户门口的门口主机、住户室内的用户分机、电源、隔离器、计算机主机和打印机等组成。用户可通过室内分机上的按键盘与其他用户之间进行通话，也可与管理主机进行通话。

2）用户可按室内分机上的报警键呼叫主管理机，管理机上会有声光报警显示。住户门口主机可按主管理机呼叫键，与主管理机进行通话，管理机可与每个单门主机对讲。

图5-82所示为联网型带报警模块的可视对讲系统示意图。其中的住户家庭可视对讲主机带有报警控制器JB-2403。

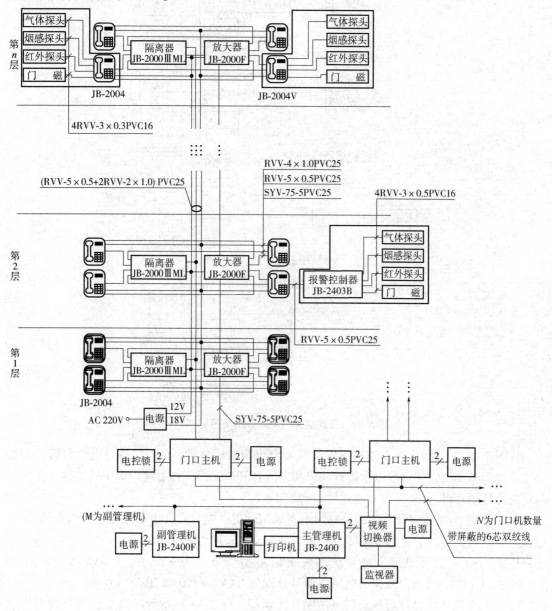

图5-82　联网型带报警模块的可视对讲系统示意图

4. 楼宇对讲系统图识读

（1）现代住宅小区楼宇对讲系统。楼宇对讲系统是现代住宅小区的一个非常重要的自动控制系统。图 5-83 为某高层住宅楼对讲系统图（部分）。

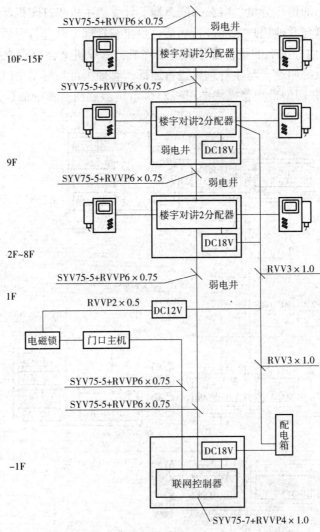

图 5-83　某高层住宅楼对讲系统图（部分）

从图 5-83 上可看出每个用户室内设置 1 台可视电话分机，单元楼梯口设 1 台带门禁编码式可视梯口主机，住户可以通过智能卡和密码打开单元门，可通过门口主机实现在楼梯口与住户的呼叫对讲。

从图 5-83 上可看出此系统的楼梯间设备采用就近供电方式，由单元配电箱引一路 220V 电源至梯间箱，实现了对每楼层楼宇对讲 2 分配器及室内可视分机供电。

从图 5-83 上还可获悉，此系统的视频信号型号分别为 SYV75-5 + RVVP6 × 0.75 和 SYV75-5 + RVVP6 × 0.5，楼梯间电源线型号分别为 RVV3 × 1.0 和 RVV2 × 0.5。

（2）某多层住宅楼宇可视对讲系统图读图识图。图 5-84 所示为某高层住宅可视对讲系统图。

1）从图 5-84 上可知，管理中心通过通信线路 RS-232 与计算机相连，且安装于物业管理办公室内；又引至楼宇对讲主机 DH-100-C，KVV-ZR-7 × 1.0-CT 为阻燃铜芯聚氯乙烯绝缘

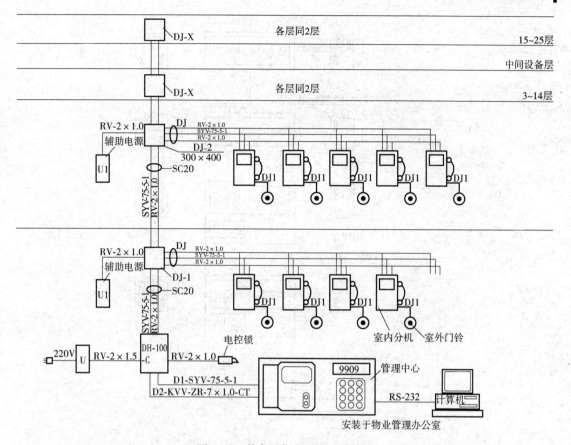

图 5-84　某高层住宅可视对讲系统

聚氯乙烯护套控制电缆，7 芯、每根芯截面面积为 1.0mm^2、电缆桥架敷设，SYV-75-5-1 为实心聚乙烯绝缘聚氯乙烯护套射频同轴电缆，特性阻抗 75Ω。

2）再引至各楼层分配器 DJ-X，$300\text{mm}\times400\text{mm}$ 为楼层分配器规格尺寸，$RV-2\times1.0$ 为双芯铜芯塑料连接软线，每根芯截面面积为 1.0mm^2，穿管径为 20mm 的水煤气钢管敷设；然后引至各室内分机，各室内分机接室外门铃。

3）门口主机和各楼层分配箱由辅助电源供电。门口主机装有电控锁。

4）2 层及以上各层均相同。

（3）某高层住宅楼宇对讲系统。图 5-85 所示为某高层住宅楼楼宇对讲系统图，该楼宇对讲系统为联网型可视对讲系统。

1）每个用户室内设置 1 台可视电话分机，单元楼梯口设 1 台带门禁编码式可视梯口机，住户可以通过智能卡和密码开启单元门。

2）可通过门口主机实现在楼梯口与住户的呼叫对讲。

3）楼梯间设备采用就近供电方式，由单元配电箱引一路 220V 电源至梯间箱，实现对每层楼宇对讲 2 分配器及室内可视分机供电。

从图 5-85 中可知，视频信号线型号分别为 $SYV75-5+RVVP6\times0.75$ 和 $SYV75-3+RWP6\times0.5$，楼梯间电源线型号分别为 $RVV3\times1.0$ 和 $RVV2\times0.5$。

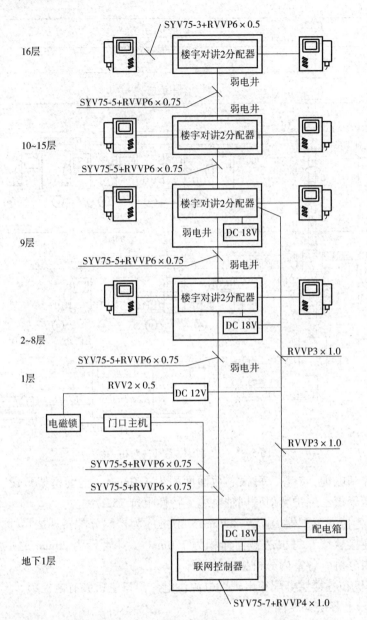

图 5-85　某高层住宅楼楼宇对讲系统图

六、电视监控系统

电视监控系统是电视技术在安全防范领域的应用，是一种先进的、安全防范能力极强的综合系统。它的主要功能是通过摄像机及其辅助设备来监控现场，并把监测到的图像、声音内容传送到监控中心。

1. 电视监控系统工作原理

通常，电视监控系统是由摄像、传输分配、控制、图像显示与记录等四个部分组成。工作时，系统通过摄像部分把所监视目标的光、声信号变成电信号，然后送入传输分配部分。传输分配部分将摄像机输出的视频（有时包括音频）信号馈送到中心机房或其他监视点。

系统通过控制部分可在中心机房通过有关设备对系统的摄像和传输分配部分的设备进行远距离控制。系统传输的图像信号可依靠相关设备进行切换、记录、重放、加工和复制等处理。

2. 电视监控系统的组成

电视监控系统的组成可由以下框图 5-86 来表示。

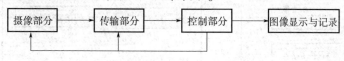

图 5-86 电视监控系统的组成

（1）摄像部分。摄像部分由摄像机、镜头、云台和摄像机防护罩等设备构成，其中摄像机是核心设备。

1）摄像机。摄像机是电视监控系统中最基本的前端设备，其作用是将被摄物体的光图像转变为电信号，为系统提供信号源。按摄像器件的类型，摄像机分为电真空摄像机和固体摄像器件两大类。其中固体摄像器件（如 CCD 器件）是近年发展起来的一类新型摄像器件，具有寿命长、重量轻、不受磁干扰、抗震性好、无残像和不怕靶面灼烧等优点，随着其技术的不断完成和价格的逐渐降低，已经逐渐取代了电真空摄像管。

摄像机的外形如图 5-87 所示。

2）镜头。摄像机镜头是电视监控系统中不可缺少的部件，它的质量（指标）优劣直接影响摄像机的整机指标。摄像机镜头按其功能和操作方法分为定焦距镜头、变焦距镜头和特殊镜头三大类。

3）云台。云台是一种用来安装摄像机的工作台，分为手动和电动两种。手动云台由螺栓固定在支撑物上，摄像机方向的调节有一定范围。一般水平方向可调15°~30°，垂直方向可调±45°；电动云台是在微型电动机的带动下做水平和垂直转动，不同的产品其转动角度也各不相同。

图 5-87 摄像机的外形

4）摄像机防护罩。为了使摄像部分能够在各种环境下都能正常工作，需要使用防护罩来进行保护。防护罩的种类有很多，主要分为室内、室外和特殊类型等。室内防护罩主要区别是体积大小，外形是否美观，表面处理是否合格，主要以装饰性、隐蔽性和防尘为主要目标。而室外型因属全天候应用，需适应不同的使用环境。

（2）传输部分。传输部分主要完成整个系统的数据传输，包括电视信号和控制信号。电视信号从系统前端的摄像机流向电视监控系统的控制中心，控制信号从控制中心流向前端的摄像机等受控对象。

电视监控系统中，传输方式的确定，主要根据传输距离的远近、摄像机的数量来定。传输距离较近时，采用视频传输方式；传输距离较远时，采用射频有线传输方式或光缆传输方式。

（3）控制部分。控制部分是电视监控系统的中心。它包括主控器（主控键盘）、分控器（分控键盘）、视频矩阵切换器、音频矩阵切换器、报警控制器及编解码器等。其中，主控器和视频矩阵切换器是系统中必须具有的设备，通常将它们集中为一体，结构图如图 5-88 所示。

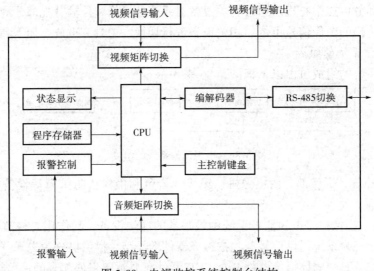

图 5-88　电视监控系统控制台结构

3. 电视监控系统施工图识读范例

图 5-89 及图 5-90 分别为某六层建筑物电视监控系统图及其首层电视监控平面图。

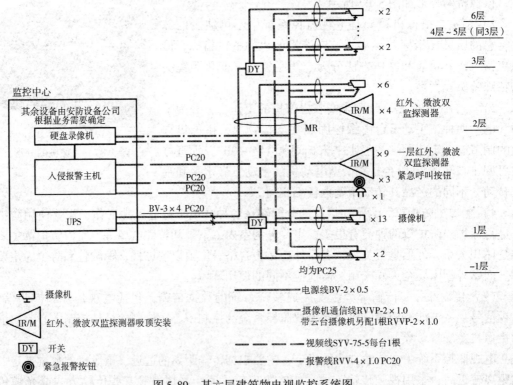

图 5-89　某六层建筑物电视监控系统图

如图 5-89 所示，可以看出此建筑物的监控中心设置在首层，这一层监控室统一供给安装有摄像机、监视机及所需电源，并设有监控室操作通断。

如系统图 5-89 所示，一层建筑物里安装有 13 台摄像机，2 楼安装 6 台摄像机，其余楼层各安装 2 台摄像机。

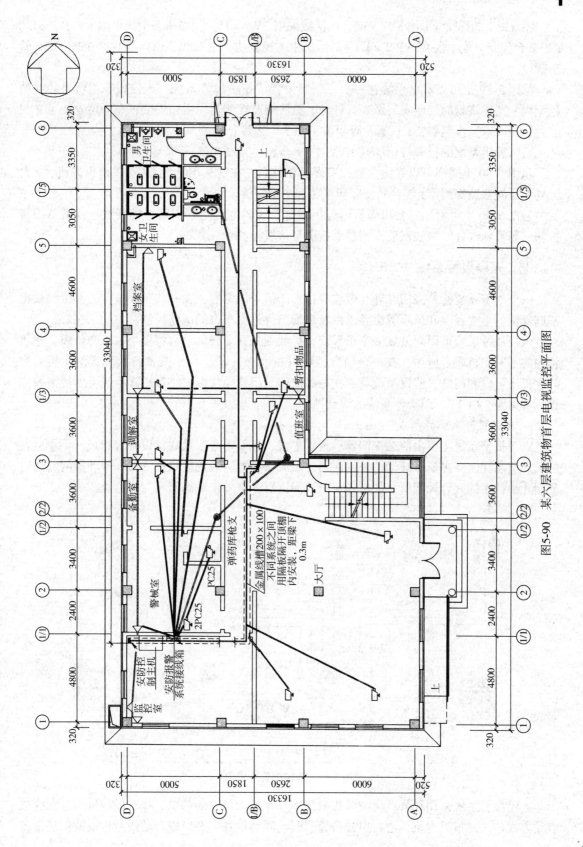

图5-90　某六层建筑物首层电视监控平面图

系统图上的视频线采用 SYV-75-5，电源线采用 BV-2×15，摄像机通信线采用 RVVP-2×1.0（带云台控制另配 1 根 RVVP-2×1.0）。系统中的视频线、电源线、通信线共穿 Φ25 的 PC 管暗敷设。

从图 5-89 上可以看出系统在一层、二层设置了安防报警系统，入侵报警主机安装在监控室内。在建筑物的二层安装了 4 只红外、微波双监探测器，吸顶安装；在一层安装了 9 只红外、微波双监探测器，3 只紧急呼叫按钮和 1 个警铃。

可以看出系统的报警线用的是 RVV-4×1.0 线，穿 Φ20PC 管暗敷设。

从图 5-90 上同样可以看出，监控室设置在首层，在这一层共设置了 13 台摄像机，9 台红外、微波双监探测器，3 台紧急呼叫按钮和 1 个警铃。

从图 5-90 上可看出每台摄像机附近顶棚排管经弱电线槽到安防报警接线箱；紧急报警按钮、警铃和红外、微波双监探测器直接引至接线箱。

七、入侵报警系统

入侵报警系统，是采用红外、微波等技术的信号探测器，在一些无人值守的部位，根据不同部位的重要程度和风险等级要求以及现场条件进行布设的电路控制。

入侵报警系统可以划分成多个子系统，扩展到数百个防区。可将多个主机乃至多个建筑物内的不同主机联合应用，在一个地方就可以布（撤）防、显示其他各个地方的主机。有的主机还可以和门禁、监视系统集成在一起使用，门禁模块以及小型矩阵系统可以使报警主机具备报警、CCTV、门禁等系统的综合性能。

1. 入侵报警系统的组成

入侵报警系统主要由前端探测器、报警主机、接警中心以及联动设备等组成，如图5-91所示。前端探测器主要有被动红外探测器、微波探测器、玻璃破碎探测器、振动探测。还有采用几种技术的复合探测器，如红外+微波探测器、红外+动态监测探测器等。

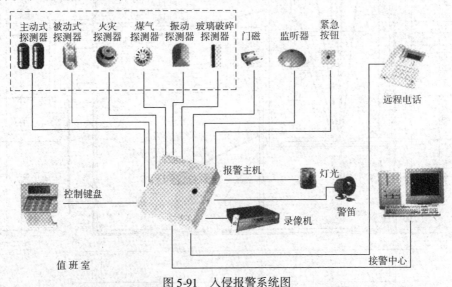

图 5-91　入侵报警系统图

入侵报警系统采用红外、微波等探测技术，在无人值守的部位，将入侵信号通过无线或有线方式传送到报警主机，进行声光报警、起动联动设备，并可以自动拨号将报警信息报告给报警中心或个人，以便迅速响应。

在住宅小区内，居民们可以安装家庭报警或紧急报警（求助）联网的终端设备。一、二层楼住户的阳台及窗户安装入侵探测器，阳台、窗户一旦有人非法入侵，控制中心即能显示报警部位，以便巡逻人员迅速赶赴报警点处置。并还可在每户的卧室、客厅等隐蔽处安装紧急报警（救助）按钮，主人一旦遇到险情或其他方面的求助，可按电钮将信号传递到控制中心。控制中心还可与公安报警中心实现联网。

另外，为了对小区进行安全防范，还可以在小区周界或周界围墙和栅栏上设置报警装置，这样的报警系统通常由安装在设防周界上的探测器（或传感线缆）、报警接收/通信主机及传输电缆组成。报警接收/通信主机安装在物业管理中心，接收探测器报警信号，显示发生警情的路段、时间，对周界进行分区布防。

2. 入侵报警系统的工作原理

在入侵报警系统中，探测器安装在防范现场，用来探测和预报各种危险情况。当有入侵发生时，发出报警信号，并将报警信号经传输系统发送到报警主机。由信号传输系统送到报警主机的电信号经控制器作进一步的处理，以判断"有"或"无"危险信号。若有情况，控制器就控制报警装置发出声、光报警信号，引起值班人员的警觉。

3. 入侵报警系统图识读

图 5-92 为某大楼入侵报警系统图。

此系统图 5-92 中，IR/M 探测器（被动红外/微波双技术探测器），共 20 点。其中，在 1 层两个出入口内侧左右各有一个，在两个出入口共有 4 个，在 2 层到 8 层走廊两头各装有一个，共 14 个。

从图 5-92 上可看出在 2 层到 8 层中，每层各装有 4 个紧急按钮。

从图上还可以看出此入侵报警系统图的配线为总线制，施工中敷线注意隐蔽。

从此图上还可看出此系统扩展器"4208"，为总线制 8 区扩展器（提供 8 个地址），每层 1 个。其中，1 层的"4208"为 4 区扩展器，3 至 8 层的"4208"为 6 区扩展器。

此系统的主机 4140XMPT2 为（美）ADEM-CO 大型多功能主机。该主机有 9 个基本接线防区，总线式结构，扩充防区十分方便，并具有多重密码、布防时间设定、自动拨号以及"黑匣子"记录功能。

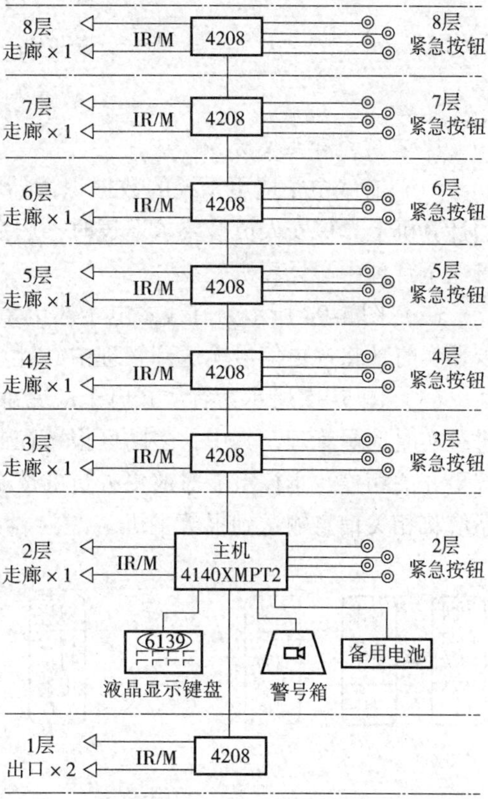

图 5-92 入侵报警系统图

八、电子巡更系统

电子巡更系统是大型保安系统的一部分，是对巡逻情况进行监控的系统。在智能楼宇和小区各区域内及重要部位安装巡更站点，保安巡更人员携带巡更记录卡，按指定路线和时间到达巡更点并进行记录，并将记录信息传送到管理中心计算机。电子巡更系统可实现对保安人员的管理和保护，实现人防和技防的结合。图 5-93 所示为巡更系统示意图。

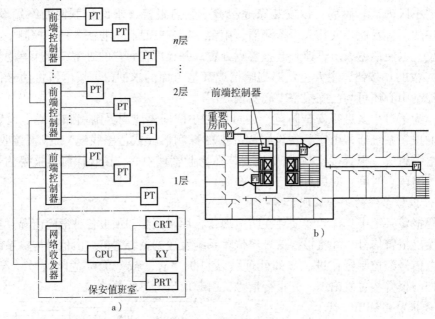

图 5-93　巡更系统示意图
a）系统图　b）巡更点设置

1. 有线电子巡更系统

（1）有线电子巡更系统的数据识读器安装在需巡检的部位，再用总线连接到管理中心的计算机上。保安人员按要求巡逻时，用数据卡或信息钮在数据识读器上识读，相关信息即可送至管理中心计算机。

（2）图 5-94 所示为有线式电子巡更系统，它是与门禁管理系统相结合。门禁系统的读卡器实时地将巡更信号输送到管理中心计算机，通过巡更系统软件解读巡更数据。

（3）图 5-95 所示为有线式电子巡更系统与入侵报警系统结合使用，利用入侵报警系统进行实时巡更管理。其中，多防区报警控制主机采用总线制连接方式，通过总线地址模块与巡更开关相连，主控室能对巡更人员的巡更情况进行实时监控并记录。报警控制主机的软件系统将相关信息输送到报警主机。

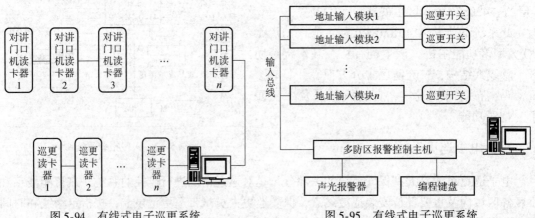

图 5-94　有线式电子巡更系统

图 5-95　有线式电子巡更系统
与入侵报警系统结合使用

2. 离线电子巡更系统

离线电子巡更系统如图5-96所示，由信息钮、巡更棒、通信座、计算机和管理软件组成。

信息钮安装在需巡检的地方，保安人员按要求巡逻时，用巡更棒逐个阅读沿路的信息钮，即可记录相关信息。巡逻结束后，保安人员将巡逻棒通过通信座与计算机相连，巡更棒中的数据就被输送到计算机中。巡更棒在数据输送完后自动清零，以便下次使用。

3. 电子巡更系统安装图

图5-97所示为固定式巡更站安装方法，其安装高度为底边距地面1.4m。

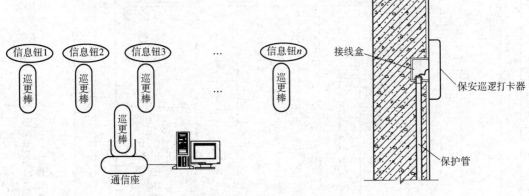

图 5-96　离线电子巡更系统

图 5-97　固定式巡更站安装方法

图5-98所示为电子巡更棒系统安装方法。

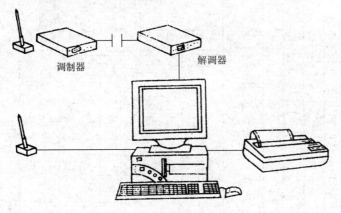

图 5-98　电子巡更棒系统安装方法

4. 电子巡更系统图识读

图5-99所示为某写字楼巡更管理系统图。由图可知，控制室设在一层，控制室中有主计算机、通信接口、收集器等，并引出多条线路。在地下一、二层设有警笛和手动报警器。地下一层中还有2个收集器，装设在电信竖井中，并各引出多条线路。

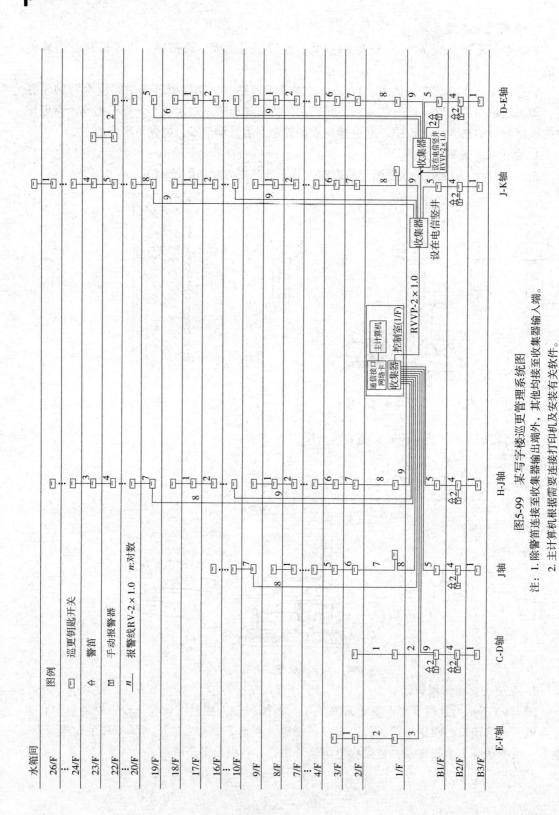

图5-99 某写字楼巡更管理系统图

注：1. 除警笛连接至收集器输出端外，其他均接至收集器输入端。
2. 主计算机根据需要连接打印机及安装有关软件。

第六节　停车场管理系统施工图

一、停车场管理系统简介

停车场管理系统主要设备主要有以下六种。

（1）车辆检测器。车辆检测器对进入停车场的车辆进行检测，有地感线圈（图5-100）和光电检测器（图5-101）两种形式。

地感线圈和检测器如图5-100～图5-102所示。

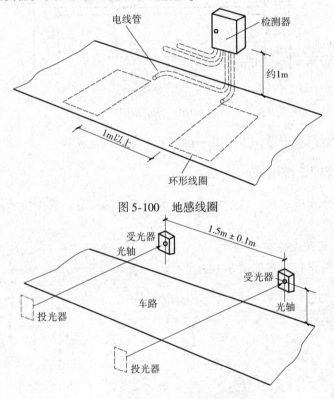

图 5-100　地感线圈

图 5-101　红外光电式检测器

（2）非接触式读卡器。读卡器识读送入的卡片，入口控制器根据卡片上的信息，判断卡片是否有效。读卡器具有防潜回功能，可以防止用一张卡驶入多辆车辆。常用的卡有授权卡、管理卡、固定卡（月租卡）、充值卡、临时卡等。

（3）彩色摄像机。摄像机记录车辆的相关信息。

（4）电子显示屏。电子显示屏实时滚动显示信息，如车位情况、车位使用费用情况等。

（5）自动出票机。时租车辆驶入时，按下出票按钮，出票机打印出票，自动闸门机开闸放行。票券上记录相关信息，以便离开时交费。月租车辆驶入时，卡识别有效后，自动闸门机开闸放行。计算机记录相关信息。

（6）满位指示灯。满位指示灯与计算机和车辆计数相连，车位满时，满位指示灯亮。

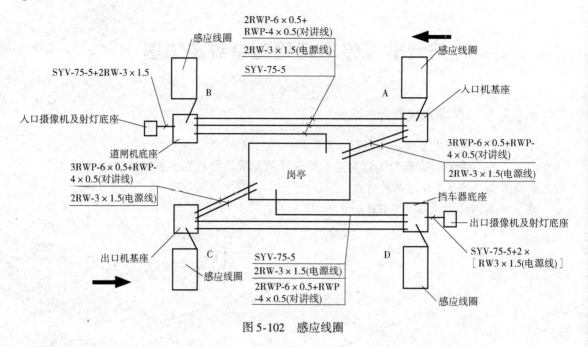

图 5-102　感应线圈

系统自动关闭入口处的读卡器，发卡机不再出卡，车辆禁止驶入。

二、停车场管理系统组成

停车场管理系统由读卡机、自动出票机、闸门机、感应器、满位指示灯及计算收费系统等组成。

1. 停车场管理系统设备布置

停车场管理系统设备布置如图 5-103 所示。

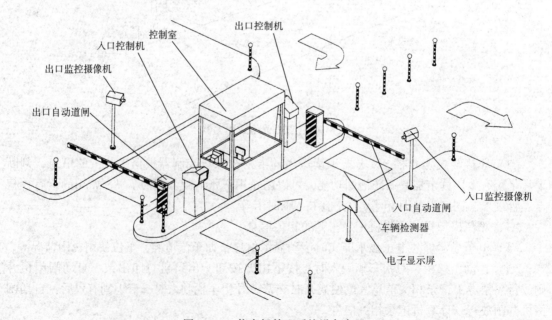

图 5-103　停车场管理系统设备布置

2. 停车场管理系统图

停车场管理系统的组成如图 5-104 所示。

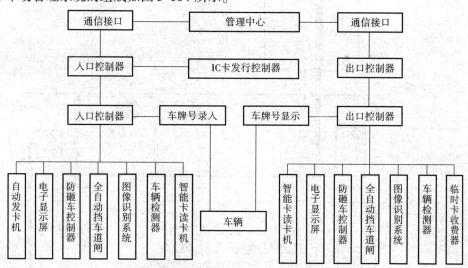

图 5-104 停车场管理系统的组成

3. 交费停车场管理系统图

图 5-105 所示为交费停车场管理系统图。

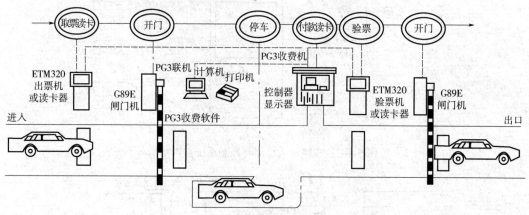

图 5-105 交费停车场管理系统图

4. 停车场出入口设置系统图

图 5-106 为停车场出入口设置系统图。

三、停车场车辆出入检测方式

停车场车辆出入检测方式有光电检测及环形线圈检测两种方式，如图 5-107、图 5-108 所示。

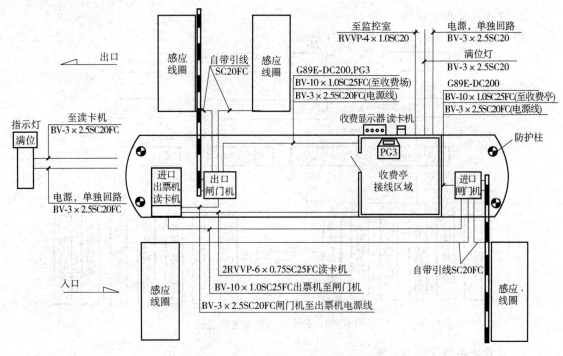

图 5-106　停车场出入口设置系统图

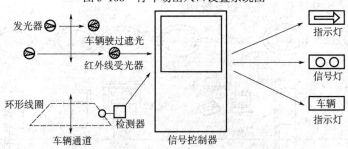

图 5-107　车辆出入检测与控制系统基本结构

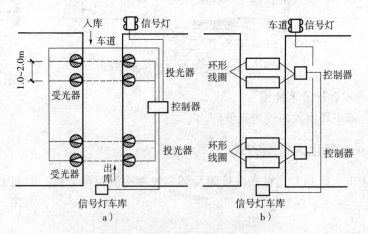

图 5-108　车辆出入检测方式

a）光电（红外线）检测方式　b）环形线圈检测方式

四、停车场安装工艺要求

停车场出入口分离施工布线如图 5-109 所示（穿线管用钢管）。标准型收费管理系统出入口分离布线管号线见表 5-4。设备安装位置图如图 5-110 所示。

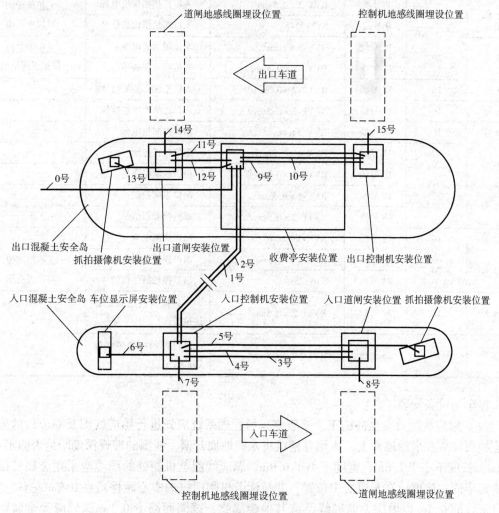

图 5-109　停车场出入口分离施工布线

表 5-4　标准型收费管理系统出入口分离布线管号线号表

管号	管径/mm	穿线线号	线缆型号	用途	备注
0 号	20	0 号线	RVV-3×2.5mm²	系统总电源	
1 号	16	1 号线	RVV-3×1mm²	入口设备总电源	
2 号	25	2 号线	RVVP-2×0.5mm²	入口控制机通信	
		3 号线	SYV-75-5	入口抓拍摄像机信号	无图像对比可不用
		4 号线	电话线	对讲信号线	无对讲可不用
3 号	16	5 号线	RVV-3×1mm²	入口栏杆电源	

（续）

管号	管径/mm	穿线线号	线缆型号	用途	备注
4 号	20	6 号线	RVV-4×0.5mm²	入口栏杆控制	
		7 号线	RVVP-2×0.5mm²	车辆检查器信号	
5 号	20	8 号线	RVV-2×0.5mm²	入口抓拍摄像机电源	无扩展图例对比可不用
		9 号线	SYV-75-5	入口抓拍摄像机信号	
6 号	20	10 号线	RVV-3×1mm²	车位展示屏电源	无扩展车位显示屏可不用
		11 号线	RVVP-2×0.5mm²	车位展示屏通信	
7 号	16	12 号线	RVVP-2×0.5mm²	入口控制机地感连接线	
8 号	16	13 号线	RVVP-2×0.5mm²	入口道闸地感连接线	
9 号	16	14 号线	RVV-3×1mm²	出口控制机电源	
10 号	20	15 号线	RVV-4×0.5mm²	出口栏杆控制	
		16 号线	RVVP-2×0.5mm²	出口控制机通信	
11 号	20	17 号线	RVV-4×0.5mm²	出口道闸控制	
		18 号线	RVVP-2×0.5mm²	车辆检测器信号	
12 号	16	19 号线	RVV-3×1mm²	出口道闸电源	
13 号	20	20 号线	RVV-2×0.5mm²	出口抓拍摄像机电源	无扩展图像对比可不用
		21 号线	SYV-75-5	出口抓拍摄像机信号	
14 号	16	22 号线	RVVP-2×0.5mm²	出口控制机地感线圈连接线	
15 号	16	23 号线	RVVP-2×0.5mm²	出口控制机地感线圈连接线	

停车场设备安装工艺：

（1）感应线圈及安全岛施工。一般停车场管理系统应先进行感应线圈及安全岛的施工。感应线圈应放在水泥地面上，可用开槽机将水泥地面开槽，线圈的埋设深度距地表面不小于0.2m，长度不小于1.6m，宽度不小于0.9m，感应线圈至机箱处的线缆应采用金属管保护，并固定牢固；应埋设在车道居中位置，并与读卡机闸门机的中心距保持在0.9m左右，要保证环形线圈0.5m以内应无电气线路或其他金属物，线圈回路下0.1m深处应无金属物体。严防碰触周围金属。线圈安装完成后，在线圈上浇筑与路面材料相同的混凝土或沥青。

如设计有楼宇自控管理，需预埋穿线管至弱电控制中心。

管路、线缆敷设应符合设计图纸的要求及有关标准规范的规定。

（2）闸门机和读卡机（IC卡机、磁卡机、出票读卡机、验卡票机）的安装规定：①应安装在平整、坚固的水泥基墩上，保持水平，不能倾斜。②一般安装在室内，如安装在室外时，应考虑防水措施及防撞装置。③闸门机与读卡机安装的中心间距一般为2.4～2.8m。

（3）信号指示器的安装规定：①车位状况信号指示器应安装在车道出入口的明显位置，其底部离地面高度保持2.0～2.4m。②车位状况信号指示器一般安装在室内，如安装在室外时，应考虑防水措施。③车位引导显示器应安装在车道中央上方，便于识别引导信号；其离地面高度保持2.0～2.4m；显示器的规格一般长不小于1.0m，宽不小于0.3m。

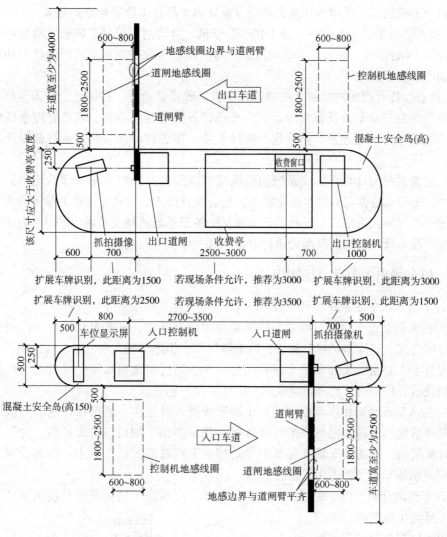

图 5-110　设备安装位置（单位：mm）

停车场管理系统的调试与检测：

1）检查感应线圈的位置和响应速度。

2）检查车库管理系统的车辆进入、分类收费、收费指示牌是否正确，导向指示是否正确。

3）检查闸门机是否工作正常，进出口车牌号复核等功能是否达到设计要求。

4）检查读卡器正确刷卡后的响应速度是否达到设计或产品技术标准要求。

5）检查闸门的开放和关闭的动作时间是否符合设计和产品技术标准要求。

6）检查按不同建筑物要求而设置的不同的管理方式的车库管理系统是否能正常工作，通过计算机网络和视频监控及识别技术，是否能实现对车辆的进出行车信号指示、计费、保安等方面的综合管理，且符合设计要求。

7）检查入口车道上各设备（自动发票机、验卡机、自动闸门机、车辆感应检测器、入口摄像机等）以及各自完成 IC 卡的读写、显示、自动闸门机起落控制、入口图像信息采集以及与收费主机的实时通信等功能是否符合设计和产品技术性能标准的要求。

8）检查出口车道上各设备（读卡机、验卡机、自动闸门机、车辆感应检测器等）以及各自完成 IC 卡的读写、显示、自动闸门机起落控制以及收费主机的实时通信等功能是否符合设计和产品技术标准。

9）检查收费管理处的设备（收费管理主机、收费显示屏、打印机、发读卡机、通信设备等）以及各自完成车道设备实时通信、车道设备的监视与控制、收费管理系统的参数设置、IC 卡发售、挂失处理及数据收集、统计汇总、报表打印等功能是否符合设计与产品技术标准。

10）检查系统与计算机集成系统的联网接口以及该系统对车库管理系统的集中管理和控制能力。①调试硬件与软件至正常状态，符合设计要求。②各子系统的输入输出能在集成控制系统中实现输入输出，其显示和记录能反映各子系统的相关关系。③对具有集成功能的公共安全防范系统，应按照批准的设计方案和有关标准进行检查。

五、停车场出入管理系统图识读

1. 停车场出入管理系统工作原理

（1）当车辆驶近入口时，可看到停车场指示信息标志，标志显示入口方向与停车场内空余车位的情况。若停车场停车满额，则车满灯亮，拒绝车辆入内；若车位未满，允许车辆进入，但驾车人必须购买停车票卡或专用停车卡，通过验读机认可，入口电动栏杆升起放行，车辆驶过栏杆门后，栏杆自动放下，阻挡后续车辆进入。

（2）进入的车辆可由车牌摄像机将车牌影像摄入并送至车牌图像识别器形成当时驶入车辆的车牌数据。车牌数据与停车凭证数据（凭证类型、编码、进库日期、时间）存入管理系统计算机内。进场的车辆在停车引导灯指引下停在规定的位置上，此时管理系统中的 CRT 上即显示读车位已被占用的信息。

（3）车辆离开时，汽车驶近出口电动栏杆处，出示停车凭证并经验读机识别出行的车辆停车编号与出库时间。出口车辆摄像识别器提供的车牌数据与阅读机读出的数据一起送入管理系统，进行核对与计费。若需当场核收费用，由出口收费器（员）收取。

（4）手续完毕后，出口电动栏杆升起放行。放行后电动栏杆落下，停车场停车数减一，入口指示信息标志中的停车状态刷新一次。

2. 停车场出入管理系统图

图 5-111 为停车场出入管理系统图。

从图 5-111 上可知此系统

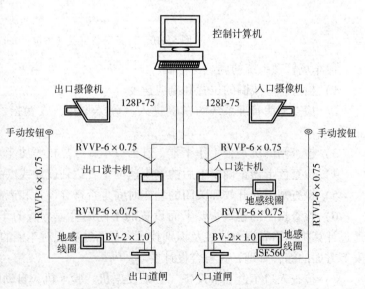

图 5-111　停车场出入管理系统图

由出入读卡机、电动栏杆、地感线圈、出入口摄像机、手动按钮、控制计算机等组成。出入口道闸可以手动和自动抬起、落下。

可以看出此系统的控制计算机和读卡机之间，读卡机和道闸之间均采用 RVVP-6 ×0.75 线缆。

此系统的地感线圈和道闸之间采用 BV-2 ×1.0 线缆，手动按钮和道闸之间采用的是 RVVP-6 ×0.75线缆。

可以看出此系统的控制计算机和摄像机之间采用的是 128P-75 视频电缆。

3. 某停车场平面图识读

图 5-112 为停车场自动管理系统平面图，图中显示了停车场自动管理系统各设备之间的电气联系。

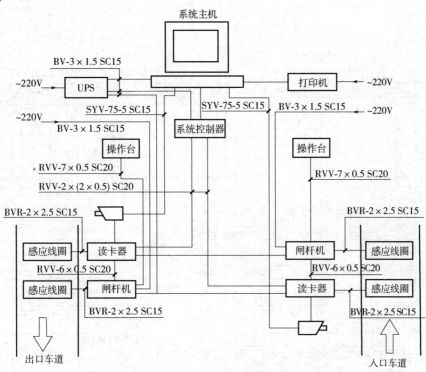

图 5-112　停车场自动管理系统平面图

第六章 建筑电气施工图实例

一、某综合楼电气施工图

某综合楼电气施工图如图6-1～图6-18所示。

编　　号	AA5	AA4		AA3	AA2	AA1
型　　号	GGD2-38-0502D	GGD2-39C-0513D		GGD2-38B-0502D	GGJ2-01-0801D	GGD2-15-0108D
主电路方案						LMY-100/10 由厂区配电所引来 VV22(3×185+1×95)×2 主电源 VV22(3×185+1×95) 备用电源
设备(回路)编号		WLM1	WPM3	WLM2	WPM4	WPM2	WPM1		
用　　途	备用	照明干线	水泵房	消防中心	备用	电梯	动力干线	空调机房	无功补偿	引入线　总柜
容量/kW		153.5	66.9			18.5	113	156	160kvar	507.9
刀开关(HD13BX-)	600/31	600/31	400/31		400/31		600/31	600/31	400/31	HSBX-1000/31
断路器(DWX15-)	400/3	400/3					400/3	400/3		1000/3
断路器(DZX10-)			200	100	200	100				400
脱扣器额定电流/A	400	300	140	60	200	60	250	300		600　200
接触器									CJ16-32×10	
热继电器									JR16-60/32×10	
电流互感器(LMZ-0.66-)	300/5	300/5	200/5	50/5	200/5	100/5	300/5	300/5	400/5×3	800/5
熔断器									aM3-32×30	
避雷器									FYS-0.22×3	
电容器									BCMJ 0.4-16-3×10	
管线电缆VV-0.6kV		(4×150+1×75)	(3×70+2×35)	(5×6)		(5×10)	(3×120+2×70)	(3×150+2×70)		
备注(柜宽/mm)	800		800				800		1000	1000

图6-1 配电室低压配电系统图

编号		AP-0-1						AP-0-2					AP-0-3		
型号		GHL-09/53						消防给水设备电控柜					生活给水设备电控柜		
WPM3（水泵房）	VV-(3×70+2×35)														
主电路方案								详见设备说明书					详见设备说明书		
设备(回路)编号		AP-0-2	AP-0-3		011	012	013	021	022	023	024	025	031	032	033
用途		消防给水	生活给水	备用	排污水泵	送风机	排风机	水泵	水泵	水泵	水泵	补水泵	水泵	水泵	补水泵
容量/kW		67.5	13.2		2.2	2.2	2.2	15	15	15	15	7.5	3.0	3.0	2.2
管线电缆		(3×25+2×16)	(5×6)SC25		(3×2.5)SC15	(3×2.5)SC15	(3×2.5)SC15	(6×10)SC40	(6×10)SC40	(6×10)SC40	(6×10)SC40	(3×2.5)SC15	(3×2.5)SC15	(3×2.5)SC15	(3×2.5)SC15
主要设备	刀熔开关	QSA-250/3						详见设备说明书					详见设备说明书		
	熔断器电流/A	160													
	断路器	DZ20Y-200	DZ20Y-100	DZ20Y-100	C45N/3P	C45N/3P	C45N/3P								
	脱扣器额定电流/A	125	63	63	15	15	15								
	接触器				B16	B16	B16								
	热继电器				T16-6A	T16-6A	T16-6A								
	电流互感器(LMZ-0.60-)	150/5													
二次线路图					92DQ7-79										
备注(柜宽/柜深/mm)		800/400						1000/600					660/460		

图 6-2 水泵房配电系统图

接图6-4

编号		AP-0-7			AP-0-6		
型号		GHL-59			GHL-59		
主电路方案							
设备(回路)编号		073	072	071	063	062	061
用途		冷冻水泵	冷冻水泵	冷冻水泵	冷却水泵	冷却水泵	冷却水泵
容量/kW		22	22	22	30	30	30
管线电缆		(6×16)SC50	(6×16)SC50	(6×16)SC50	(6×25)SC70	(6×25)SC70	(6×25)SC70
主要设备	刀开关(刀熔开关)	QSA-250/3			QSA-250/3		
	熔断器电流/A	100			160		
	断路器	DZ20Y-100	DZ20Y-100	DZ20Y-100	DZ20Y-100	DZ20Y-100	DZ20Y-100
	脱扣器额定电流/A	63	63	63	80	80	80
	接触器	B65	B65	B65	B85	B85	B85
	热继电器	T85/55A	T85/55A	T85/55A	T85/70A	T85/70A	T85/70A
	电流互感器(LMZ-0.66-)	100/5	100/5	100/5	150/5	150/5	150/5
二次线路图							
备注(柜宽/柜深)/mm		800/400			800/400		

图 6-3 空调机房配电系统图（一）

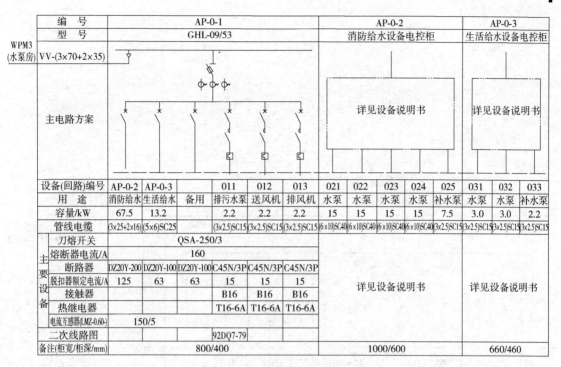

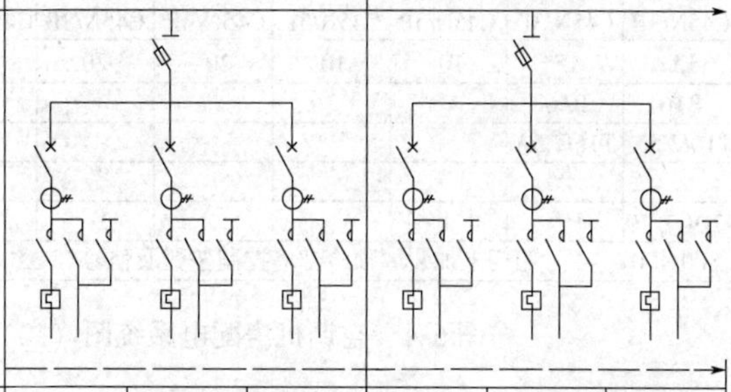

接图6-3

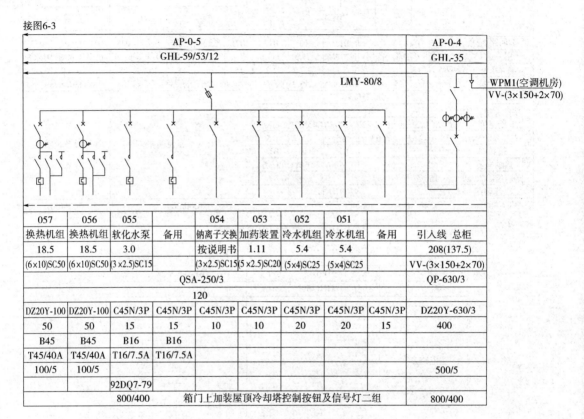

	057	056	055		054	053	052	051		
	换热机组	换热机组	软化水泵	备用	钠离子交换	加药装置	冷水机组	冷水机组	备用	引入线 总柜
	18.5	18.5	3.0		按说明书	1.11	5.4	5.4		208(137.5)
	(6×10)SC50	(6×10)SC50	(3×2.5)SC15		(3×2.5)SC15	(5×2.5)SC20	(5×4)SC25	(5×4)SC25		VV-(3×150+2×70)
			QSA-250/3							QP-630/3
				120						
	DZ20Y-100	DZ20Y-100	C45N/3P	C45N/3P	C45N/3P	C45N/3P	C45N/3P	C45N/3P	C45N/3P	DZ20Y-630/3
	50	50	15	15	10	10	20	20	15	400
	B45	B45	B16	B16						
	T45/40A	T45/40A	T16/7.5A	T16/7.5A						
	100/5	100/5								500/5
			92DQ7-79							
			800/400	箱门上加装屋顶冷却塔控制按钮及信号灯二组						800/400

图6-4 空调机房配电系统图（二）

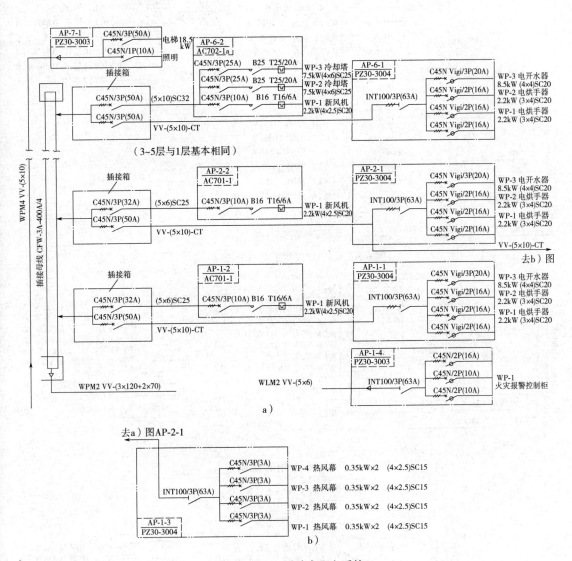

图6-5　1~7层动力配电系统

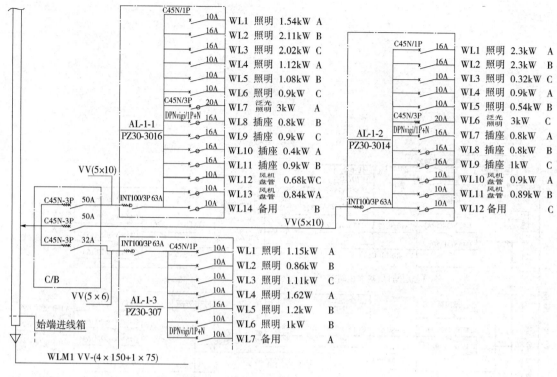

图 6-6 1~7 层照明配电系统图（一）

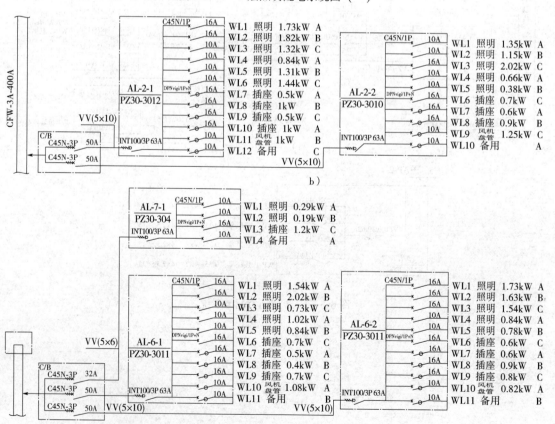

图 6-7 1~7 层照明配电系统图（二）

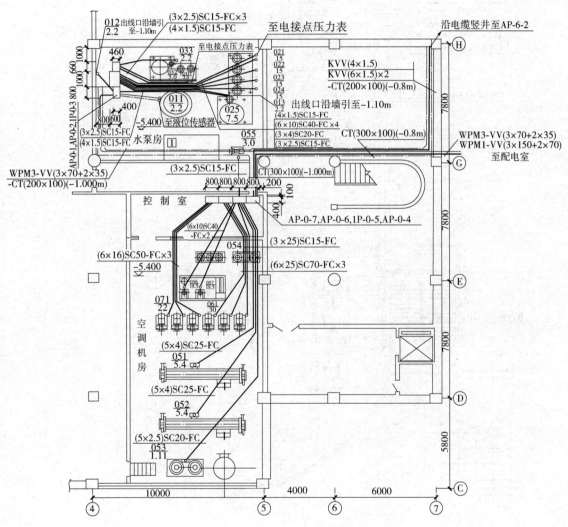

图 6-8 地下室机房动力平面图

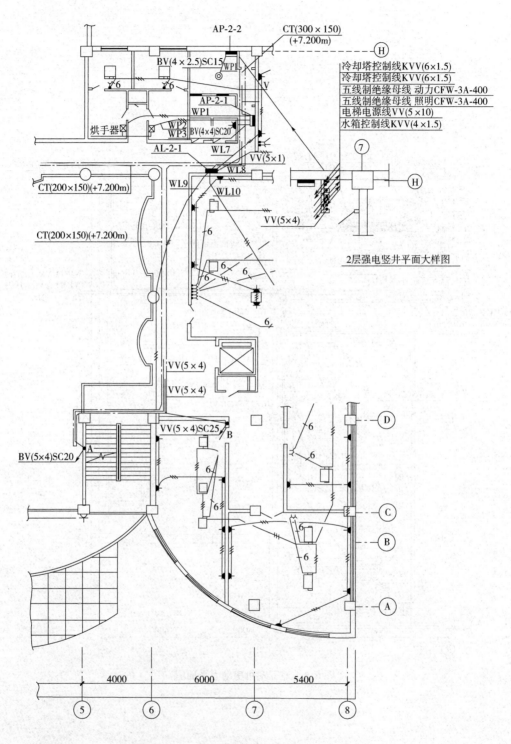

二层动平面图（局部）

图6-9　2层动力平面图

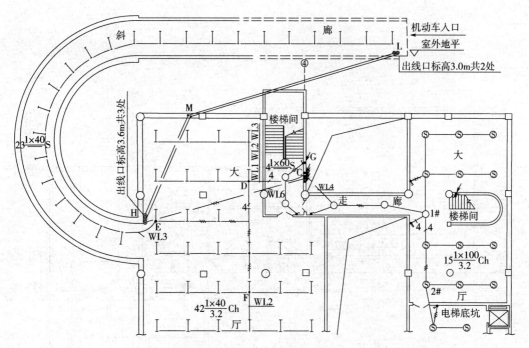

图 6-10 地下一层照明平面图

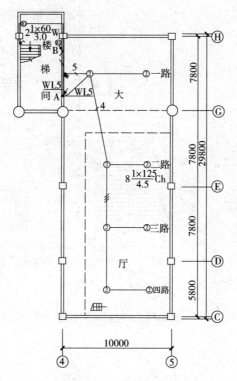

图 6-11 地下二层照明平面图

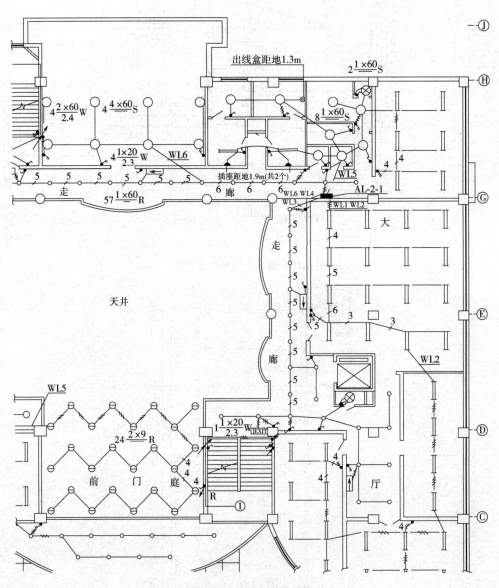

图 6-12 2层照明平面图

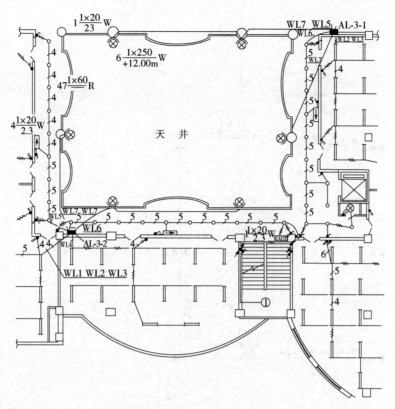

图 6-13　3 层照明平面图

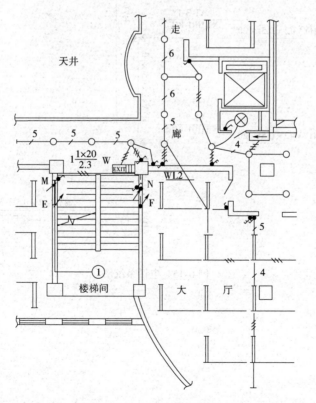

图 6-14　6 层照明平面图

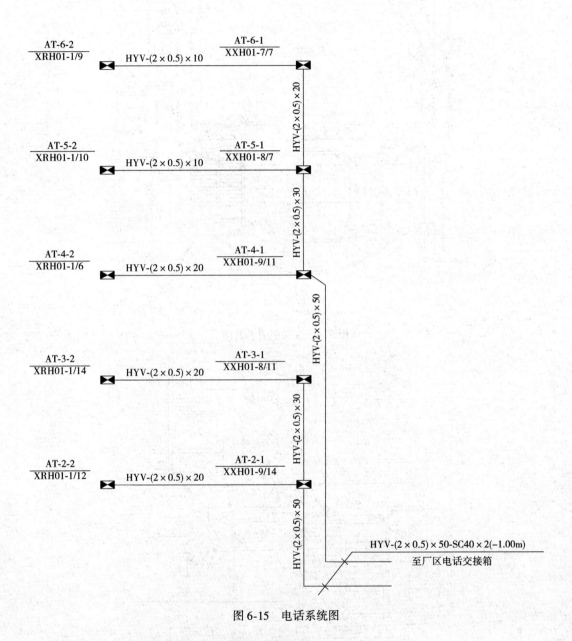

图 6-15　电话系统图

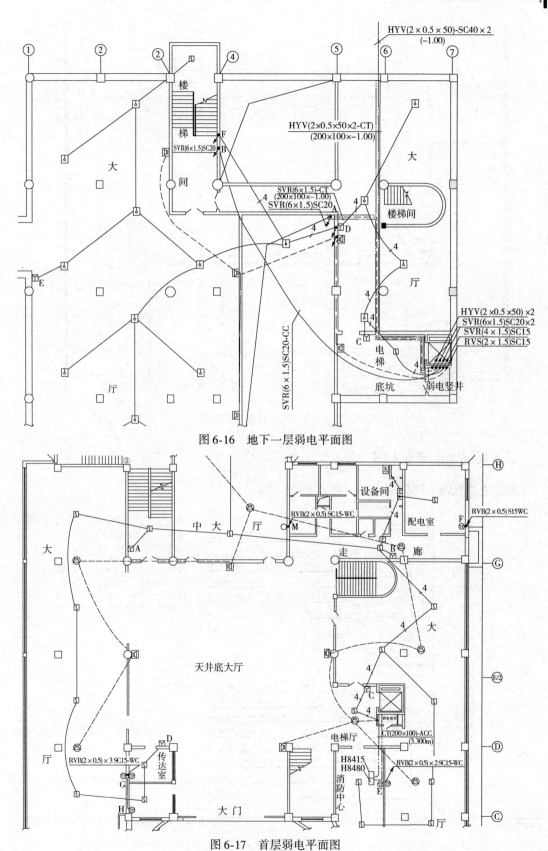

图 6-16 地下一层弱电平面图

图 6-17 首层弱电平面图

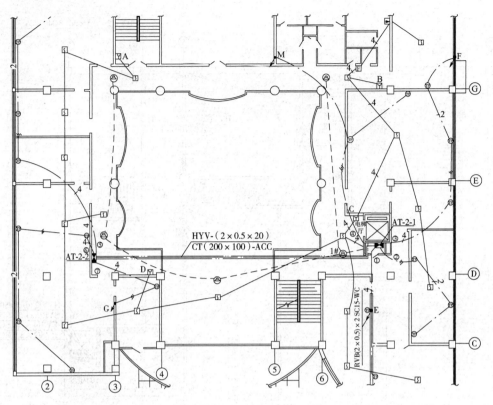

图 6-18　二层弱电平面图

二、某民宅建筑施工图

某民宅建筑施工图如图 6-19 ~ 图 6-28 所示。

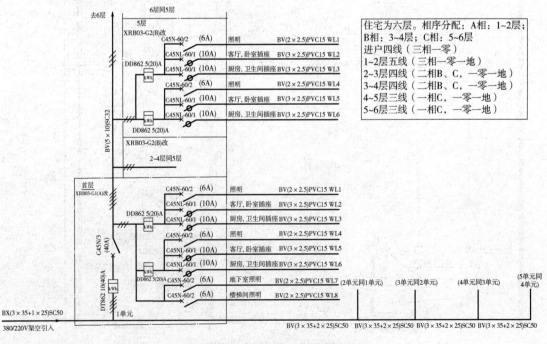

图 6-19　照明配电系统图

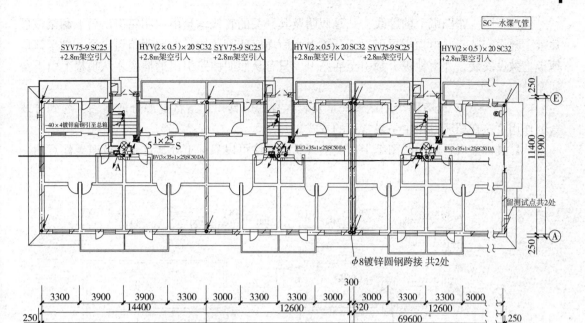

图 6-20　底层组合平面图

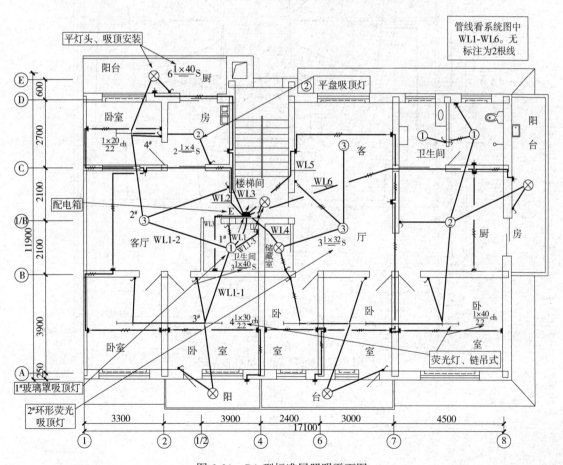

图 6-21　BA 型标准层照明平面图

标注在同一张图纸上的管线，凡是照明及其开关的管线均是由照明箱引出后下翻至该层顶板上敷设安装，并由顶板再引下至开关上。而插座的管线均是由照明箱引出后下翻至该层地板上敷设安装，并由地板上翻引至插座上，只有从照明回路引出的插座才从顶板上引下至插座处。

1#、2#、3#、4#处有两个用途，一是安装本身的灯具，二是将电源分散出去，起到分线盒的作用。这在照明电路中是最常用的方式。

从灯具标注看，同一张图纸上同类的灯具的标注可以只标1处，这是识读时要注意的。

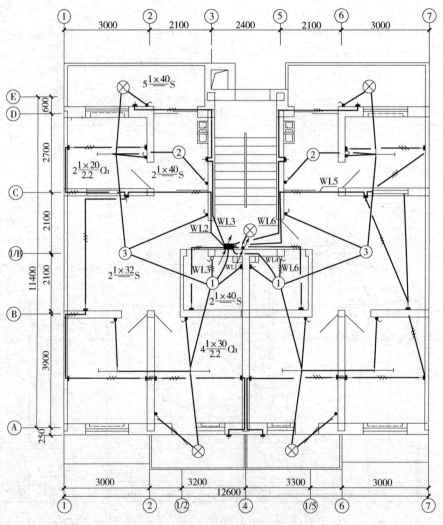

图 6-22　C 型标准层照明平面图

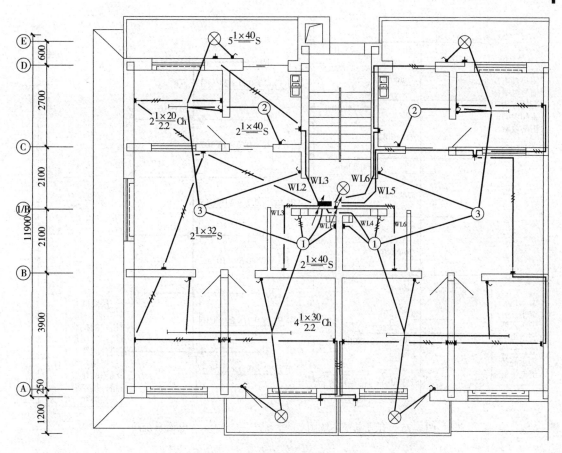

图 6-23　B 型标准层照明平面图

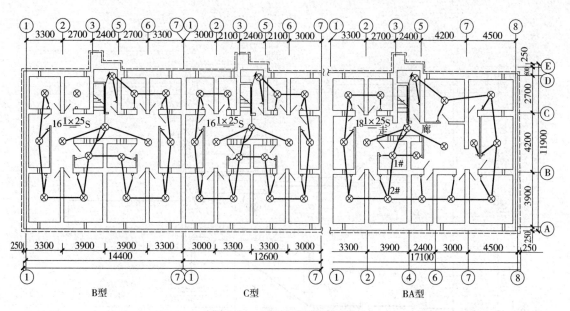

图 6-24　地下室照明平面图

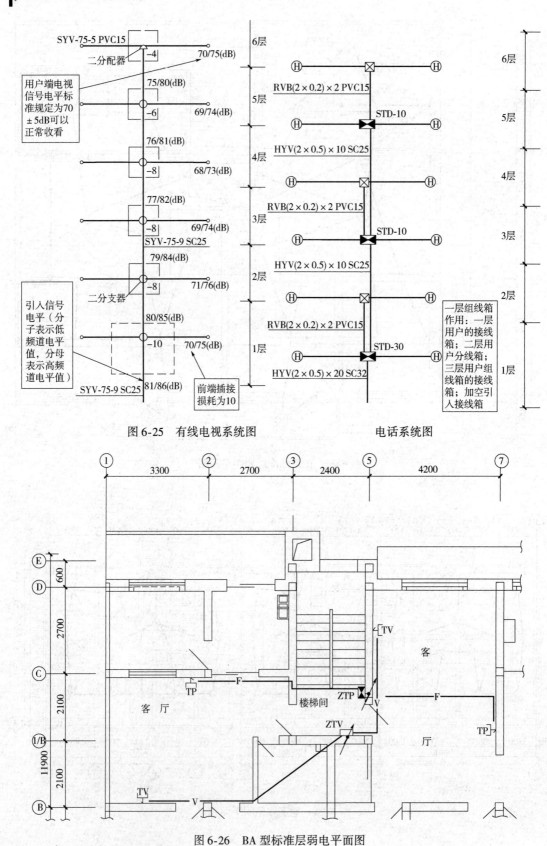

图 6-25　有线电视系统图　　　　　电话系统图

图 6-26　BA 型标准层弱电平面图

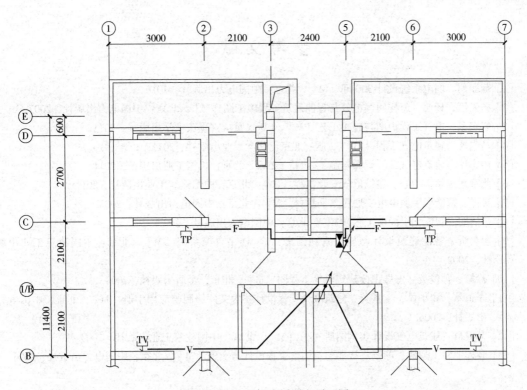

图 6-27 B 型标准层弱电平面图

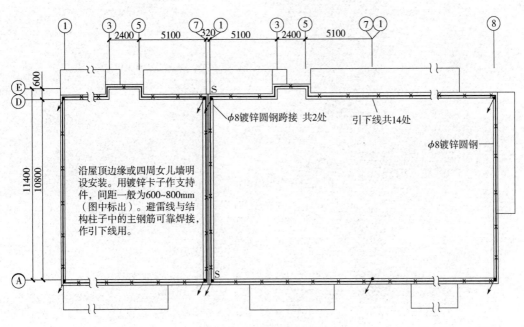

图 6-28 屋顶防雷平面图

注：1. 避雷线延屋顶四周女儿墙明设。

2. 避雷引下线利用柱内两根主筋。

3. 屋顶所有凸起的构筑物都应与避雷线连接。

参 考 文 献

[1] 范丽丽．弱电系统设计300问 [M]．北京：中国电力出版社，2010.

[2] 杨光臣，杨波．怎样阅读电气与智能建筑工程施工图 [M]．北京：中国电力出版社，2007.

[3] 赵宏家．电气工程识图与施工工艺 [M]．4版．重庆：重庆大学出版社，2011.

[4] 马志溪．建筑电气工程 [M]．2版．北京：化学工业出版社，2011.

[5] 侯志伟．建筑电气工程识图与施工 [M]．2版．北京：机械工业出版社，2011.

[6] 北京建工培训中心．建筑电气安装工程 [M]．北京：中国建筑工业出版社，2011.

[7] 曹祥．智能楼宇弱电电工通用培训教材 [M]．北京：中国电力出版社，2008.

[8] 郑清明．智能化供配电工程 [M]．北京：中国电力出版社，2007.

[9] 金久炘．智能建筑设计与施工系列图集 1 楼宇自控系统 [M]．北京：中国建筑工业出版社，2002.

[10] 徐第，孙俊英．怎样识读建筑电气工程图 [M]．北京，金盾出版社，2008.

[11] 李道本，翟华昆，王素英．建筑电气工程设计技术文件编制与应用手册 [M]．北京，中国电力出版社，2006.

[12] 孙成群．建筑电气设计实例图册（4）[M]．北京：中国建筑工业出版社，2003.

[13] 黎连业，王超成，苏畅．智能建筑弱电工程设计与实施 [M]．北京：中国电力出版社，2006.